MARIPOSAS EN EL SUELO

CARLOS ENRIQUE CORNEJO JUÁREZ

© 2007 by Carlos Enrique Cornejo Juárez.
All rights reserved.

ISBN: 978-1-84799-093-8

"Mientras siga habiendo ramas del conocimiento ajenas a la experimentación, estará justificada la esperanza"

Elias Caneti

PRIMERA PARTE

El 25 de abril de 1953 con la elucidación final de la estructura del ADN por James Watson y Francis Crick se abre la puerta de un impactante y novedoso campo del conocimiento, que explicaba el tan buscado vínculo entre la biología y la salud, la herencia, la evolución y las diferencias físicas entre razas animales, y principalmente humanas.

El nuevo conocimiento generó una cascada de ideas y recursos donde se involucro a un número grande de personas, gobiernos e inversiones con el objeto de acelerar dicho conocimiento hasta un ritmo no conocido hasta el momento, ni siquiera con la previa carrera por el conocimiento y control del átomo. En muy pocos años se descubrió la composición y ordenación exacta del ADN, las características y correlaciones de sus componentes individuales, se descubrió así mismo una nueva molécula hermana llamada ARN, se caracterizo el proceso completo desde el almacén de la información hasta su transformación en proteínas, que son los elementos tangibles que hacen que el cuerpo funcione de forma correcta, y se hallaron y caracterizaron gran número de elementos encargados de la regulación de estas moléculas.

Una década después, en los 60's, la humanidad hace un nuevo y revolucionario descubrimiento, comparable en su impacto con el del ADN, desarrolla y optimiza las computadoras. A través de esta poderosa herramienta se revoluciona el ya de por sí acelerado conocimiento en ADN y genética, y gracias a esto, en los 70's se desarrolla la ingeniería genética, que entre otras cosas permite intercambiar DNA de una especie viva con la de otra especie viva e incluso entre familias biológicas diferentes. El impacto tremendo que se genera en biología y salud, es equiparable al que se obtiene en religión y ética.

El conocimiento avanza generándose información en excedente y mostrando el inmenso campo de interrogantes que falta por cubrir, a la par que el número de contratiempos y obstáculos insalvables para la obtención de gran parte de este conocimiento se vuelven no solo obvios, sino muchas veces ineludibles.

Dentro de esta gran nueva ciencia surge un campo del conocimiento peligroso por las repercusiones que conlleva, pero de amplio potencial y de beneficios a corto plazo, siendo así que es tanto económicamente redituable como directamente manipulable por los científicos; la *Reproducción Humana*.

I. REPRODUCCIÓN ASISTIDA.

Miles de parejas infértiles toman una nueva serie de procedimientos científicos, como la esperanza tan buscada, -en muchos casos con desesperación-, de lograr la procreación de un ser que comparta las características de ambos padres. Pese a la sobrepoblación mundial que la tierra experimenta, la necesidad de este grupo minoritario de la población del mundo desarrollado, hace de las *Técnicas de Reproducción Asistida (ART)* un mercado de amplio potencial económico y de crecimiento continuo. Los nuevos médicos, especialistas en *Reproducción Asistida* cobran caro su conocimiento.

La primera técnica desarrollada en este campo es denominada *Fertilización in vitro (IVF)*, la técnica consiste en extraer los óvulos obtenidos después de la hiperestimulación ovárica de la donadora (madre), con lo que se consigue el obtener una ovulación de varios óvulos a la vez, y esto se logra mediante la inyección de cierto tipo de hormonas por un periodo de tiempo. La extracción de los óvulos generados se realiza a través de la aspiración de los mismos desde los ovarios, por medio de una cánula conectada a una pequeña aspiradora, una vez recolectados, en una pequeña caja de vidrio se mezclan, en un medio de cultivo que asemeje el medio presente en la matriz femenina, junto a los espermatozoides previamente obtenidos del donador (padre); es en este recipiente y bajo las condiciones adecuadas de temperatura, luz, humedad, etc., que la fecundación entre los óvulos y los espermatozoide ocurre, -por primera vez en la historia del ser humano- fuera del vientre femenino. La fecundación es seguida en las primeras etapas de la formación de un embrión para verificar a través de las primeras divisiones celulares que el proceso de fecundación efectivamente sí ocurrió, y que la formación del embrión está sucediendo de forma adecuada. Este paso puede durar entre dieciocho y treinta horas. El paso final de este procedimiento es la reintroducción del óvulo fecundado, aún en su etapa de pre-embrión dentro de la matriz de la donadora (mamá) para que esté una vez estabilizado (prendido) se desarrollé normalmente como un embarazo natural.

Los resultados de la técnica anterior son tan alentadores que los científicos cuya formación y objetivos son por tradición racionales y laicos continúan con el siguiente paso lógico, es decir extraer los óvulos, fecundar con espermatozoides en una caja de vidrio y reintroducir el pre-embrión, pero ahora en una mujer diferente (mamá substituta), esto se realiza en ciertos casos específicos donde por alguna razón la madre natural no pueda ser un sujeto optimo para recibir, desarrollar o dar a luz al bebé.

Para dar un ejemplo durante el año 2000, en Estados Unidos se llevaron a cabo cien mil tratamientos de infertilidad que derivaron en el nacimiento de treinta y cinco mil bebés.

El proceso de fertilización *in vitro* de un embrión conlleva usualmente a la producción de entre diez y doce embriones, el subsecuente proceso de implantación del embrión en el útero de la mujer, utiliza solamente entre dos y tres embriones, ya que un mayor número de embriones implantados no aumenta significativamente la posibilidad de dar a luz y por el contrarió sí aumenta la posibilidad de embarazos múltiples. Es de esta forma que se tiene que de cada proceso individual de *Reproducción Asistida*, las clínicas quedan con un remanente de embriones que por lo generar son congelados, esto se realiza por varios motivos, siendo el principal, el que en un futuro exista un embrión formado por los gametos de ambos padres por sí estos deciden ser padres de nuevo.

Además de la *IVF* existen otros procedimientos de *Reproducción Asistida*, sin embargo la *IVF* representa cerca del 71% de los procedimientos. Entre las técnicas alternativas a la *IVF* se encuentra la llamada *GIFT* (Transferencia Intratubaria de Gametos) que consiste en la transferencia de espermatozoides u óvulos a través de las trompas de falopio; este procedimiento requerirá de laparoscopia para llevarse a cabo, misma que consiste en una pequeña incisión quirúrgica que requerirá anestesia general. Así también existe como alternativa a la *IVF* la Transferencia Intrafalopio de Cigoto (*ZIFT*) que incluye tanto un procedimiento de *fertilización in vitro* como la laparoscopia para transferir el embrión a los tubos de falopio.

La transferencia de los embriones inoculados fuera del vientre materno se realiza aproximadamente de tres a seis días después de la extracción de los óvulos, por medio de un catéter en el que se colocan de dos a tres embriones para después ser introducidos al útero por la vagina.

La tasa de bebés nacidos a través de procedimientos de *Reproducción Asistida* variara según la edad de la mujer, el tipo de procedimiento, el país donde este procedimiento se llevo a cabo, así como otras variables, sin embargo para mujeres debajo de los treinta y cinco años este número está generalmente entre el 25 y 35% de éxito y disminuye notablemente si el óvulo se halla en congelación.

Los embriones humanos son congelados en algunas etapas especificas de su formación, esto es: en la etapa precigoto, la etapa cuando este esta formado por entre dos y ocho células o la etapa llamada blastocito, que es la última de estas etapas y que generalmente ocurre seis o siete días después de la inseminación del óvulo.

El único estudió confiable a la fecha, que permite la estimación del número de embriones congelados dentro de los Estados Unidos, estima que el total de embriones almacenados en congelación en las cuatrocientos noventa y ocho clínicas de infertilidad de este país es cercano a los cuatrocientos mil; probablemente el mayor número de embriones almacenados en cualquier país del mundo. La práctica de congelar embriones surge con las primeras *Técnicas de Reproducción Asistida*, que en Estados Unidos son llevadas a cabo a mediados de los años 80.

I.I. REPRODUCCIÓN FEMENINA.

La evidencia parece indicar que desde que la mujer nace ya tiene en su cuerpo los cerca de cuatrocientos mil ovocitos que serán los óvulos en su forma inmadura, estos se hallan almacenados en pequeños sacos llamados folículos que a su vez se hallan dentro de los ovarios. Una vez que la niña entra a sus años reproductivos, en el periodo llamado menarca, empezara a tener ciclos menstruales, este periodo aunque diferirá de mujer a mujer iniciara aproximadamente entre los once y doce años de edad. Durante cada ciclo reproductivo los ovarios liberaran un óvulo y ocasionalmente mas de uno. Por cada folículo que llega a ovular cerca de mil más crecerán pero con un crecimiento limitado. Es sabido que los óvulos comúnmente presentan mutaciones sutiles en sus genes, que generan que con el transcurso de los años estos se vuelvan menos y de menor calidad, además de aumentarse el riesgo de anomalías cromosómica.

Durante un ciclo menstrual, el desarrollo y consecuente liberación de los óvulos dependerá de un balance delicado de ciertas hormonas, algunas de estas producidas en los ovarios y otras en el hipotálamo y la glándula pituitaria, ambas glándulas ubicadas en el cerebro. Al inicio de cada ciclo menstrual, el hipotálamo libera la *Hormona Liberadora de Gonadotropina* (*GnRH*) al torrente sanguíneo, esta hormona a su vez acelera la liberación en la glándula pituitaria de la *Hormona Folículo Estimulante* (*FSH*) y la *Hormona Luteinizante* (*LH*).

En las primeras etapas del ciclo la *FSH* estimulara el crecimiento de entre diez a veinte folículos, aunque normalmente solo uno completará su desarrollo, cuestión que sucede alrededor de la mitad del ciclo, donde debido a una liberación en torrente de *LH* por la pituitaria, el folículo se abrirá y liberara el óvulo. Los demás óvulos maduros que no fueron liberados, serán reabsorbidos por el cuerpo.

Si una vez liberado esté óvulo se encuentra con un espermatozoide masculino puede ocurrir la fecundación del mismo. La existencia de un embarazo, puede determinarse a través de pruebas de laboratorio basadas en la detección de algunas hormonas y también mediante el uso de ultrasonido.

Si se pretende que el número de óvulos liberados en el ciclo reproductivo femenino sea mayor a uno, pueden hiperestimularse los ovarios para producir mayor número de óvulos. El proceso de *Hiperestimulación Ovárica* consiste en la aplicación directa a la mujer de las gonadotropinas *LH* y *FSH*, con el objeto de crear múltiples folículos. Así también puede administrarse la gonadotropina *hMG*, que es una hormona obtenida ya sea de orina de mujeres menopáusicas o por técnicas de proteínas recombinantes; esta hormona esta formada por *FSH*, y ya sea *LH* o *Gonadotropina Coriónica Humana* (*hCG*) que es una de las hormonas mas utilizadas en procedimientos de *Reproducción Asistida*. La administración de las *hMG* (*Gonadotropina Menopausica Humana*) se realiza a través de la inyección de las mismas dos o tres días después que el periodo reproductivo inicia y sé continua entre siete y doce días, o incluso más, si es que la ovulación tarda en ocurrir.

Una vez que los óvulos se hallan listos y maduros y sí se procede con algún procedimiento de *Reproducción Asistida*, estos deberán ser extraídos a través del procedimiento de *Recuperación Vaginal Guiada por Ultrasonido*, esto se realiza con ayuda de anestesia local. El procedimiento anterior permite obtener entre cinco y quince óvulos. Una de las principales complicaciones que surgen con los procedimientos de hiperovulación es el *Síndrome de Hiperestimulación Ovárica* (*OHS*), que generalmente esta asociado a un alargamiento de los ovarios.

Al parecer, el riesgo de padecer cáncer de ovario se halla directamente relacionado con el número de veces que una mujer ha ovulando a lo largo de su vida, lo cual es igual al número de veces que ha menstruado a lo largo de su vida, esto podría explicarse por el daño físico que posiblemente causan los óvulos al pasar por el tejido epitelial y que al momento de repararse este y ocurrir la duplicación celular se generen errores en dicha duplicación que con la acumulación de reparaciones a través de los años pueden llegar a la formación de esta enfermedad. Es por esto que mientras mas jóvenes sean las mujeres, menor es la probabilidad de tener este tipo de crecimiento que además afectará de forma directa la cantidad y calidad de los óvulos generados, por lo que si se pretende tener óvulos lo mas sano posible, son mejores los de mujeres muy jóvenes.

II. CÉLULAS MADRE.

El estudio de las *Células Madre* promete ser una oportunidad única y sin precedente para el desarrollo de nuevas terapias medicas para enfermedades degenerativas, así como un camino nuevo que podría llevar a respuestas fundamentales en la biología y en los mecanismos que determinan muchos procesos del cuerpo, incluidos los que derivan en enfermedades. La biología molecular, la biología del desarrollo y la biología celular se verán enormemente enriquecidas por este nuevo conocimiento.

Las *Células Madre* son células no especializadas que pueden autorenovarse de forma indefinida, además de poder madurar en diferente tipos de células ahora sí de forma específica. Esto significa que son las células a partir de las cuales todas las demás células del cuerpo son desarrolladas, y al tener el potencial de renovares de forma indefinida, se conforman como la fuente o maná que permitirá, si logran algún día manipularse, regenerar tejidos dañados o incluso generar tejidos específicos, siendo así que las aplicaciones que pueden llegar a tener en la salud humana son enormes. Las expectativas son que muchos males puedan ser tratados con transplantes de *Células Madre* diferenciadas en el laboratorio.

Las *Células Madre* son las que dan lugar a los doscientos diez diferentes tipos de tejidos existentes en los seres humanos, y cómo muchas enfermedades surgen por el mal funcionamiento o perdida de un tipo especifico de células, se espera que la introducción de células sanas de ese mismo tipo en el paciente logre restaurar a las dañadas o muertas. Entre las células formadas a través de *Células Madre* y que potencialmente podrán curar una enfermedad específica se hallan: células sanguíneas que podrán atacar o curar cáncer, leucemia, inmunodeficiencias o problemas sanguíneos congénitos; células de hueso que ayudarán en casos de osteoporosis; células de cartílago, en problemas de artritis; células cardiacas que ayudarán a disminuir ataques al corazón o taponamiento de arterias; células productoras de insulina en diabetes, células de hígado en cirrosis y hepatitis; células nerviosas en Parkinson, Alzheimer, daños en la espina dorsal; células retinales en degeneración macular; células de músculo esquelético en distrofias musculares y células de piel en quemaduras de piel y en el restablecimiento de heridas.

En los seres humanos las *Células Madre* se han hallado en la masa interna del embrión en su primera etapa de formación, en algunos tejidos fetales, en el cordón umbilical y placenta y por último en algunos órganos de seres humanos adultos. Las *Células Madre* son capaces de diferenciarse en tejidos distintos a los que normalmente residen, y debido a esta característica se dice que presentan *Plasticidad*, esto es, que por ejemplo se ha logrado a partir de *Células Madre* obtenidas de médula ósea generar células neuronales. Todas las células somáticas (las que no son reproductivas) de un organismo tienen exactamente la misma información genética, sin embargo es desconocido él por que una parte de esta información llamada código genético se expresa (genera proteínas) en un lugar del mismo y otra parte de la información en otros lugares diferentes del organismo. Cuando además de lo anterior, una *Célula Madre* es capaz de dar lugar a una variedad de tejidos diferentes, se dice que esta es *Multipotente*, es decir que por sí misma es capaz de generar por ejemplo, tejido neuronal, cardiaco, piel, ojo, etc.

El estudió en *Células Madre* es un tema de la mas profunda controversia, debido principalmente a las diferentes opiniones existentes sobre el estatus legal y moral de los embriones humanos, que son la fuente idónea para la obtención de estas células.

Los primeros resultados obtenidos en la investigación en *Células Madre*, son los que lograron que desde un inició, se generaran tantas expectativas en relación a esta terapia, y estos resultados se consiguieron a través de transplantes de médula ósea, que en última instancia incidieron en el incremento de la sobrevivencía de pacientes con leucemia y otros tipos de cánceres, problemas sanguíneos congénitos y problemas en el sistema inmune; cuando estos primeros transplantes se realizaron, hace ya casi 40 años, a las células responsables se les nombro

Células Madre Hematopoyeticas (HSC). Estas células son de las pocas que han sido aisladas satisfactoriamente de un ser humano adulto y se encuentran en la médula ósea y bajo ciertas condiciones del metabolismo normal, migran a otros tejidos a través de la sangre. Las *HSC* son halladas también de forma normal en riñón de fetos, en bazo, así como en cordón umbilical y sangre de placenta.

Existe mucha evidencia que demuestra la plasticidad de las *HSC* y también de que bajo ciertas circunstancias, participan en la generación de tejidos diferentes a los del sistema sanguíneo. Sin embargo el potencial de estas células en el transplante de médula ósea para por ejemplo restaurar un sistema sanguíneo dañando, se halla limitada por la falta de disponibilidad de estas células en la cantidad y pureza que son requisito para estos transplantes. Aunado a esto, existe un problema de inmunocompatibilidad en ciertos pacientes que hace que su cuerpo genere un rechazo a este transplante, al no reconocerlo como propio, pero aun si no existe dicho rechazo por parte del receptor del transplante (enfermo) puede existir una contaminación con anticuerpos (células T) del donador, siendo así que sean estas las que ahora ataquen al tejido del receptor. Existe la posibilidad sin embargo, de que el donador y el receptor del transplante sean la misma persona, lográndose de esta forma evitar la respuesta inmune, pero la dificultad existente en el proceso de purificación de estas células conlleva el riesgo de reintroducir células cancerosas al paciente junto con las deseadas y benéficas *Células Madre*, esto en el caso de terapias dirigidas a contrarrestar cánceres. Por último, una barrera mas para el uso de *Células Madre Hematopoyeticas* es la imposibilidad que existe hasta el momento de cultivarlas de forma efectiva *in vitro*, es decir en el laboratorio.

La investigación en *Células Madre* animales presenta una oportunidad para el estudio de este tipo de células, y aunque en definitiva es necesaria para el avancé en esta área del conocimiento, no es suficiente para lograr una caracterización transpolable a células humanas, esto debido principalmente a la enorme diferencia entre ambas células y de sus mecanismos de regulación y control. Es así que, el estudio continuo con *Células Madre humanas* es fundamental y necesario para lograr el desarrolló de terapias efectivas contra enfermedades específicas. La aplicación de las investigaciones de las *Células Madre* en terapias específicas requiere además un mas completo conocimiento sobre las propiedades de estas.

Existen diferentes fuentes para obtener *Células Madre* humanas: a partir de fetos, de embriones y de adultos; además de a través de la técnica de *Transferencia Nuclear de Células Somáticas (SCNT)*. Los estudios en *Células Madre* de adultos no han mostrado que sean tan prometedores como las obtenidas de embriones, donde se ha probado su diferenciación en una variedad de células, además de haberse también demostrado su continua renovación a largo plazo en cultivos celulares. La técnica de *Transferencia Nuclear de Células Somáticas (SCNT)* es una técnica que consiste en introducir el núcleo de una célula somática del paciente dentro de otra célula a la que se le extrajo el núcleo y donde esta puede ser humana o animal. Existen otros reportes promisorios que señalan nuevas fuentes de obtención de estas células, tales como la superficie del epitelio ovárico (Bukovsky, 2005) sin embargo la investigación de estas nuevas posibles fuentes se halla apenas en su inicio y por tanto aun no puede ser consideradas como una posibilidad real, ni cercana.

Las *Células Madre* embrionarias se encuentran solamente en embriones en sus primera etapas de desarrollo. La fertilización de un óvulo por el esperma resulta en la formación del cigoto, que es la primera etapa en la formación del embrión, el cigoto empieza la división celular y con esto la formación de un organismo multicelular aproximadamente a las treinta horas de la fertilización y para el tercer o cuarto día el embrión es ya una bola compacta de doce o mas células, llamada morula. A los cinco o seis días de la fertilización y después de muchos mas ciclos de división celular, la morula empieza la etapa de diferenciación formando una esfera hueca de células llamada blastocito, con cerca de ciento cincuenta micrones de diámetro. La cubierta exterior del blastocito es llamada trofoblasto y el racimo de células en el interior se le llama la masa celular interna. En esta etapa hay aproximadamente setenta células de trofoblasto y treinta de la masa interna. Estas últimas son *Células Madre* multipotentes y dan lugar a todos los tipos de tipos celulares de las principales cubiertas de los tejidos; ectodermo, mesodermo y endodermo del embrión. Normalmente después del séptimo día estas desaparecen y es cuando empiezan a formarse las tres capaz de tejido del embrión.

Las células de la masa interna han podido ser removidas del blastocito y mantenidas en un estado indiferenciado en líneas de cultivos celulares en el laboratorio. Para ser útiles en la generación de terapias médicas, las *Células Madre* embrionarias en cultivo, requieren diferenciarse en los tejidos apropiados para ser transplantados al paciente. Al realizarse la extracción de las células de la masa interna para obtener las *Células Madre*, los embriones son destruidos, cuestión que ubica a esta fuente de obtención de células en medio de un intenso y muy largo debate.

En general el potencial para la generación de *Células Madre* a partir de embriones generados con óvulos congelados es por mucho menor al obtenido con óvulos frescos. De hecho el periodo óptimo para la recolección y manipulación de los mismos con el fin de obtener estas células debe ser menor a una hora, por lo que si se utilizan embriones generados en exceso en un procedimiento de *Reproducción Asistida* es recomendable usarlos antes de que los remanentes sean reintroducidos en el útero de la mujer.

Las *Células Madre* fetales son células primitivas en el feto que eventualmente pueden diferenciarse en los órganos del cuerpo adulto. La investigación en estas células solo se ha realizado en unos pocos casos: *Células Madre* nerviosas y progenitoras de islotes pancreáticos. El hígado fetal y la sangre son fuente de *Células Madre Hematopoyetica*s, que son las responsables de la generación de las múltiples tipos de células presentes en la sangre. Aunque no son parte del feto, la placenta y el cordón umbilical son también fuentes ricas en *Células Madre Hematopoyeticas*.

Las *Células Madre* de adulto son células indiferenciadas que existen en tejidos diferenciados, tales como médula ósea, cerebro, sangre, ojo, músculo esquelético, pulpa dentaría, hígado, piel, etc. de adultos humanos. Al menos algunas de estas *Células Madre* son multipotentes. Pese a estar en una variedad de órganos y tejidos, la *Célula Madre* de adulto son raras, difíciles de identificar y de purificar y cuando son crecidas en un cultivo son difíciles de mantener en un estado indiferenciado. Debido a estas limitaciones, es que hasta el momento no se pueden obtener en cantidades suficientes para ser aplicadas en terapias regenerativas.

En tanto a la obtención de *Células Madre* a través de la técnica de *Transferencia Nuclear de Células Madre* (*SCNT*) que, aunque evita el rechazo inmune, presenta como una de sus desventajas el hecho de que sí el mal de la persona es genético, estas células pueden llevar consigo la misma información que ocasiono la enfermedad. Sin embargo el principal impedimento para el uso de esta técnica es que, su fundamento es el mismo que el utilizado para la clonación. Teóricamente la técnica de *SCNT* genera *Células Madre* genéticamente idénticas que darán lugar a un tejido que no será rechazado por el sistema inmune del receptor del transplante, sin embargo el límite que separa esta técnica de la clonación humana se refiere exclusivamente a la introducción del embrión generado dentro de un útero para su desarrollo durante los nueve meses que requiere un bebé humano.

Con el tiempo, y debido a mutaciones acumuladas, todas las líneas de cultivos celulares cambiarán, esto también aplica a las líneas celulares (cultivos) de *Células Madre*. Es por esto que el uso en investigación solamente de las líneas celulares ya existentes, -muchas de ellas antiguas-, probablemente se vea limitado; además de lo anterior la mayoría de estas líneas celulares existentes han sido cultivadas en presencia de suero o metabolitos de origen no humano, cuestión que puede llegar a ser un riesgo para la salud. La acumulación de mutaciones surgidas en cada división celular las vuelve menos adecuadas y seguras para investigación, además de que mientras menor sea el número de líneas celulares en uso, menor será la diversidad genética que estas representan y por tanto su aplicación en terapias médicas se vera limitado.

Él numero de enfermedades que potencialmente pueden ser atacadas utilizando *Células Madre* es grande, generándose un mercado potencial para la terapia medica de enorme dimensión y del mayor interés; aunque es difícil estimar el valor económico en todo el mundo de la investigación en *Células Madre*, ponemos como ejemplo a continuación una estimación de lo que potencialmente representa sólo para Estados Unidos.

Enfermedad	Número de pacientes al año
Enfermedades cardiacas	58 millones
Deficiencias en sistema inmune	30 millones
Diabetes	16 millones
Osteoporosis	10 millones
Cáncer	8.2 millones
Alzhaimer	5.5 millones
Parkinson	5.5 millones
Quemaduras severas	0.3 millones
Daños a la columna vertebral	0.25 millones
Defectos de nacimiento	0.15 millones
TOTAL	**133.9 millones**

Número de pacientes por principales enfermedades en Estados Unidos, potencialmente tratables a través de terapias basadas en Células Madre (Perry, 2000)

Si el costo de salud en Estados Unidos por ciudadano enfermo fue en el año 2003 en promedio de doce mil dólares el beneficio económico de esta terapia podría ser por tanto de hasta uno punto seis trillones de dólares al año, solamente en ese país, por lo que el estudio en esta área del conocimiento no solo es un avance humanitario de considerables repercusiones, sino de un interés económico brutal que hace que muchos intereses estén en juego.

Otras cifras que dejan claro el valor económico de esta terapia se muestra a continuación, por ejemplo el costo social directo e indirecto en Estados Unidos generado por desordenes neuropsiquiátricos, el cual es él mas elevado entre todos los grupos de desordenes de la salud, corresponde a cerca de seiscientos cincuenta billones de dólares. Casi el 80% del mercado de ciencia enfocada al cerebro corresponde al diagnóstico y tratamiento de este tipo de desordenes neuropsiquiátricos, de donde por ejemplo la enfermedad de Alzheimer representa casi el 14% de ese total. Comparativamente por su parte, la diabetes representa un costo de noventa y ocho billones de dólares, la hipertensión cuarenta y uno y los problemas coronarios cien billones de dólares, males todos estos, potencialmente tratables mediante terapias con *Células Madre*.

En el 2003 el sistema de salud estadounidense gastó dos trillones de dólares. En el año 1997 el costo anual de cuidado de la salud *per capita* ascendía a tres mil novecientos doce dólares, lo cual es la tercera parte del costo para el 2003.

Casi la mitad de los estadounidenses padecen de una enfermedad crónica, mientras la deuda no financiada del sistema Medicare de esta nación alcanza los treinta y cinco trillones de dólares (díez veces la deuda externa) y la deuda de seguridad social es de siete punto dos trillones; como dato extra, el 15% de los estadounidenses no cuentan con un seguro médico.

Solamente el costo administrativo de salud, represento en 1999 al menos doscientos noventa y cuatro billones de dólares, equivalente a casi mil sesenta dólares *per capita*, siendo que los gastos administrativos ocupaban el 31% de los gastos en cuidado de la salud, contra los ciento ocho punto cinco billones promedio y el 21.7% del total de gastos de salud que representaban el 1987. Se espera que el costo del cuidado de la salud para el 2012, sea de tres punto un trillones de dólares.

A nivel mundial solamente el gravamen generado por enfermedades de importancia del sistema nervioso central es cercano a los cuatrocientos billones de dólares, mientras que las fallas cardiacas e infartos del miocardio representan cuatrociento cincuenta billones de dólares. Otros reportes señalan que el mercado del cuidado de desordenes psiquiátricos en Estados Unidos, Japón y la Comunidad Europea se encuentra en el rango de entre setecientos y novecientos billones de dólares.

Tanto las *Células Madre* embrionarias como de adulto pueden llevar al desarrollo de medicina regenerativa. Las células embrionarias han demostrado ser multipotentes, además de ser eficazmente cultivables en el laboratorio, mientras que en las células de adulto no se sabe a ciencia cierta su grado de plasticidad, además de haber mostrado dificultades en su aislamiento y purificación, así como problemas al momento de ser cultivadas en el laboratorio, sin embargo debemos hacer notar que hasta el momento la única terapia basada en *Células Madre* que ha dado resultados comprobables se basa en las células de adulto, en específico de médula ósea y de piel.

Pese a las altas expectativas puestas en esta nueva medicina, la investigación en *Células Madre* hasta donde se sabe, se halla en sus primeras etapas y existen muchos preguntas y huecos en el conocimiento que son obstáculos para la aplicación de esta tecnología en una terapia médica real. Aunque el transplante de *Células Madre* de médula ósea se llevó ya a cabo y sin un conocimiento profundo del mecanismo y consecuencias de esta terapia, los resultados han llevado a un mejor entendimiento y a un cúmulo de expectativas y aunque quizás es cierto que no se necesita conocer completamente estas células antes de su aplicación médica, si es un hecho que debemos tener ciertos conocimientos sobre ellas que son fundamentales, como los relativo a: ¿El motivo que mantiene a estas células en un estado indiferenciado?, ¿Cuales son las señales que la célula usa para empezar o detener el proceso de división celular?, acerca dé ¿Cuales son las señales del medio ambiente que afectan la diferenciación? y por último, sobre ¿Cuáles son las propiedades fisiológicas que permiten la integración funcional de los nuevos tejidos en un organismo ya existente?. Cualquier investigación científica que pretenda responder estas preguntas deberá ser comprensible y repetitiva antes de que le mundo científico la acepte y el mundo no científico la adopte.

A medida que el conocimiento en *Célula Madre* crezca se podrá empezar a pensar en enfoques terapéuticos incluido él referente a sí las células deberán transplantarse en un estado diferenciado o indiferenciado, y sobre cuales de las diversas fuentes de *Células Madre* deberán emplearse en casos específicos. Los experimentos en cultivos celulares deberían de llevarse el mismo esfuerzo y dedicárseles el mismo tiempo que con los experimentos en seres humanos. Los datos obtenidos en el laboratorio deberán generar los detalles que se requerirán para la investigación directa en humanos.

Como conclusión cabe decir que el acceso a fuentes de *Células Madre* será lo que en ultima instancia determine el progreso al que se llegara en está área del conocimiento. La mejor fuente conocida de *Células Madre* al día de hoy es a partir de embriones, mismos que son generados a partir de óvulos frescos, cuya disponibilidad es la que en última instancia determina en este momento el avance en esta terapia médica y limita los beneficios económicos de la misma.

II.I. REINO UNIDO y AUSTRALIA.

Durante los años 80´s, el Reino Unido pionero en experimentación en células reproductivas, vivió un fuerte debate referente a la experimentación en embriones humanos que dio lugar a la redacción del *Acta para Fertilización y Embriología Humana de 1990*. Entre lo más destacable de dicho documento, esta el hecho de que en dicha acta se asienta que *"en el embrión humano surge un cambio fundamental en su estatus, alrededor del día catorce de existencia, que hace que después de este tiempo, esté sea ya considerado como un individuo humano que por tanto no debe ser utilizado para propósitos experimentales"*. Esta premisa esta fundamentada en observaciones biológicas de donde se extrae que "no existe evidencia de la existencia de un individuo humano multicelular e integrado en el periodo entre la fertilización y el día dieciséis del desarrollo embrionario".

En el año de 1996 en el Reino Unido se estimaba que cerca de trescientos mil embriones fueron creados entre 1991 y 1994, dónde la mayoría, o fueron destruidos o se experimento en ellos, sin embargo se considera que cerca de sesenta y tres mil fueron congelados.

En 1984 sucede en Australia el primer caso de una mujer que dio a luz un bebé sin parentesco genético alguno. Alan Trounson de la Universidad de Monash en Melbourne logra la fertilización del óvulo de una donadora en una caja de vidrió y la eficiente introducción y desarrollo en el útero de una madre diferente.

En enero del 2001 la Casa de los Lores (*House of Lords*) logró que Inglaterra se convirtiera en el primer país que legalizara la clonación de embriones humanos con fines de investigación en *Células Madre*.

II.II. ESTADOS UNIDOS.

En enero de 1973 la Suprema Corte de los Estados Unidos de Norteamérica, a través de la decisión conocida como *Roe vs Wade* legalizó el aborto, decisión que entre otras consecuencias trajo consigo una moratoria en el financiamiento gubernamental en la investigación en embriones. Un año después, en 1974 se estableció en el Acta Nacional de Investigación (*National Research Act*) una moratoria temporal para el financiamiento federal en investigación fetal (antes y después del aborto). La moratoria anterior siguió siendo válida hasta 1975 cuando el Departamento de Salud y Servicios Humanos (*Department of Health and Human Services*) emitió regulaciones que limitaban el financiamiento federal en investigaciones fetales y entre otras cuestiones se evitaba que el gobierno financiara experimentos en *IVF (Fertilización in vitro)* a menos que un Comité Consultivo Ético lo aprobase.

En el año de 1979 y bajo la presión de grupos antiabortistas, el Departamento de Servicios Humanos y de Salud en los Estados Unidos desmantelo un comité de evaluación que revisaba el financiamiento federal en investigación de esperma, óvulos y embriones humanos.

Siguiendo esta pauta y una vez en la presidencia de ese país, en marzo de 1988 el Presidente Ronald Reagan impuso una moratoria especial en el uso de fondos federales para la investigación en transplantes de tejido fetal, quedando dicha moratoria en espera de las conclusiones éticas, científicas y legales del panel en Investigación de Transplantes de Tejido Fetal Humano; con este reporte en mano el Comité de Consejo del Director del NIH (*National Institute of Health*) recomendó que la moratoria fuera levantada, sin embargo y pese a esta recomendación en noviembre de 1989 el Secretario del Departamento de Salud y Servicios Humanos extendió la moratoria de forma definitiva.

En 1993 el presidente Clinton anuncio que mantendría la prohibición del estudio de embriones humanos y nombró a los Institutos Nacionales de Salud (*NIH*) como el organismo encargado de dar pautas y guías en esta área, siendo que en 1994 estos institutos establecen el Panel de Investigación en Embriones Humanos con el objeto de crear políticas a seguir en los métodos que los investigadores deberían seguir para obtener dichos embriones y además para determinar él alcancé ético de la investigación en esta área. No obstante, en 1993 el Congreso aprobó ciertas investigaciones que usaban tejido fetal proveniente de abortos espontáneos.

En noviembre de 1994 el Panel de Investigación en Embriones Humanos (*Human Embryo Research Panel*) emitió una guía para la investigación y estudio en embriones: de acuerdo a esto, los investigadores solo podían hacer uso de los embriones si estos tenían menos de *catorce días* de edad, y solo si el estudio no podía realizarse con embriones de animales y si además se demostraba una razón de peso para la realización de estos estudios. El panel también determinó que los investigadores podían no estar condicionados solamente a los embriones remanentes de los procedimientos de fertilización *in vitro*, sino que además se podrían crear *in vitro* para estos propósitos. Sin embargo el investigador debía probar que su investigación con embriones recién creados eran prometedoras y de valor científico y terapéutico. Por último, el panel alerto que las mujeres donantes no deberían ser retribuidas económicamente por sus óvulos. En los siguientes meses el *NIH* voto para la aceptación de estas medidas, sin embargo el mismo día de la votación, el Presidente Clinton emitió una Orden Ejecutiva donde se prohibía la creación con fines de investigación de embriones, para todas aquellas investigaciones financiada federalmente, así mismo anunció la creación de una Comisión Nacional en Bioética para analizar esta área del conocimiento.

Como resultado de esta prohibición, los científicos solo pudieron continuar su investigación con embriones remanentes de tratamientos de *fertilización in vitro*. Sin embargo en julio de 1995 presionados una vez mas por grupos antiabortistas el Comité de Apropiaciones de la Casa (*House Appropriations Committee*) aprobó una propuesta de dos congresistas para prohibir el uso de fondos federales en la investigación en embriones humanos. Para la implementación de esta prohibición, el comité agregó una cláusula a la Ley de Apropiación del *NIH* donde sé asentaba que los fondos federales, no debían ser utilizados para la creación de embriones humanos para propósitos de investigación en donde "*el embrión es destruido, desechado o conscientemente sujeto a un riesgo de daño o muerte que sea mayor que el riesgo permitido para la investigación de fetos en el útero*". Esta cláusula reforzó la prohibición de la creación de embriones y adicionalmente restringió el uso de fondos federales para cualquier investigación que requiriese el uso de embriones obtenidos de procedimientos de *fertilización in vitro*. Es importante reiterar que los embriones usados para extraer *Células Madre* son destruidos en el proceso.

En enero de 1996, Bill Clinton firmo una resolución donde mantenía al gobierno federal abierto ya que no se había logrado un consenso en el presupuesto. La resolución incluyó la prohibición una vez mas del uso de fondos federales para la investigación con embriones humanos, la ley llevaba el nombre de Enmienda *Dickey*. Durante los años que siguieron, el Congreso continúo con la prohibición del uso de fondos federales para la investigación en embriones.

Sin embargo en noviembre de 1998 una industria privada, *Geron Corporation* (Menlo Park, CA) anunció su apoyo a dos grupos de investigación que había descubierto mecanismos para la derivación de líneas celulares a partir de *Células Madre* embrionarias y células humanas pluripotentes. El primero de los grupos, encabezado por James A. Thomson un investigador asociado en veterinaria del Centro Regional en Investigación en Primates de la *Universidad de Wisconsin's* (Madison, WI), logró la derivación de *Células Madre* de tejido embrionario humano, el grupo de Thomson reporto que las células frescas o congeladas habían sido obtenidas con consentimiento de los progenitores y en programas de *fertilización in vitro*. En su estudio Thomson dijo haber utilizado treinta y seis embriones de los que obtuvo cinco líneas celulares, es decir un rendimiento de casi 14%. El segundo equipo apoyado por *Geron* estaba liderado por John D. Gearhart un profesor en ginecología y obstetricia de la *Universidad de Medicina Johns Hopkins* (Baltimore, MD) quienes crearon un método para establecer líneas celulares de *Células Madre* pluripotentes. La derivación surgió de células germinales primarias de embriones o fetos de cinco a nueve semanas de edad que eran el producto de conclusiones por razones terapéuticas de embarazos. *Geron* aclaro que dichas investigaciones no violaban la prohibición en el estudio de dichas células ya que los experimentos ni creaban ni destruían embriones. El mismo día del anunció de *Geron Corporation*, el *NIH* empezó a estudiar los casos en que el gobierno podía financiar investigación en líneas celulares de *Células Madre*.

A los pocos días, el 12 de noviembre de 1998, la compañía *Advanced Cell Technology Inc.* (Worcester, MA) anuncio que su equipo científico liderado por Jose Cibelli había desarrollado un método para producir *Células Madre* embrionarias al fusionar una célula somática humana con un huevo de bovino al que se le había extraído el núcleo. La comunidad científica entre otras muchas criticas enfatizo el hecho de la duda sobre por que esta compañía, hacia pública su investigación dos semanas después del anuncio de la compañía *Geron* siendo que la tecnología de *Advanced Cell* se había desarrollado desde dos años antes (1996), pero la principal oposición surgida en relación a esta tecnología era su similitud con la usada para la clonación de la oveja Dolly y de otros mamíferos, lo cual hacía pensar en la posibilidad de crear aberraciones genéticas. Aunque los defensores de esta tecnología argumentan sus beneficios, al ser posible obtener tejido humano para transplantes que es genéticamente compatible, y que además no se halla restringida su investigación por ninguna prohibición, ya que al fusionar un núcleo humano y un huevo de vaca no se genera un embrión humano como tal. Sin embargo y pese a todo la Comisión Consultiva Nacional en Bioética (*NBAC*) sugirió que el gobierno federal no debe financiar esta tecnología. La meta final de esta tecnología evidentemente requeriría que tanto el núcleo como la célula a la cual será transplantado fueran humanos y esto requeriría de óvulos humanos que son muy difíciles de conseguir en cantidades grandes.

Las tecnologías presentadas por ambas compañías habían sido financiadas con fondos privados, de manera que el congreso de los Estados Unidos había de forma indirecta conseguido que la investigación en *Células Madre* fuese responsabilidad del capital privado. Sin embargo en ese país la opinión pública es muy importante para las compañías, y las leyes federales que rigen la investigación pública generalmente son una pauta para los demás investigadores. Además la cantidad de dinero que una compañía privada puede invertir en investigación básica es limitada ya que las compañías se enfocan en tecnologías aplicativas por obvias razones. Las compañías privadas son necesarias al llevar los desarrollos científicos a la parte aplicativa, sin embargo su alcancé en investigación básica es limitado; la investigación realizada hasta el momento por *Geron, Advanced Technology,* etc. está lejos de ser viable como terapia médica, por lo que para que esta investigación detone es necesario del financiamiento federal, que como otras consecuencias permitirá de forma abierta que exista escrutinio público y vigilancia de las autoridades.

Por ejemplo, en diferentes estudios se muestra la importancia que en las industrias biotecnológicas y farmacéutica ha tenido el financiamiento federal en investigación básica para la innovación, además el financiamiento federal ha generado diversas colaboraciones entre los sectores federal y privado. La rapidez con que las nuevas terapias basadas en *Células Madre* sean desarrolladas, dependerá en gran medida del apoyo que logren en la opinión pública; las compañías privadas a su vez tendrán un papel de importancia en lograr que las terapias basadas en *Células Madre* tengan un lugar en el mercado, sin embargo la prohibición actual para el financiamiento federal de estas tecnologías desaniman a la mayor parte de la comunidad científica del vecino país para continuar en esta área de investigación.

Entre las opciones surgidas como alternativas para poder realizar investigación en *Células Madre* sin prohibiciones legales o quejas de la opinión pública, surgen algunas como la de utilizar células de abortos espontáneos o de embarazos ectopicos. En enero de 1999 se comprobó (Bjornson, 1999) que *Células Madre* obtenidas de adultos podían generar una variedad de otro tipo de células, sugiriendo lo innecesario de seguir extrayéndolas de embriones humanos, además de evitarse el rechazo al que con frecuencia son sujetas por el sistema inmune del cuerpo. Sin embargo otros estudios en *Células Madre* de adultos, -generalmente de médula ósea- no muestran a esta fuente de células tan promisoria como se pensaba, debido entre otras cosas al ser menos factible el generar cultivos celulares a gran escala a partir de estas y a lo difícil que resulta su purificación.

Según la investigación de Gearhart del Johns Hopkins y apoyado por *Geron Corp.*, los cultivos de *Células Madre* pueden generarse a partir de tejidos obtenidos de abortos terapéuticos, sin embargo un interés del gobierno federal en financiar la investigación que utilicé esta fuente de células puede llegar a generar conflicto al malinterpretarse este apoyo como un apoyo para la legitimación de abortos. Aunado a esto, otro estudio (Steghaus-Kovac, 1999) pone en duda que las células germinales embrionarias, obtenidas de tejido fetal de abortos sean substitutos adecuados para *Células Madre* obtenidas de embriones, ya que se sugiere que algunos genes de dichas células carecen de las modificaciones necesarias para un normal desempeño.

Otras fuentes promisorias de *Células Madre* puede ser a través de la técnica de *Transferencia Nuclear de Células Somáticas (SCNT)* o mediante la manipulación genética de las *Células Madre* que permita obtener un banco suficiente de líneas celulares.

Fundamentado en el *Acta Británica en Fertilización y Embriología de 1990*, la Comisión Consultiva Nacional en Bioética (*NBAC*) de los Estados Unidos apoya el financiamiento de *Células Madre* obtenidas de embriones congelados, siempre que estos se hallen dentro del periodo de desarrollo de 14 días desde su fertilización. Así mismo reconoce una distinción aunque no una diferencia fundamental entre el hecho de obtener estas células y el hecho de estudiarlas.

La principal fuente de *Células Madre* sugerida en las resoluciones de los diferentes grupos de expertos que se han reunido para debatir sobre esta nueva terapia, resultan ser las obtenidas de los embriones generados en excedente durante los procedimientos de *fertilización in vitro*. Sin embargo el uso de esta fuente de *Células Madre* genera dos preguntas fundamentales, la primera es sobre cual es la cantidad de estos embriones que se encuentran disponibles para experimentación; siendo la segunda pregunta si ese número de embriones es suficiente para realizar la experimentación de forma productiva y reproducible.

En respuesta a esas preguntas y ante la falta de datos seguros, se realizo la única investigación hasta la fecha confiable con el objeto de dar respuesta a estas interrogantes (*RAND-SART, 2002*) en la que se estima que el número de embriones que han sido congelados y almacenados desde mediados de los años 80's, en las cuatrocientas treinta clínicas de reproducción asistida en Estados Unidos es de casi cuatrocientos mil embriones, correspondientes a óvulos fertilizados con un desarrollo de menos de seis días. De ese número solo en el 2.8% existe un permiso por parte de los progenitores para realizársele investigación; del restante

97.2%, 2% se ha destinado para ser destruido, otro 2% para donación a mujeres que quieran ser madres, 1% destinado a estudios de control de calidad y el restante 92% es guardado por los progenitores para futuros intentos de embarazos. De los once mil embriones disponibles para investigación se estima de forma optimista que solo doscientas setenta y cinco líneas celulares (cultivos celulares disponibles para desarrollarse posteriormente) podrían ser creadas, es decir, un rendimiento del 2.5%, esto por supuesto suponiendo que todos los embriones disponibles para investigación serán utilizados para generar líneas celulares.

Las estimaciones previas referentes al número de embriones existentes en clínicas de infertilidad de ese país estimaban estos entre treinta mil y doscientos mil, por lo que la cantidad real existente duplica dichas estimaciones. Las técnicas de *Reproducción Asistida* utilizan los embriones de mejor calidad (aquellos que crecen a un ritmo normal) para ser insertados en el útero de las mujeres, dejando los restantes que muchas veces son más débiles para ser congelados. Un punto mas en contra del uso exclusivo de esta fuente de *Células Madre* es que muchos de los embriones congelados han estado en almacenamiento por muchos años y en el tiempo en que estos embriones fueron creados, los cultivos de laboratorio no eran los más propicios para la preservación de embriones. Así también muchos embriones se destruyen durante el proceso de congelación y descongelación; en 1996 se calculaba la tasa de nacimientos después de un proceso de congelación de entre 7 y 10%, los pocos estudios en esta área permiten estimar en la actualidad en un 65% el porcentaje de embriones sobrevivientes a un proceso de congelación-descongelación, y siendo que de estos solo un 25% podrían sobrevivir las etapas iniciales de desarrollo de la etapa blastocito (embrión que se ha desarrollado al menos cinco días). Un último punto en contra de esta fuente de *Células Madre* es que como es sabido, en las células de humanos ocurre una mutación cada vez que la célula se divide, por lo que una célula en cultivo que ha sufrido doscientas divisiones, es de esperar que halla generado al menos doscientas mutaciones cuyas repercusiones en dicho cultivo no han sido evaluadas.

El 9 de agosto del 2001 el Presidente George W. Bush anuncia una nueva política federal donde se permite el uso limitado de *Células Madre* humanas embrionarias para propósitos de investigación, pero solamente podrían ser extraídas de las aproximadamente sesenta líneas celulares identificadas por el NIH (*National Institutes of Health*) como derivadas en exceso a partir de embriones humanos hasta ese día. Aunque no existe ninguna ley federal como tal o política que prohíba al sector público de generar nuevas líneas por los métodos de *fertilización in vitro* o *SCNT*, la línea que los separa de lo permitido es muy delgada y peligrosa. De hecho las políticas de la mayoría de los estados de ese país permiten el uso de fondos privados para la investigación de *Células Madre* a partir de embriones generados en exceso por los tratamientos de *IVF*, aquellos creados con el fin de investigación y los generados por la técnica de *SCNT*. Las elecciones por la presidencia de ese país en el 2004 ponen como punto clave de la plataforma de John Kerry el tema de las *Células Madre*.

El éxito en el desarrollo de esta nueva terapia médica depende en forma fundamental en la ciencia básica que sobre estas células se genere. El *NIH* es el principal patrocinador de la investigación en salud con un presupuesto en el 2001 de más de veinte billones de dólares. El NIH estima que en 1996, el 62% del presupuesto fue destinado a la investigación básica. Como comparación la investigación básica en el área farmacéutica que es la mayor área donde se concentra la investigación y desarrollo privados, fue en 1990 del 14%. Aunque algunas entidades privadas no lucrativas como el *Howard Hughes Medical Center* apoyan la investigación básica, la investigación privada se centra en aplicaciones de productos con fines lucrativos tales como nuevos fármacos, herramientas de diagnostico o aditamentos médicos que curen, prevengan o detecten una enfermedad. La limitación en los fondos federales para el estudio de *Células Madre* limitan el progreso, no solo al detener dichos fondos, sino además al limitar el número de científicos que realizan estas investigaciones, ya que aunque en un principio los investigadores pueden aceptar fondos privados para una investigación que se halle sujeta a alguna restricción federal, esta no es una opción viable para muchos científicos, ya que el *NIH* puede revocar financiamientos alternos por estar violando restricciones federales.

Existen dos limitantes fundamentales en la investigación en *Células Madre*; la primera es la referente al aspecto ético-moral; la segunda de ellas es la falta de disponibilidad de embriones de los cuales extraer las células, este último problema podría simplificarse a la falta de disponibilidad de óvulos y de esperma, sin embargo y debido a que un hombre normal en una eyaculación genera entre veinte y ciento cincuenta millones de espermatozoides, además de que un hombre sano puede eyacular varias veces al día y por último debido al ambiente social y cultural en el que se desenvuelven los hombres adultos, concluimos que el obtener esperma realmente no es una limitante para ninguna investigación; es así que reducimos el problema a la obtención de los óvulos.

Una mujer ovula un óvulo cada mes, siendo que estos aunque se sabe son desprendidos de los ovarios a las trompas de falopio cercano al día catorce del ciclo reproductivo normal de una mujer, no es fácil el saber exactamente el momento en que esto ocurre, siendo que si se piensa fertilizar *in vitro* un óvulo para obtener un embrión del que se obtendrán *Células Madre* con fines de investigación, la obtención de óvulos se convierte en el punto crucial, y aquí debemos añadir que el conseguir donadoras de óvulos sanos y fuertes requiere de mujeres jóvenes y sanas, y de preferencia con poca actividad sexual, que se sabe incrementa el riesgo de infecciones virales y bacterianas, siendo así que mientras mas joven la mujer es, será una mejor opción como donadora de óvulos. Aunado a esto, dichas mujeres deben estar dispuestas a someterse a un tratamiento médico, que incluye desde la hiperovulación estimulada por hormonas, que generará efectos secundarios y que además incluirá la extracción en una clínica a través de un catéter de sus óvulos, procedimiento que aunque no doloroso sí es físicamente molesto y requiere de anestesia local, además de el tiempo que la donadora debe dedicarle a esto, el cual no es en conjunto poco. Una última cuestión a considerar, es que la donadora debe tener unos conceptos éticos y religiosos que no le impidan efectuar esta donación. Aunare a lo último que la legislación de Estados Unidos limita la existencia de estas donadoras y claramente específica que si dichos óvulos se usarán para investigación en *Células Madre*, no podrán ser retribuidas de ninguna forma, incluida la económica.

En los Estados Unidos ha venido creciendo en los últimos años, el comercio de ciertas partes del cuerpo humano, y aunque en 1984 una ley federal decreto como un crimen el hecho de vender órganos vitales, dicha ley solamente especificaba cuales partes del cuerpo no podían venderse, pero no dejaba tácito con que partes sí podía comercializarse, siendo así que hasta el momento en ese país queda un vacio legal donde es factible la venta de partes humanas con la única condicionante que estas pueden ser remplazadas sin causar un daño mayor. Actualmente la demanda de óvulos se halla en aumento, con un crecimiento anual cercano al 20% y esto a su vez es debido al aumento de la demanda de procedimientos de *Reproducción Asistida* en las clínicas de infertilidad de ese país. De acuerdo a los Centros para el Control y la Previsión de Enfermedades (*Centers for Disease Control and Prevention*) la donación de óvulos creció de seis mil seiscientos en 1997 a diez mil cuatrocientos en el año 2000. Estados Unidos es el único país del mundo dónde las reglas del mercado gobiernan el intercambio de gametos y genes.

La búsqueda de óvulos se realiza por las cerca de doscientas compañías dedicadas a eso a través principalmente de internet. En ese país los precios varían entre las diferentes clínicas, siendo que por lo general se paguen entre quince mil y veinte mil usd por la obtención de un óvulo o un embrión dentro de un ciclo de Fertilización *in vitro*, siendo que de este total, aproximadamente entre doce mil y diecisiete mil usd corresponderán al ciclo de IVF y los otros cinco mil usd se usan como compensación a la donante. Es importante hacer notar que ninguna compañía aseguradora cubre estos procedimientos. El precio actual que se paga por los óvulos de una donadora en un solo procedimiento de IVF variara entre tres mil y cincuenta mil usd, siendo lo mas común entre cinco mil y ocho mil usd y lo recomendado por la Sociedad Americana de Medicina Reproductiva (*American Society for Reproductive Medicine*) de cinco mil usd y pagándose mas por aquellos óvulos de mujeres consideradas como biológicamente privilegiadas dentro de los estándares culturales de ese país, es decir con buen potencial físico, belleza y un elevado coeficiente intelectual. Entre un 35 y un 40% de las donadoras son estudiantes universitarias que hacen esto como una fuente alternativa de ingresos. El procedimiento le llevara a la donadora el consumo de mucho tiempo y distintas incomodidades, como es la inyección diaria de hormonas, pruebas sanguíneas constantes y ultrasonidos por un periodo de tiempo de entre veinte y veinticinco días. Una vez que los óvulos se hallan maduros la donadora deberá someterse a una cirugía menor. Además de lo anterior existen diferentes riesgos inherentes al tratamiento, entre los que se halla el *Síndrome de Hiperestimulación Ovárica* que, entre otras consecuencias incluye la posibilidad de llevar a hospitalización a la paciente.

Actualmente algunas investigaciones científicas buscan el desarrollo de óvulos *in vitro* eliminando el riesgo inherente al uso de hormonas en la mujer, así mismo el perfeccionamiento de la tecnología para congelar óvulos permitirá utilizar aquellos óvulos obtenidos en un solo procedimiento de hiperestimulación, disminuyéndose la necesidad de nuevos procedimientos; sin embargo y si la tecnología referente a la clonación humana llegara a ser permitida, la demanda de óvulos en los países en los que se legisle se vería en aumento. Por otra parte el mercado de bancos de esperma en Estados Unidos no es nada en comparación al de óvulos; un donador no recibe más de setenta y cinco usd por una muestra.

Como conclusión enfatizamos que la investigación en *Células Madre* requiere de una alta cantidad de estas células para que sea efectiva, que a su vez necesitaran una alta cantidad de embriones, que también a su vez necesitaran de un alta cantidad de óvulos, y que por ultimo dependerán de la existencia de una alta cantidad de mujeres que puedan y quieran estar dispuestas a ser donadoras. O ...quizás...

SEGUNDA PARTE

Hay mariposas muertas en las aceras de mi país.

Ay, cómo pasa el tiempo, mi viejo amigo dentro de mí,

una lenta procesión de esperanzas que se van...

incomunicado sin poder hablar.

J.M. Serrat

III. MÉXICO.

Desde 1993 a la fecha, es decir trece años después, el norte de México, específicamente una ciudad fronteriza con Estados Unidos, llamada Ciudad Juárez se ha convertido en un lugar de fama mundial, debido al hecho de que entre todas las ciudades del mundo es en la que más asesinatos en forma serial y no vinculados con el crimen organizado, la guerra, la religión o la política, han sido documentados. Mas de cuatrocientas mujeres han sido halladas muertas y al menos otras cuatrocientas han sido reportadas como desaparecidas. Aun más preocupante y triste que el número de las víctimas, es que un gran número de estas mujeres han sido sujetas a la violencia sexual más irracional antes de ser asesinadas; desgraciadamente puedo aun escribir algo mas desesperanzador y frustrante en relación a esta historia, y es que al día de hoy, después de trece años y al menos cuatrocientas muertas, las autoridades no tienen una sola pista que les permita visualizar, predecir o esperanzar que estos asesinatos puedan si no resolverse, al menos algún día terminarse.

El presente documento aunque carente de pruebas físicas recoge de una manera estructurada y lógica los diferentes documentos existentes sobre el tema, los datos presentados a continuación se han hilvanado respecto a la hipótesis que sostengo, para algunos completamente producto de la fantasía, pero para otros una horrenda y seria posibilidad.

III.I. ASESINATOS SERIALES.

El asesinato se define como la forma ilegal de acabar con una vida humana. Es una acción que concluye con una vida dentro del contexto del poder, la ganancia personal, la brutalidad y en ocasiones la sexualidad. El asesinato es una subcategoría del homicidio, mismo que a su vez incluye el tomar una vida humana de forma no premeditada y/o conciente y que puede ser producto de un accidente o simplemente autorizado por la ley.

Por definición un asesino en serie es aquel que más de una vez comete un asesinato, siendo que ambos no están relacionados entre sí y que ocurran en diferente tiempo y generalmente en diferente lugar. Así mismo la mayoría de los asesinos en serie, sin importar la cultura en dónde se desarrollaron o asesinen son hombres jóvenes entre los veinticinco y treinta y cinco años. Entre las características que distinguen a un asesino en serie, es que por lo general atacan a personas fácilmente accesibles, lo que significa que la víctima no provoca al asesino sino simplemente esta se halla en el lugar equivocado en el momento equivocado (Holmes y De Burger). Además por lo general no existe ningún motivo material que impulse a cometer el crimen sino que más bien son del tipo simbólico, o debido a lo vulnerable que en ese momento es la víctima y en ambos casos es estimulado por el poder ejercido o generado a través de dichos crímenes, y por la catarsis que de estos actos puede surgir. Sin embargo los asesinatos seriales generalmente son premeditados, incluyen algún tipo de fantasía de tipo ofensivo e incluyen un plan detallado, así mismo los asesinos seriales generalmente eligen un tipo de víctima en particular y usan lugares elegidos con premeditación para llevar a cabo sus crímenes.

Un homicidio sexual envuelve un elemento o actividad sexual como la base de la secuencia de actos que concluirá con la muerte. El desarrollo y el significado que este elemento juega variara de agresor a agresor y puede incluir desde la penetración al efectuara una violación y donde esta puede ocurrir antes o después de la muerte, hasta un ataque sexual simbólico, como la inserción de objetos extraños dentro de los orificios del cuerpo de la víctima.

Los crímenes sexuales no son obra de desviados individuales, enfermos mentales o anomalías sociales, sino expresiones de una estructura simbólica profunda que organiza nuestros actos y nuestras fantasías y les confiere inteligibilidad (Segato, 2004).

Cuando se utiliza el término organizado referido al agresor en un homicidio sexual, este se refiere al acto criminal como tal, después del exhaustivo análisis de la víctima y de la escena del crimen, incluidos los reportes del forense, e indica aspectos comunes a un agresor organizado, tales como aquel que aparentemente planea sus crímenes, quien identifica a sus víctimas y de quien ejerce control en la escena del crimen. Un comportamiento metódico y ordenado puede observarse en estos casos en todas las fases del crimen. Además por lo general las víctimas de un homicida de índole sexual organizado son mujeres. Las víctimas generalmente no son conocidas por el agresor pero son elegidas por que cumplen con ciertas características, mismas características que se descubren después de que ocurren varios asesinatos. La víctima es identificada en la locación o lugar en dónde el asesino se halla presente, siendo de esta forma que son víctimas de oportunidad. En este tipo de asesinatos organizados generalmente ocurren múltiples escenas del crimen, es decir aquella dónde ocurre el contacto inicial con la víctima y posiblemente el ataque, el lugar donde sucede la muerte y el sitio dónde es abandonado el cuerpo, mismo que generalmente es familiar al agresor; por otra parte y en tanto a los métodos usados para asesinar en este tipo de crímenes de índole sexual, la estrangulación es comúnmente utilizada.

Por su parte un asesinato de índole sexual desorganizado generalmente confronta, ataca, asesina y abandona el cuerpo en el mismo sitio. El nivel de organización o desorganización que existe en una escena del crimen generalmente dice mucho acerca de la sofisticación del asesino, incluido el nivel de control que logro tener sobre la víctima y sobre la predeterminación que pudo haber existido, sin embargo por lo general ninguna escena de crimen es completamente organizada o desorganizada.

III.II. INVESTIGACIÓN REALIZADA.

Al día de hoy la investigación de los casos de estas mujeres ha pasado por la *Procuraduría General de Justicia del Estado de Chihuahua*, la *Subprocuraduría de Justicia de la Zona Norte*, la *Procuraduría General de la República*, la *Fiscalía Especial para la Investigación de Homicidios de Mujeres (FEIHM)*, la *Comisión Especial para Prevenir y Erradicar la Violencia contra las Mujeres en Ciudad Juárez*, la *Policía Federal Preventiva*, el *Centro de Investigaciones de Seguridad Nacional*, el *FBI (Federal Bureau of Investigations)*, un grupo Interdisciplinario de peritos en la materia de toda la República, antropólogos forenses y forenses de universidades estadounidenses, Robert Ressler, ex agente del *FBI* y famoso por sus investigaciones fructíferas en casos de asesinatos seriales, otros criminólogos nacionales e internacionales y últimamente la *Presidencia de la República* y la *Secretaría de Gobernación*.

Sobran los ejemplos en donde la recopilación y documentación de las pruebas fue realizada de forma pobre y mediocre por parte de las autoridades responsables. Así también las investigaciones han omitido el seguimiento según las bases y protocolos de un procedimiento de investigación, tales como asegurar y proteger la escena del crimen, la búsqueda preliminar, las descripciones narrativas y las fotografías de la escena, la búsqueda de huellas dactilares u otro tipo de huellas recientes, la meticulosa búsqueda de pistas y su recolección, conservación y documentación sistemática, la relación y compaginación de los distintos casos en cuanto al los tiempos de desaparición y muerte, la documentación clara y científica sobre los hallazgos de los cuerpos y los lugares donde estos fueron encontrados, etc.

No quiero decir que las investigaciones hallan sido estériles por que en definitiva no lo fueron, ya que aun que no hay ninguna pista fuerte que lleve a solucionar estos asesinatos, sí al menos han generado la inspiración para que otras personas, ya sean públicas involucradas de forma directa o civiles como yo, generemos nuevas hipótesis plausibles y en algunos casos quizás no tan descabelladas, como la que presento aquí y que tal vez ensoberbecido por algún ego escondido considero que debe ser considerada e investigada de forma seria y urgente.

III.III. HIPÓTESIS.

Entre algunos de los hechos y elementos clave, que nos llevaron a desarrollar la presente hipótesis se encuentran los siguientes:

> En el 2003 se informo en los medios, que la *Procuraduría General de la República* a través de la *Unidad de Delincuencia Organizada* anunciaba la posibilidad de que, al menos en catorce de los cuerpos, pudo haber ocurrido el delito federal de *tráfico de órganos*. Sin embargo este anunció sembró dudas en lo referente a las investigaciones forenses ya que en ninguna de ellas se reporto la falta de órganos en ninguna víctima.

> Muchas de las mujeres fueron secuestradas y mantenidas en cautiverio durante días. Además algunas de ellas vestían ropas que no eran de ellas e incluso que eran de alguna otra mujer desaparecida.

> Así también las víctimas antes de ser asesinada fueron sometidas a diferentes grados de violencia sexual, llegando esta a ser extrema. Entre las agresiones sufridas, se halla la mutilación de senos. La violencia a que fueron sujetas durante su asesinato, que va mas halla de lo perverso, del odio y en definitiva del comportamiento de un asesino, hace parecer esta como totalmente armada, para desviar la atención pública hacía teorías de mayor acogimiento por las personas y los medios, es decir: narcosatànicos, videos snuff, pactos entre narcotraficantes, etc.

> Muchas mujeres han desaparecido de Ciudad Juárez y de la ciudad de Chihuahua y no han sido a la fecha halladas vivas, ni identificados sus cuerpos. Distintas organizaciones no gubernamentales reportan él número de estas mujeres desaparecidas en cuatrocientas. Por ejemplo *Amnistía Internacional*, reporta setenta y cinco mujeres asesinadas en 10 años y que no han sido identificadas.

> Una mujer ovula cada veintiocho días, generalmente entre el día doce y dieciséis de su ciclo, y normalmente un solo óvulo. La fecha aproximada de ovulación puede ser calculada a partir de niveles hormonales en sangre. Las mujeres pueden ser sujetas a través de la inyección de hormonas a la hiperovulación, con un promedio de entre ocho y doce óvulos maduros, así como a un mejor control del momento de la ovulación. Un procedimiento de *fertilización in vitro* lleva casi un día. Una mujer secuestrada puede estar en espera de su próximo ciclo ovulatorio de uno a veintiocho días, que coincide con los tiempos en que estas mujeres han sido secuestradas. Doscientas mujeres secuestradas y sujetas a hiperovulación por un solo ciclo, da un total promedio de dos mil óvulos. Las tasas de embarazos clínicos logrados por *IVF* son muy variadas y dependen de varios factores, reportándose rendimientos en el rango de entre 20 y 40%. En este documento consideramos la tasa promedio de resultados positivos en *fertilización in vitro*, como del 30%, dando por tanto, un total de seiscientos embriones listos para investigación. Si esos seiscientos embriones, los voy obteniendo de forma paulatina, tal y como mi investigación me lo este requiriendo, no necesito entonces congelarlos todos, ni por tanto tiempo. Es sabido que los óvulos de una mujer, sufrirán disminución y degeneración mes con mes, además de que durante el proceso de congelamiento, estos son cada vez menos viables; debido por una parte al proceso de descongelación como tal, y por otra a la formación de cristales dentro de las células; siendo entonces, que la tasa de embarazos clínicos utilizando embriones en congelación es reportada como cercana al 30%, siendo este número mucho menor para el caso de nacimientos reales. Como contraparte, algunos reportes señalan la tasa de embarazos clínicos para el caso de la congelación de óvulos, como cercana al 36%, aunque cabe mencionar que existe bastante divergencia en diversas instituciones y reportes, respecto a ese número. Actualmente se sabe además, que es factible la conversión *in vitro* de células ováricas fértiles, en óvulos (*Bukovski, 2005*); es probable por tanto, que los anteriores hechos ayuden a explicar de alguna manera, el congelamiento que aparentemente ocurrió en algunos de los cuerpos. Seiscientos embriones en trece años, da un promedio de cuarenta y seis embriones al año, cuatro embriones al mes y un embriones a la semana. Las investigaciones actuales reportan rendimientos del 2 al 14% para la obtención de nuevas líneas de *Células Madre* a partir de embriones, siendo así que han podido obtenerse teóricamente de doce a ochenta y

cuatro líneas celulares, números adecuado para la experimentación, y generación de líneas celulares estables y estadísticamente validas.

> La aparición sistemática de grupos de mujeres juntas ya sea en tiempo, o en el mismo lugar, o con las mismas marcas físicas, lleva a pensar que esos grupos fueron sometidos a la misma situación y desechado al mismo tiempo, tal y como ocurriría con un experimento llevado bajo las mismas condiciones, y controlando las mismas variables. Así mismo la recurrencia en los fenotipos de estas mujeres lleva a pensar una vez más en un grupo experimental.

> Algunos casos, presentaron evidencia de un líquido blanquecino similar al semen hallado en la vagina de la víctima. La congelación de óvulos y embriones utiliza agentes crioprotectores, entre los mas comunes se hallan, el glicerol, etilen glicol y una mezcla de propanodiol-sacarosa. Estos agentes protectores son sustancias viscosas; en el caso del glicerol y el etilen glicol estos serán de color transparente y en el caso de la mezcla propanodiol-sacarosa, esta será blanquecina.

> Los asesinatos de estas mujeres en Ciudad Juárez no muestran relación con ninguna forma de actuar conocida de un asesino serial, por lo que descartamos que estos asesinatos puedan ser catalogados como asesinatos seriales, al menos tal y como estos se conocen.

La hipótesis sustentada en el presente documento es que: un gran número de mujeres asesinadas en las ciudades de Ciudad Juárez y Chihuahua de 1993 a la fecha, fue realizada como parte de un experimento relacionado con sus órganos reproductivos. La experimentación a que estas mujeres fueron sometidas, se realizo básicamente utilizando los óvulos de estas mujeres, y donde muy probablemente, fueron la materia prima para generar líneas celulares de *Células Madre*.

Durante la experimentación realizada se han utilizado grupos experimentales, compuestos por varias mujeres. Además se han usado óvulos de mujeres de forma intermedia a esos grupos, como ensayos de verificación o control.

Los responsables de la experimentación y la muerte de estas mujeres, es un grupo conformado por varias personas, y en donde, en la mayor parte de estos trece años, ha estado altamente organizado, con suficientes recursos económicos, y poder en el Estado de Chihuahua, y quizás también en los Estados Unidos. La parte experimental fue llevada a cabo por una o mas personas capacitadas en algunas de las siguientes áreas; medicina, biología celular, histología, biología molecular, bioquímica, etc. Los asesinatos y la tortura de las mujeres fue llevada a cabo por personas diferentes, pero pertenecientes, o contratadas por la misma organización. Los asesinatos fueron llevados durante este periodo de trece años, al menos por tres grupos de asesinos, actuando de forma alternada y casi nunca durante el mismo periodo de tiempo.

En el presente documento hemos llamado a los grupos de asesinos, basados en su actuación cronológica como grupo A, B y C; cada uno actuando por un periodo distinto de tiempo. Los asesinos de la organización que nos atañe, en sus diferentes grupos, han sido conformados todos por mas de una persona, y probablemente por al menos tres o mas personas en cada grupo de asesinos. Así también los asesinatos ocurrieron en tres etapas: rapto, asesinato y abandono de los cuerpos, y donde una cuarta etapa correspondió a la etapa de retención y experimentación.

El grupo A de asesinos, actuó al inicio de los asesinatos, y estaba conformado principalmente por hombres menores de dieciocho años, y probablemente estudiantes de nivel secundaria o preparatoria. Este grupo estaba conformado por al menos dos personas, donde uno asesinaba generalmente mediante el uso de cuchillo y el otro generalmente por estrangulamiento. Es probablemente que uno de los asesinos del grupo A -el que asesina mediante cuchillo u otro instrumento punzocortante-, estuviese preso por una temporada, durante la actuación de este grupo.

El grupo B actuó por un periodo muy corto de tiempo, y su manera de actuar mostraba muy poca organización; probablemente estaba conformado por hombres de edades entre 25 y 45 años. Este grupo comenzó a actuar, cuando aún se hallaba actuando el grupo A, por lo que por un breve periodo de tiempo actuaron de forma simultanea.

Por su parte el grupo C, comenzó a actuar después del grupo B, en 1995, y continúa actuando hasta la fecha; es por tanto el grupo que mas asesinatos y secuestros ha cometido. Este último grupo esta altamente capacitado y es sumamente profesional. Al menos durante la actuación de este grupo, es probable que una gran parte de las mujeres asesinadas, entren por su propio pie a un lugar del que ya no se les permite salir, y por tanto no sean subidas por la fuerza a un automóvil, tal y como se piensa.

En su mayoría, las mujeres no fueron raptadas de forma simultánea, aunque hayan pertenecido a un mismo grupo experimental. Esto debió haber sido suscitado, por limitaciones en el tamaño del espacio físico donde son retenidas, o por que el experimento se adecuo para utilizar óvulos de distintas mujeres, de forma paulatina y no simultanea.

En algunos de los cuerpos se recurrió a la calcinación, quizás para ocultar evidencia de un probable embarazo, u alguna otra señal en el cuerpo, tal vez en sus órganos reproductivos, que sirviese como pista.

Las mujeres han sido secuestradas por diferentes periodos de tiempo, variando estos entre unos pocos días, y hasta tres meses, sin embargo el tiempo de retención mas frecuente de estas mujeres fue cercano a dos semanas. En general creemos que la variación en los tiempos de retención de estas mujeres, dependían de la fase de su ciclo reproductivo en la que se hallaban al momento de ser secuestradas, siendo que aquellas que estaban cercanas a su ovulación, eran retenidas menos tiempo, mientras aquellas que se hallaban lejanas a esa fecha, eran retenidas por mas tiempo. El tiempo de secuestro cercano a dos semanas, se repite en muchos casos, por el hecho de ser este el tiempo promedio necesario para lograr la hiperestimulación ovárica.

Las mujeres no son retenidas en las afueras de la ciudad, ni en un rancho o propiedad con dimensiones similares, sino en algún lugar ubicado dentro de la ciudad. Con una alta probabilidad, al menos en los últimos años, las mujeres entran por su propio pie a algún lugar del que ya no se les permite salir. Este lugar puede ser parecido a una escuela de computación, una zapatería, un negocio de videojuegos, un baño público, o un baño de uno de estos negocios, a través de un anuncio de empleo, etc. Al menos uno de los lugares dónde el secuestro sucede, se halla en la zona centro de Ciudad Juárez. Probablemente sean movidas de allí al lugar donde serán retenidas, siendo también muy probable que ese lugar donde las retienen, sea el mismo lugar donde se realiza la extracción de los óvulos.

Al menos al inicio de los asesinatos, algunas empresas maquiladoras de esas ciudades estuvieron involucradas.

Adicionalmente a los asesinos de esta organización, ha actuado un asesino por imitación aislado de los grupos y del objetivo experimental. Es factible también que de el año 2003 al momento, exista un grupo de asesinos diferente, asesinando también mujeres sin ningún otro móvil que el de divertirse con ellas, esto principalmente en la ciudad de Chihuahua.

El grueso de los casos de asesinatos de mujeres acontecidos en Ciudad Juárez y Chihuahua, en este periodo de tiempo, no sucedieron ni por asesinos seriales, ni por narcotraficantes.

III.IV.　HECHOS Y DEDUCCIONES.

La falta de seriedad y corrupción de diferentes autoridades encargadas de los casos durante trece años ha llevado a diferentes situaciones, entre las que se halla la falta de pruebas sobre muchos de los asesinatos, la invasión del lugar de los hallazgos, cuestión que ha hecho perderse pruebas y pistas valiosas, pobres investigaciones forenses que no reportan datos fundamentales sobre los cuerpos que podrían permitir seguir pistas, la destrucción y falsificación de expedientes de varios de los casos de forma intencionada, etc. han generado una avalancha de datos confusos y contradictorios que hacen difícil el obtener datos fidedignos. Así mismo y quizás en parte responsabilidad tanto de algunas de las asociaciones civiles formadas a partir y como consecuencia de estos asesinatos, como de la prensa escrita; muchos casos de mujeres asesinadas por razones diferentes al grueso de ellas han sido mezclados y entrelazados con las mujeres asesinadas por el mismo grupo de personas, haciendo aun más confusa y difícil la investigación. En el presente documento es factible el que haya omitido el adicionar casos vinculados con este grupo de asesinos o que contrariamente haya incluido casos que no lo estén.

La siguiente colección de datos se realizo de varias fuentes diferentes y se hizo el mejor esfuerzo por empatar fechas, nombres y ciertas situaciones, sin embargo no aseguramos que no exista algún dato incorrecto del que espero la prensa escrita o mejor aun familiares de las víctimas pueda ayudarme a corregir. La investigación aquí presentada desde el inicio y hasta el final esta escrita con la única intención de detener y en el mejor de los casos de hallar una verdad que explique esta barbarie, por lo que al abrir este libro ocurren en una responsabilidad que implica corregirlo y asumir que esas mujeres necesitan de aquellos que a través de la imaginación, el poder de la pluma, la acción o la jerarquía puedan moverse en dirección de la verdad.

-1993-

1) El **23 de enero de 1993** se halla la primera víctima reportada de lo que sería el mayor y más sangriento asesinato en serie, documentado en toda América, cuyos motivos aunque desconocidos no se hallan vinculados con la guerra, la política, la religión ó la delincuencia organizada tal y como esta se conoce. El cuerpo desnudo y sin vida de la niña de trece (o cinco años) **Alma Chavira Farel** (Alma Mireya Chavarría Favila) es hallado en la colonia Campestre Virreyes de Ciudad Juárez; había sido golpeada, violada y estrangulada.

En ese momento y al ser un asesinato aislado la investigación realizada por las autoridades no fue llevada a cabo de forma superficial sino simplemente no fue llevada a cabo. Aunado a esto los expedientes de los primeros asesinatos relacionados con el caso, fueron desaparecidos por las autoridades unos años mas adelante, por lo que el día de hoy no queda mayor registro de la muerte de Alma que lo reportado en unas pocas fuentes periodísticas. En esa información no se encuentra la relativa al estimado del tiempo que Alma llevaba muerta, ni de la fecha de desaparición por nombrar algunos datos, por lo que no nos es posible dilucidar mayormente sobre el tema incluido el tiempo en que esta niña fue retenida antes de ser asesinada. Es importante hacer notar que creo que existe mucha información de esta mujer en particular que de saberse daría mucha luz sobre los móviles, quizás también de algunas características de este o estos homicidas; por lo que enfatizamos la importancia de reabrir este caso, o por lo menos lograr entrevistar a la familia de Alma.

No es improbable que Alma conociera al asesino o viceversa, siendo así que Alma no fue elegida azarosamente, sino que ella fuera estudiada y conocida previo a la idea de asesinarla, y quizás simplemente fue en su momento la única opción viable para él o los asesinos, aquí cabe agregar la idea de que creemos que eran novatos, al menos en este tipo de asesinatos, llamados a sangre fría, por lo que en su psique la planeación de un secuestro y asesinato de una persona no era algo factible de realizarse limpiamente y sin riesgo, y primero como muchas cosas en la vida debía adquirirse la seguridad que da el primer paso.

Es fundamental conseguir mayor información del caso, hay preguntas específicas que la familia puede resolver. A partir de este lugar partimos para el trazado del mapa, y no descartamos que el asesino original viviera o trabajara cerca de la casa de Alma, es decir en esta misma colonia y esta pista creemos debe seguirse. En realidad hemos delimitado un área de la Ciudad donde pensamos es factible se halle el lugar donde las mujeres están siendo retenidas; esta área se halla delimitada por el boulevard Oscar Flores Sánchez, boulevard Teofilo Borunda, Ejercito Nacional y Avenida Tecnológico.

Pese a la falta de una averiguación, las autoridades aseguran que fue un crimen de pandilleros y que se halla resuelto.

2) Dos días después el **25 de enero de 1993** se halla el cuerpo de **Angélica Luna Villalobos** de 16 años, murió estando embarazada. Había sido estrangulada con un cordón eléctrico y en aquél entonces las autoridades sospecharon de un amigo de su esposo. Las mismas autoridades aseguran que el caso se halla resuelto. El expediente es el 1780/93-05.

Este caso fue anexado pese a parecer un pleito doméstico, debido a la edad de la chica pero sobre todo al hecho de que se hallase embarazada, cuestión que como veremos mas adelante se repite en varios asesinatos, haciéndonos dudar de la procedencia del producto.

3) Tres y medio meses después, el **3 (5) de mayo de 1993** aparece una víctima desconocida de edad aproximada entre 30 y 35 años, fue hallada semidesnuda cerca de Satélite, camino a Ortiz Rubio a tres metros de una acequia. Había sido violada y estrangulada y presentaba un embarazo de cinco meses. El inicio del embarazo debió suceder a principios del mes de diciembre de 1992. Era morena, el cabello era oscuro. Vestía pantalones cortos y pantaleta que se hallaban bajados, se encontraba descalza pero sin tierra en los pies, es decir que la habían llevado allí posiblemente cargando y había muerto en otro lugar. Había muerto un día antes y presentaba golpes en la cara y el abdomen. Existió en esta mujer restos de semen que supuestamente las autoridades examinaron y guardaron.

Hasta este momento, aun no inician los asesinatos con violencia exagerada. Desde el comienzo de los asesinatos aparecerán víctimas en diferentes etapas de embarazo, la mayoría de ellas por cierto mujeres viejas desde el punto de vista reproductivo, es decir mayores a 25 años, por lo que el asesinato de mujeres embarazadas es en definitiva una pista importante a seguir. La edad de esta mujer como habrá algunas otras, la hace caer fuera del promedio de edades elegido por el o los asesinos. El grupo de edad elegido es entre 10 y 19 años (reproductivamente jóvenes y plenamente sanas, con poca actividad sexual acumulada y por tanto menor riesgo de infección vírales o bacteriana, que entre otras puede estar el virus del Papiloma Humano, o la Clamidiosis, así como menor número acumulado de mutaciones en sus ovarios, y una menor degeneración de óvulos).

En este punto del estudio realizado por el o los asesinos, creemos que el objetivo pudo ser diferente al de obtener óvulos; este pudo ser desde células del producto (bebé) en cierto estado de desarrollo, quizás tejido fetal o la búsqueda de Células Madre en placenta, o incluso hasta que estuvieran generando productos (bebés) bajo algún procedimiento especial. Si alguien en 1993 hubiese estando intentar la clonación humana debió ser no cualquier persona sino realmente alguien muy destacado entre los científicos de Reproducción Asistida que podría ser rastreable dentro de instituciones de salud o institutos de investigación en los Estados Unidos, esta pista debe seguirse pese a lo poco probable que parece.

Recomendamos el seguir la pista de personas destacadas en *Reproducción Asistida* e investigación en células germinales en Estados Unidos, en esa época. Así mismo se requiere conseguir mayor información del caso, en particular la que pueda aportar el forense que hizo el estudio del cuerpo.

4) Hallada 10 días después, el **13 de mayo de 1993** aparece una víctima desconocida de tez morena clara, complexión regular, altura aproximada 1.75 metros, pelo castaño claro y ojos grandes café. La mujer tenía una edad aproximada de entre 20 a 25 años, fue encontrada semidesnuda en Sierra Juárez en las faldas del Cerro Bola. Fue violada y acuchillada. Este asesinato es caracterizado por el uso por primera vez de un arma blanca además del estrangulamiento, así también hasta el momento no ha existido un patrón para los lugares donde son abandonados los cuerpos. Llevaba puesto un anillo de matrimonio y zapatos de tela. Se hallo con el zipper del pantalón de mezclilla abierto y bajo las rodillas, sostén por arriba de los senos, la cabeza desmadejada, sangre en un rostro deformado por el avanzado estado de descomposición. Fue golpeada y presentaba hematoma producto de un golpe en el mentón y en el pómulo derecho, hemorragia bucal y nasal. Excoriaciones en brazo izquierdo y otra lineal cerca del cuello. Se hallo en posición decúbito dorsal. Presentaba un brutal tajo en el seno izquierdo. La causa de la muerte fue asfixia por estrangulamiento.

Por primera vez se acuchilla y estrangula, cuestión que parece intencionadamente repetitiva, método que se observara varias veces más en el futuro.

Hasta el momento debe estar ocurriendo uno de los dos siguientes hechos: primero, -el asesino esta perfeccionando la técnica y no ha logrado aun la seguridad que mas adelante veremos, como en el hecho de abandonar los cuerpos en lugares recurrentes-; segundo, -el asesino en este caso es otro, y como de entrada descartamos la hipótesis de varios asesinos actuando de forma completamente independiente entre sí y con motivaciones distintas, esto es bastante improbable, lo que sí es probable es que no este actuando una sola persona, sino al menos dos, ya que estos asesinatos suceden en dos etapas y en varias ocasiones seguramente en tres, es decir, rapto, asesinato y abandono de los cuerpos. Siendo que el rapto difícilmente podría llevarse a cabo por una sola persona en tantas ocasiones, al menos alguien debe manejar el vehículo mientras otro somete a la víctima, idóneamente el rapto debería llevarse a cabo por al menos tres personas y no en un auto sino en una camioneta cerrada tipo Van-.

Es por esto que quizás el cambio en la manera de asesinar se deba a que otra persona de ese mismo grupo realizo este asesinato, o uno de ellos es el que estrangula y el otro es el que realiza las mutilaciones con el cuchillo.

Concluimos que los dos tipos observados de modus operandi, estrangulamiento y acuchillamiento fueron realizados por dos personas distintas o por dos grupos distintos de personas, donde en todas las situaciones fueron contratados por una o varias personas científicamente capacitados en técnicas de reproducción asistida y cultivo celular.

5) Tres semanas después es hallado el cuerpo de **Verónica Huitrón Quezada** de 26 (30) años de edad, fue hallada acuchillada y calcinada el **5 de junio de 1993**, rumbo a Anapra, al final de la calle Emiliano Zapata, que es la calle principal de Puerto de Anapra, en un basurero clandestino. Estaba atada de manos con un alambre. En este caso existió un sospechoso que era el amante de la víctima de nombre Gabriel García Ramírez de 36 años quien fue preso. No existen mas datos sobre las pistas o pruebas que hicieron sospechar de esta persona. Ella tenía el cabello corto y medía 1.78 metros de estatura. El expediente lleva el número 11808/93-501.

No encontramos una razón para calcinar a una persona una vez muerta está, a menos que el motivo sea ocultar alguna evidencia en el cuerpo de la víctima, como su identidad o quizás un embarazo, legrado, cesárea, etc. Algunos asesinos seriales efectuarían la calcinación como una forma de expiar o limpiarse de culpa, al eliminar todo rastro físico que les recuerde su asesinato, sin embargo como ya habíamos mencionado y como se demostrara a lo largo del documento, descartamos que estos asesinatos tengan relación alguna con un asesino serial.

Si es que este caso tiene alguna relación, creemos que el cuerpo fue calcinado para ocultar signos de un embarazo en progreso o algún daño, o falta demasiado obvia en su aparato reproductor. Se recomienda investigar las pistas que llevaron a inculpar al amante. Este será el primero de muchos cuerpos que serán abandonados en, o cerca de Lomas de Poleo o Anapra.

6) El **10 de junio de 1993** (cinco días después) es hallada al borde del río Bravo, sobre un camino de terracería, afuera de la preparatoria *Altavista* cercana a la frontera, el cuerpo semidesnudo de una mujer desconocida. La víctima fue violada, acuchillada y estacada con una rama y fue muerta por fractura de cráneo con un bloque de concreto. La última vez que se le vio vestía una falda de mezclilla, camisa blanca tejida y sandalias negras

Si es verdad que la víctima fue estacada debemos conocer en que parte del cuerpo fue esto, si sucedió en estomago u órganos reproductivos podemos solidificar la hipótesis de que él o los asesinos trataban de ocultar alguna evidencia física en el cuerpo de la víctima. Otra pregunta fundamental a responder era si la víctima era estudiante de secundaría o preparatoria ya que esto no solo haría más sólida la hipótesis que propondremos a lo largo de esta historia donde habrá estudiantes probablemente de nivel preparatoria involucrados, sino además la pista podría llevarnos a la preparatoria *Altavista* y al alumnado inscrito en ese ciclo escolar. La hipótesis de que al menos en un inicio el o los asesinos fueron alumnos de alguna preparatoria se halla fundamentada en varías cosas; por un lado un estudiante de preparatoria puede estar presente eligiendo a sus víctimas en las inmediaciones de cualquier preparatoria, secundaría o sitios de reunión de adolescentes como establecimientos de video juegos, zapaterías donde algunas de estas jóvenes trabajaban, etc., sin causar ninguna sospecha, así mismo cualquiera estudiante de secundaría normalmente no siente temor de la compañía de un joven estudiante de una edad similar a la suya, otro argumento a favor es el enamoramiento y deslumbramiento que las niñas de secundaría sufren por jóvenes de nivel preparatoria. Así también a un estudiante de preparatoria no es necesario remunerarlo económicamente de la misma manera que a un adulto, por ningún trabajo incluido el de sicario, y esto explicaría el no uso de arma de fuego y solamente el estrangulamiento y el arma blanca, ya que las armas de fuego no son tan comunes entre esta población.

Creemos que esta víctima era estudiante de secundaría o preparatoria y que uno de los dos, ya sea el asesino o la víctima, eran estudiantes de esta preparatoria.

Se debe de investigar la identidad de la víctima respecto a alumnas que desertaron en esa fecha de esa preparatoria. Si es posible también conseguir listado de estudiantes hombres de preparatoria inscritos en ese ciclo escolar. También se debe esclarecer el asunto de estacamiento.

7) **Guadalupe Ivonne Estrada Salas** de 16 años que trabajaba en *Bravo Eléctrico Sistemas* en el parque industrial *Magna Flex*, fue hallada muerta y desnuda en el Chamizal de Juárez, el **15 de junio del 1993** (otra vez cinco días después). No se pudieron establecer las causas de la muerte ni si existió o no violación, debido al grado de descomposición del cuerpo. Era delgada, morena, medía 1.60 metros. Vestía short vaquero azul, zapatos de charol negros, calcetas blancas. Había muerto veintitres días antes, por lo que murió en la última semana de mayo, entre el día 23 y 24.

Las maquiladoras en Ciudad Juárez mantienen muy pocos de los derechos laborales de los empleados y en muchos de los casos los empleados son víctimas del abuso de autoridad de los supervisores y de los departamentos de recursos humanos y de personal de estas empresas. Una practica frecuente por parte de estas personas es la de exigir cada mes a sus empleadas la muestra de sus toallas sanitarias como prueba de que no existe embarazo y la empresa se proteja de posibles erogaciones por maternidad y faltas de la trabajadora a sus labores.

El departamento de personal de estas maquilas puede si así lo deseara, de esta forma calcular de forma muy exacta los periodos de ovulación de sus mujeres. Así mismo puede identificar durante el primer mes (en realidad en los primeros quince días) el embarazo de mujeres, de las cuales además se conoce edad, domicilio, forma de llegada y salida de la maquila, etc.

Por otro lado en este momento la frecuencia de los asesinatos va en aumento por algún motivo; este puede ser por que la experimentación así lo esta requiriendo o más probablemente (debido a lo joven de la investigación que están realizando, siendo que es muy pronto para tener resultados) por que han perfeccionado el método de secuestro y asesinato y han adquirido mucha confianza en lo que hacen.

Al menos en un inicio el departamento de personal de una o varias maquilas probablemente estuvo involucrado en la identificación de algunas víctimas, ya que el objetivo fuese la búsqueda de óvulos o de Células Madre obtenidas de fetos en sus primera etapas.

Se recomienda averiguar si otras empleadas el parque Industrial *Magna Flex* desaparecieron o fueron asesinadas por esa época

8) En **agosto 29 (septiembre 1º) de 1993** (dos y medio meses después), es hallado el cuerpo de una mujer desconocida en el interior de un automóvil *Mustang* estacionado en una calle del fraccionamiento *Senecú*, la mujer había sido estrangulada y tenía una edad aproximada de 28 años. Vestía pantalón corto y azul, blusa blanca con estampado azul. Había sido estrangulada cinco días antes.

Después de las tres primeras mujeres reportadas, ninguna otra había muerto exclusivamente por estrangulamiento, este cambio en el *modus operandi* nos lleva a pensar que el motivo por el que el asesino ocasionalmente y a partir de este momento actúa a través de estrangulamiento, es por que es otra persona, creemos que un asesino usa cuchillo y es otro el que usa sus manos, ambos contratados por la misma persona y donde ambos muy probablemente trabajen juntos.

Es factible que el asesino del cuchillo no haya podido cometer este asesinato y por eso lo realizo alguien mas, valía la pena ver averiguar cuantos estudiantes de preparatoria fueron encarcelados entre el 10 de junio (fecha del último asesinato con cuchillo) y 1º de septiembre y que halla sido liberado antes del siguiente asesinato con cuchillo (entre el 25 y 30 de abril de 1994 –algo dudoso que este sea el mismo asesino- o febrero 24 de 1995, -donde el *modus operandi* es muy similar-).

Creemos que es posible que el autor intelectual o en este caso el investigador (médico, científico o similar) contrato por algún motivo a un segundo asesino o grupo de asesinos. Mas adelante esta hipótesis de dos o más grupos de asesinos contratados por la misma persona cobra fuerza.

9) En un montón de basura en parque industrial Juárez es hallado el cuerpo de **Mireya Hernández Méndez** de 20 años quien murió estrangulada y trabajaba para la maquiladora *Phillips*, el cuerpo fue hallado el **14 de octubre de 1993**, mes y medio después del anterior asesinato. Mireya medía 1.60 metros de altura

Por segunda vez consecutiva la víctima es muerta por estrangulamiento y no por cuchillo. Una vez mas el nombre de una maquila se halla involucrado.

Una vez mas, creemos es probable el involucramiento de maquiladoras en estos casos. Quizás el cambio en el modus operandi durante este año al menos, no sea responsabilidad de un segundo grupo de asesinos (ya que tenemos la certeza de que los asesinatos fueron obra de mas de una persona) sino responsabilidad de un segundo asesino, que quizás desde un inicio trabajo con el primero; pero este segundo no realizaba los asesinatos hasta que el primero por algún motivo (cárcel, muerte, etc.) fue incapaz de continuar.

Averiguar en que parte industrial esta Phillips (¿Esta en Magna Flex?).

En octubre del 2007 es detenido en Estados Unidos José Alonso Morales como presunto asesino de Mireya, ya que las autoridades reportaron la aparición de su cuerpo cinco días después de haber discutido con el, el 8 de octubre de 1993.

10) Con el probable nombre de **Tomasa Salas Calderón**, el **14 de octubre de 1993** es hallado un cuerpo semidesnudo y en avanzado estado de descomposición. Vestía pantalón de pechera color azul. Llevaba identificación de *Hipermart*. Murió una semana antes, es decir alrededor del 7 de octubre.

El estado de descomposición indica que había pasado tiempo entre la muerte y el hallazgo del cuerpo, muy probablemente más de una semana, por lo que este dato debe verificarse, si es necesario con el patólogo que realizo la autopsia.

Hay que averiguar mas sobre este caso; al menos ¿Dónde fue hallado el cuerpo?

11) De 13 años de edad, **Esmeralda Leyva Rodríguez** es hallada muerta un mes después de la anterior mujer hallada, esto es el **15 de noviembre de 1993** atrás de la *Escuela Superior de Agricultura Hermanos Escobar*, hacía la avenida Teófilo Borunda. Esmeralda fue raptada al salir de la *Secundaría Técnica 27*. Fue violada, golpeada y estrangulada. Presentaba hemorragia vaginal y anal y presencia de un líquido viscoso y blanquecino en ambas cavidades. Este es el segundo asesinato relacionado con escuelas. Antes de entrar a la secundaría, Esmeralda estudiaba en la misma primaría *Gabino Barreda* en la que estudiaba María del Rocío Cordero muerta en 1994, un año después. Las autoridades reportan que el caso esta resuelto y que fue responsabilidad de cuatro hombres, de los que uno de ellos, menor de edad fue recluido por cinco años en la Escuela de Mejoramiento Social para Menores y otro de ellos, de nombre Hipólito Ramírez Trujillo fue confinado en espera de su condena en el CERESO de la ciudad. El expediente de Esmeralda lleva el número 23878/93-0602.

Hay que hacer notar que otras fuentes indican que el rapto ocurrió al salir de su casa y que jamás llego a la escuela. Así también la edad se reporta como de 13 años y en otro archivo de 11 años. Tenía ojos cafés, nariz pequeña y ancha, boca grande y labios delgados, de complexión regular. Hematomas y excoriaciones en todo el cuerpo. La habían amarrado y el cuerpo se hallo semidesnudo. Hay que corroborar los datos de este caso.

Primer caso donde se conoce del rapto. Una vez mas dos escuelas están involucradas, una de ellas una secundaría, mientras la otra es ya de nivel universitario de la que no descartamos que algún estudiantes de esta se halla involucrado. *El motivo por el que fue muerta (o al menos abandonada) atrás de una escuela, quizás fue por que es un territorio que se conoce muy bien. Esta escuela se halla muy cerca del perímetro en el que creemos se halla el sitio del secuestro.*

En el caso de la preparatoria Altavista el asesinato se consumo con cuchillo. En esta (Hermanos Escobar) fue por estrangulamiento. Esta concuerda con que son dos asesinos que probablemente actuaban juntos al inicio, donde el primero, relacionado con Altavista usaba cuchillo y el segundo relacionado con Mariano Escobar mata por estrangulamiento y empezó a asesinar por no estar el primero presente.

Si es factible debemos conseguir el listado de alumnos de la *Mariano Escobar* y de la *Secundaría Técnica 27* de ese ciclo escolar y en particular las bajas que ocurrieron ese año.

-1994-

12) El **11 de enero de 1994**, casi dos meses después del anterior hallazgo es encontrado el cuerpo semidesnudo de una mujer de 25 a 30 años, que había sido estrangulada. Se hallo en Granjas Santa Elena, en prolongación calle Manzano. Era morena clara, vestía short blanco de licra, blusa floreada con tirantes, pantaleta beige. Fue golpeada y había muerto diez días antes, es decir en los primeros días del año.

Es el primer caso del año y sucedió casi dos meses después de hallar el último cuerpo. No existen mas datos del caso, cuestión que nos impide el hacer mayores especulaciones. Es necesario averiguar mas del caso.

Siempre existe una posibilidad que el investigador no estuviera en la ciudad durante esas fiestas navideñas y ese fuera el motivo que los asesinatos pararan dos meses.

13) **María del Rocío Cordero Esquivel** de 11 años, es raptada antes de llegar a la escuela primaria *Gabino Barreda*, fue violada por vagina y ano, así también fue estrangulada y hallada dentro de un tubo de desagüe cerca de la carretera a Casas Grandes y Barranco Azul, el día **11 de marzo de 1994** (una vez mas dos meses después del anterior cuerpo hallado). Estaba boca abajo con los brazos flexionados, presentaba sangrado nasal, labios amoratados, excoriaciones y hematomas. En su vagina se hallo una vez más (segunda ocasión) restos de un líquido blanquecino y viscoso, como en el caso de Esmeralda Leyva (cuatro meses antes), el de la mujer del edificio abandonado que presentaremos mas adelante y el de Karina de abril de 1995. Era morena y de complexión regular. Llevaba puesto sudadera y pantalón que le arrancaron junto a la ropa interior. Fue violada por vía anal y vaginal.

Salió de su casa el miércoles **9 de marzo** (dos días antes) por la mañana, vivía en la colonia México 68 y como la escuela quedaba cerca de su casa acostumbraba ir y regresar sola a la misma. Al igual que la niña Esmeralda Leyva (raptada y muerta cuatro meses antes) había estudiado en la misma escuela primaria. Sus amigas Laura Arriaga y Grisel Madrigal la vieron ese día hablar fuera de la escuela con un hombre moreno, de cabello rizado y bigote y vestido de color negro.

Una vez mas dos meses después aparece la siguiente víctima ¿Existe algún motivo por el que el asesino espacie dos meses? ¿Algún motivo científico?. Una vez mas (la tercera) una muerte relacionada con una escuela. Es necesario averiguar si María tenía hermanos en preparatoria o secundaria. Este caso es diferente al anterior donde la víctima fue raptada al salir de la escuela, ya que es fácil elegir al azar una víctima solitaria de un grupo grande de niñas que salen a la misma hora de una escuela, solo es cuestión de estar allí, observar y elegir; sin embargo una víctima que sale de su casa para ir a la escuela ya no es una elección azarosa, el asesino la conocía y conocía su camino de diario de manera que podía esperarla en un punto precisamente determinado, es muy probable inclusive que el lugar dónde fue arrojado el cadáver en este caso ya halla estado también definido.

El hecho de que en algún momento ambas niñas estudiaron en la misma escuela puede ser fundamental en la investigación y no existe una línea de investigación por parte de las autoridades al respecto, es necesario conocer un listado del personal adscrito en ese momento, así como el que dejo de laborar en la misma en los dos años anteriores, estas niñas fueron claramente elegidas por algún motivo, pero ¿Cual es ese motivo?, ¿Sabían del inicio de su periodo menstrual?, Estaban en espera de este periodo en estas niñas, pero como le sabían si eran de edades diferentes (13 y 11) y estudiaban en distintos grados y escuelas, a menos que la mujer de los baños o de la enfermería este involucrada, este es el dato mas importante que requerimos saber sobre el personal adscrito a la escuela en esos momentos. Las primeras dos niñas asesinadas y donde las dos presentaban el liquido blanco y viscoso, ¿qué es ese liquido?

Pudo ser también algún amigo del hermano que la conocía, debemos averiguar eso con el hermano, si es que existe, si había un amigo que en esa época fuera cercano a la casa. Debemos averiguar si tenía hermano en esos niveles y todo lo posible sobre los amigos del hermano.

14)   Mes y medio después, el **25 de abril de 1994** sucede otro asesinato que posiblemente tenga relación con los otros. El cuerpo de 23 (38) años de **Lorenza Isela González Alamillo** es hallado en el kilómetro 19 de la carretera Panamericana, a cincuenta metros de la cinta asfáltica, había sido violada, herida en el pecho y mutilada de los dedos índice y meñique, murió por estrangulamiento. La mujer en este caso trabajaba en el bar *Norma's* a dos kilómetros de la garita aduanal de la carretera Panamericana, como bailarina y existieron dos sospechosos: Jorge Muñoz y Adrián Mireles. Según la autopsia falleció ocho días antes, aunque los testimonios indican que salió de ese bar el día 21 de marzo con unos clientes. El expediente tiene el número 6638/94-0603. Se menciona como implicado al dueño del Bar Safari, Alejandro Máynes, mismo personaje que mas adelante, Abdel Latif Sharif Sharif (el Egipcio) y un ex-agente llamado Víctor Valenzuela, acusarán de ser el homicida de las mujeres. Entre lo atestiguado por el informante Víctor Valenzuela, se asentaba que el supuesto asesino de nombre Alejandro Máynes, elegía a sus víctimas fuera de los bares y cantinas, es decir niñas de casa, por que le gustan vírgenes y sin enfermedades; lo cual coincide con la actual hipótesis, ya que al ser vírgenes no solo sus óvulos son los más fuertes, sino además no tienen enfermedades, ni riesgo del virus del Papiloma Humano; mismo que según algunos reportes, está presente, aun cuando no cause infección, en mas del 50% de las mujeres con vida sexual activa.

Este caso puede ser importante, ya que creemos que es fundamental saber quienes son los sospechosos, dónde están en este momento y por que fueron inculpados. Si este asesinato guarda relación con los otros, se cometieron muchos errores; primero, la víctima trabajaba en un bar, el investigador (científico) esta buscando mujeres jóvenes (niñas y adolescentes) por dos motivos, el primero es que su sistema reproductivo se halla en la etapa mas sana, reproductiva y optimo para la generación de óvulos y segundo por que no existe una vida sexual realmente activa en estas mujeres y por lo mismo la probabilidad de una infección se diminuye, como la posible presencia del virus del papiloma, etc. Al elegir una mujer de bar se pierde la seguridad de estar obteniendo el último punto y si se elige una mujer de 23 años, trabajadora en un bar y en Ciudad Juárez, se pierde el primero y segundo punto. Un segundo error cometido por el o los asesinos fue que por primera vez ocurre un alto grado de violencia con la víctima, ella fue estrangulada, herida en el pecho y mutilada. Anteriormente los asesinos estrangulaban o acuchillaban y de hecho los posteriores asesinatos mantienen ese patrón, por lo que esto nos hace pensar que existió algún atenuante importante para actuar de esta manera, desde que el caso no tenga relación, o que fueron otros asesinos diferentes pagados por el mismo investigador, o que hubo un exceso de furor que ocasiono ese actuar de los asesinos, o simplemente al actuar de forma imprudente y buscar a la víctima en un nuevo ambiente (bar) desconocido para ellos, hubo nerviosismo, estrés y errores que llevaron a esa muerte tan violenta.

Es muy aventurado esta conclusión, sin embargo pareciera que los primeros asesinatos ocurrieron por un mismo grupo con al menos dos asesinos diferentes, en este caso parece que es un segundo grupo de asesinos con un diferente modus operandi, pero la razón para que el investigador contratara un segundo grupo debió de ser fuerte ya que en este momento no es posible arriesgarse a que mas gente este enterada, con una mayor posibilidad de que alguien hable o cuente algo, por lo que quizás el segundo asesino del primer grupo (el que estrangula) haya sido muerto o apresado por otro motivo. Si este asesino fue muerto quizás tuvo que ver con un error que cometieron, que llevo al investigador a ordenar su muerte, y no descartamos que halla tenido que ver con el asesinato anterior, el de María Cordero de solo 11 años, que quizás aun no presentaba un sistema reproductor maduro y listo para generar óvulos, cuestión que debido al hecho de que había esperado dos meses pudo haber alterado al investigador y decidido eliminar a este asesino, cuestión que además si realmente sí sucedió debió haberse llevado a cabo por el segundo grupo como su primer trabajo para el investigador. Aunque el modus operandi coincide con arreglo de narcotraficantes y quizás es responsabilidad suya y el caso es un caso aislado de los demás casos.

El cuerpo fue abandonado en la carretera, pero no sabemos donde ocurrió el asesinato y la violencia, sí esta sucedió en el laboratorio del investigador, muy probablemente sea el primer y único trabajo en el que este los contrate, a menos que halla sido asesinada en el coche y la mutilación sucedió de forma accidental, mientras la víctima forcejeaba, esto explicaría muchas cosas.

Es probable que en este caso no fuera posible la extracción de óvulos por la cantidad de errores cometidos.

El expediente debe revisarse a fondo. Debe determinarse la edad de los presuntos homicidas, si eran preparatorianos, ¿Sí fueron encarcelados o salieron libres?, ¿En base a que los inculparon si el cuerpo fue hallado en la carretera?.

Hasta este momento al menos no parece estar involucrado ningún grupo verdaderamente profesional de asesinos entrenados como la CIA, marines estadounidenses o personal del ejército Mexicano.

15) Cinco días después el **30 (12) de abril del 1994** el cuerpo de **Donna Maurine Striplin Boggs** de 28 años es hallado al borde del río Bravo frente a la refinadora *Asarco* (o *Esmeralda*), presentaba heridas contundentes en regiones de abdomen, cuello y tórax, sobre todo en la región subclavicular, al parecer con un arma punzocortante. Medía 1.64 metros, tenía el cabello castaño y la frente amplía.

Ahora en esta ocasión asesinaron a una estadounidense, una vez mas cambiaron de grupo, ¿Por que?. Es probable que a partir del asesinato anterior se cambio de grupo de asesinos (al que llamaremos *grupo B*) es por eso que hay cambios en el *modus operandi*, que aunque hasta el momento no ha sido aun completamente definido, sí muestra similitudes en cuanto al exceso de violencia, selección al azar de la víctima (creemos que no la buscan sino solo toman las oportunidades que se presentan); estos asesinos se muestran descuidados y con prisa, en definitiva no son meticulosos ni calculadores sino simplemente gente cuyo actuar se basa en una conciencia pragmática y amoral, es por eso que el exceso de violencia no les genera un conflicto interno, a diferencia del primer grupo de asesinos (que llamaremos *grupo A*) y en particular el segundo asesino de ese *grupo A* que solo se permitía el estrangulamiento.

Estos ya no son un grupo de adolescentes preparatorianos sino hombres probablemente entre 25 y 45 años.

Hay que averiguar si existe alguna relación entre Donna y la maquila *Esmeralda*.

16) A los 12 años de edad es violada y estrangulada **Gladys Janeth Fierro Vargas**. Es abandonada en un sembradío de algodón a trescientos metros de distancia del kilómetro cuatro de la carretera Juárez-Porvenir, rumbo a Satélite, atrás de la estación de radio *"Radio Cañón"*, después de haber sido raptada al salir de la secundaria *Jesús Ureta*, el día **6 de mayo**, cerca del monumento a Benito Juárez, en las calles de Constitución y Vicente Guerreo (Galeana) en la zona centro. El cuerpo es hallado el **8 de mayo de 1994** en una brecha. Tenía el cabello negro, frente regular, nariz y boca pequeña, labios delgados. El cuerpo fue hallado con la blusa levantada, el corpiño sobre los apenas nacientes senos. Había sido golpeada, tenía hematomas en todo el cuerpo,

presentaba rastros de hemorragia anal y vaginal, también tenia excoriaciones en el cuello, producto del estrangulamiento. Además del corpiño, vestía falda floreada. A un lado se hallo su ropa interior, tenis negros y blusa roja. Siete años después aparecerá otro campo de algodón donde serán abandonadas ocho mujeres. El expediente de número 12703/95-1101 asienta que en la región vaginal se halló un cabello de color blanco tipo cana.

El asesinato concuerda perfectamente con los asesinatos realizados por el primer grupo (*grupo A*), una vez mas una niña de tan solo 12, raptada al salir de la secundaría (cuarto caso relacionado con escuela), es estrangulada como acostumbra el segundo asesino de ese grupo. Esto podría indicar que el segundo asesino no esta muerto y que este grupo esta actuando de forma simultanea al grupo original.

Una vez mas hablamos de una víctima joven ¿Por qué regresaron a ellas?, tal vez por que las viejas (entre 20 y 25 años) no están dando resultados positivos a la investigación, ó lo que no esta funcionando es el grupo B de asesinos debido a la forma de seleccionar a sus víctimas, sin importar reproducibilidad en los fenotipos de las víctimas, edad, ni salud reproductiva.

Al estarle brotando ya los senos, muy probable era ya una mujer fértil y ovulaba. Además en este caso al ser raptada al salir de la secundaría podría indicar que el automóvil con los agresores se hallaba fuera de esta escuela a la hora de la salida, método que les permitió seleccionar a su víctima de entre muchas y seguirla hasta el punto de la ciudad donde decidieron atacarla y subirla al auto, en un lugar donde creemos en ese momento se hallaba despoblado de gente caminando y sin testigos, ya que en esta época de los asesinatos, los asesinos sí se cuidaban de dejar alguna pista. Debemos ubicar esta secundaría en relación a donde fue raptada en el centro.

El cuerpo de la niña fue hallado dos días después de haber sido raptado y se hallo con sus zapatos, su ropa interior y su blusa a un costado. ¿Por que atacar a alguien y quitarle los zapatos?. Aquí estoy de acuerdo con la hipótesis de que el cuerpo se dejo allí ya muerto, después de trasladarlo cargando desde un automóvil, por un solo hombre que además llevaba en los dedos de su mano colgando, los zapatos de la víctima y al depositarla en el suelo, deposito a si mismo los zapatos, y si es esto cierto, este asesino realizo el trabajo que se realiza al depositar a alguien en el suelo cuando es mas práctico dejar caer a alguien al suelo, mostrando un signo de respeto y cuidado que me hace afirmar una vez mas que este grupo no es el grupo que mas adelante asesinara con tanta saña.

Quizás el grupo B fue eliminado por cometer errores, ¿pero para eso quien lo eliminaría?. El grupo A, no suena probable, ya que solo son estudiantes de preparatoria que no usan armas de fuego y los otros son asesinos despiadados, tal vez simplemente ya no los contrataron o los usaron para otra cosa. Si los hubiesen castigado y matado pudieron haber hecho lo mismo con los asesinos del grupo A, en partícula con el segundo de ellos, por el caso de María Cordero, a menos que este asesino sea pariente o alguien cercano del investigador (hijo, nieto, etc.), cuestión que tiene mucha lógica al inicio de estos casos ya que un investigador difícilmente tiene vínculos con asesinos y mas aun con estudiantes de preparatoria, a menos que los conozca de alguna otra parte, como que les imparta clases. Esto último por supuesto es bastante especulativo.

17) El día **octubre 25 de 1994** es hallado en el Libramiento Aeropuerto en Lote Bravo, el cuerpo semidesnudo de una mujer de 16 años, la causa de la muerte fue por estrangulamiento. Tenía el cabello castaño. Vestía una pantaleta y una blusa descolorida, un anillo en la mano izquierda de la *Academia Comercial Hidalgo*, de Ciudad Delicias, con iniciales "JFA, Generación 51". Había muerto 30 días antes. Se hallo envuelta en una bolsa de plástico. El asesinato ocurrió cinco meses después del último.

Al parecer una vez mas el primer grupo de asesinos regresó a escena, en particular el segundo asesino de este grupo. La mujer se hallo en una bolsa de plástico, indicio claro de que fue muerta en otro lugar y transportada allí en un automóvil para deshacerse del cuerpo. Lo curioso es que este, como otros pocos lugares serán a partir de este momento lugares recurrentes para abandonar cuerpos, digo curioso por que un asesino probablemente nunca regrese a la escena del crimen a menos que quiera verificar si algo nuevo se sabe del crimen, o si el lugar tiene algún significado para el, pero estos asesinos regresaran a este lugar una y otra vez, solo que en adelante al parecer ya realizan los asesinatos en ese mismo lugar, en vez de arriesgarse y matar en el lugar donde las tienen secuestradas, que debe ser el mismo lugar donde sucede la extracción de los óvulos. El regreso al lugar de los hechos se repetirá en diferentes sitios.

El primer grupo no solo regreso sino que eligió una mujer un poco mayor que la anterior, aunque hay que confirmar si la edad era entre 20 y 25 o de 16 como dice otro archivo. La muerte ocurrió cercana al **25 de septiembre** *del mismo año.*

18) El cuerpo semidesnudo de una mujer de entre 25 y 30 años es hallado el **9 de noviembre de 1994** (dos semanas después) en el segundo piso de un edificio en construcción ubicado en la avenida Vicente Guerreo, entre Bolivia y Uruguay; había sido violada y

estrangulada. Fue hallada cubierta por una cortina (o cobija), con una calceta atada al cuello, presentaba múltiples excoriaciones en el rostro. Presencia de un líquido rojo y amarillo en la nariz, que no fue identificado. Fue arrastrada hasta ese lugar, según se supone por los restos de tierra y pequeños raspones en piernas, glúteos y mano izquierda, así como por la envoltura de la cobija. Era morena de apariencia indígena, cabello hasta los hombros, tenía un casquillo de plata en el maxilar superior.

Llevaba puesto un jersey color ladrillo, levantado sobre los senos que tenían sostén. Abajo de la cadera portaba una minifalda roja y pantaletas, también vestía calcetas blancas. Tenía un tatuaje en el brazo derecho con una flor y en el centro un corazón con las palabras *Marl* y *Erl*. A un lado del cuerpo se hallo una lata de cerveza *Tecate* y una botella de brandy *Viejo Vergel*.

La autopsia revelo restos en la vagina de una sustancia que no era semen, siendo la tercera mujer en un año que presento este liquido. ¿Que se usaba en 1993-1994 para extraer óvulos?, ¿Que se le ponía a la cánula de extracción?. Sabemos que desde entonces se utilizaban agentes crioprotectores como la mezcla propanodiol-sacarosa para la congelación de embriones.

Es muy probable que este caso sí tenga que ver con los otros, pese al hecho de haberse hallado el cuerpo en un edificio. Tomando esa premisa como válida, difícilmente la asesinaron en otro lugar y la llevaron allí con el riesgo de ser vistos bajando el cuerpo de algún vehículo, el asesinato por tanto ocurrió allí mismo o dentro de uno de los departamentos del edificio. También es probable que el envolverla en la cortina fue para poder arrastrarla. Una vez allí el asesino se sentó a beber, y digo el asesino ya que entre dos hombres no necesitas arrastrar un cuerpo de mujer, lo puedes cargar, además pienso que al beber allí no fue un festejo, ni una espera, sino solamente un trago después de un gran esfuerzo físico que te deja jadeante y sudoroso. Por supuesto pudo haber bebido con ella y después decidió matarla, pero no parece probable.

Algo pudo salir mal con este asesinato y abandonaron allí el cuerpo; quizás no la querían matar sino estaban utilizando este lugar como centro de experimentación para la extracción de los óvulos y el asesinato realmente ocurría en el auto y por eso la estrangulación, método que no deja rastros en el auto a diferencia del acuchillamiento.

La pregunta es ¿Qué era ese líquido?. ¿Quizás el gel con el que se recubre la cánula para extracción de óvulos en procedimientos de *IVF* y similares?. ¿Un agente crioprotector para congelar óvulos o embriones?.

Es muy importante que determinemos si el cuerpo fue hallado dentro de un departamento, o en que parte del edificio.

19) **Guillermina Hernández** de 15 años fue hallada once días después del anterior cuerpo, el **20 de noviembre de 1994** en Guadalupe Distrito Bravos en Ciudad Juárez, mismo sitio donde el siguiente año sería hallada Ignacia Morales Soto, caso donde también el nombre del sospechoso se repite. Fue violada e incinerada, y se inculpó a Juan Carlos Escageda. Era delgada y morena, medía 1.50 metros, tenía el cabello largo hasta los hombros. Las autoridades ponen número al expediente de 22891/94-1103.

Es la segunda víctima incinerada, y uno solo incinera como ya mencionamos para eliminar una huella en el cuerpo, para dejar el cuerpo irreconocible o para expiar la culpa del asesinato. Hay que averiguar mucho mas sobre el un culpable confeso. Es importante saber, ¿Quien es esta persona?, ¿Que edad tiene?, ¿Cuándo fue detenido?, ¿Relación con la víctima?, ¿Era preparatoriano?, ¿Por qué se relaciona con el asesinato de Ignacia Morales?, etc.

Existe una posibilidad de que fuese un estudiante de preparatoria y que lo hayan obligado a autoinculparse bajo presión y tortura de las autoridades, como en muchos otros casos, o que el asesino conocía a la víctima y la culpa lo hizo declarar, o participo quizás por primera vez y no esperaba la muerte de Guillermina. ¿Cuantos días estuvo cautiva esta mujer?. Si es que como suponemos, que al parecer hubo que eliminar huellas en sus órganos genitales, el tiempo de cautiverio puede afianzar esa hipótesis.

-1995-

20) **El 10 de enero de 1995** es hallada la osamenta de una mujer desconocida. Los restos son hallados en el ejido el Sauzal en la carretera Juárez Porvenir.

Es definitivo que este caso tiene que ver con los otros. Es probable que llevara allí mucho tiempo el cuerpo, por lo que es importante averiguar algo mas del expediente, como el tiempo estimado de muerte.

21) El **24 de enero de 1995** se reporta el hallazgo del cuerpo violado y estrangulado de **María Cristina Quezada Amador** de 31 años,

en la colonia Francisco I. Madero. Según las autoridades y como consta en el expediente 1436/95-0502 el presunto responsable fue el amante.

Este cuerpo fue hallado en el lado opuesto de la ciudad del anterior cuerpo, por lo que o no están relacionados, o los asesinos están cuidando el no dejar pistas o patrones, sin embargo en poco tiempo los patrones serán comunes en los lugares de hallazgo de los cuerpos.

22) El **24 de febrero de 1995**, un mes después del anterior cuerpo es hallado un nuevo cuerpo, en este caso de 14 años y perteneciente a **Miriam Adriana Vázquez (Velázquez) Mendoza**. El cuerpo fue hallado en el eje Juan Gabriel y había sido violada y acuchillada. Llevaba una bolsa negra y una cadena dorada. Medía 1.60 metros y una vez mas era una trabajadora de maquila.

La víctima trabajaba en la maquiladora *Amsa*, una vez más una maquila esta involucrada en los casos. Primer caso de acuchillamiento desde el caso de abril de 1994 de Donna Striplin, *mismo caso que pudo ser realizado por un segundo grupo de asesinos diferente (grupo B), ya que además de ese caso el acuchillamiento no sucedía desde los primeros asesinatos (junio 1993), en los que creemos existía un primer asesino que actuaba junto con el que siguió con los asesinatos, a través de estrangulamiento que son hasta el momento los más comunes. Originalmente pensamos que este asesino fue encarcelado por otra causa y que por esto dejo de actuar, quizás para este momento ya salió de la cárcel y volvió a este trabajo. El ultimo asesinato por cuchillo antes que el de Donna fue en junio de 1993.*

Otra opción es que al segundo asesino del primer grupo algo le salió mal y tuvo que actuar de esta forma. Es la quinta niña menor a quince años muerta en dos años. Una vez mas el cuerpo se halla en un lugar alejado de los anteriores dos cuerpos.

23) Casi dos meses después el cuerpo de **Karina Daniela Gutiérrez** de 25 años es hallada semidesnuda en un baldío en prolongación Hermanos Escobar y eje Juan Gabriel, rumbo al fraccionamiento Paseo del Río. El cuerpo hallado el **21 de abril de 1995** mostraba que había sido estrangulada. Era morena, con el cabello largo teñido de rubio. Presentaba esquimosis en el lado izquierdo de la pelvis, excoriaciones en el cuello, un fuerte hematoma en la cara interna de ambos labios. Tenia un casquillo plateado con la letra "*K*" en el diente incisivo superior del lado izquierdo. Tatuado en la parte superior del brazo izquierdo el texto, "*mi madre Lupe*", en la mano izquierda una cruz, en el muslo izquierdo su nombre, en la espalda del lado derecho decía, "*canta*" y del lado izquierdo las iniciales "*CMV*". El caso es el 7437/95-1103.

Media 1.59 metros, y era delgada. Era trabajadora de maquila. Vestía un leotardo gris. Una vez mas presento una sustancia blanquecina en la vagina, que no era semen, ella es la cuarta mujer que lo presenta.

Trabajaba en las calles y era adicta, se le vio con vida por última vez afuera del bar *Noa Noa*, alguna versión dice que la vieron subir a un *Chevrolet* tipo *Camaro*, de color azul verde de modelo reciente en esa época (1987 u 1988), con vidrios polarizados y placas de Texas.

El expediente no habla de violación. ¿Es que no hubo?, o simplemente no existió evidencia o ya no existe el expediente tal y como estaba al principio. Ernesto García, es, o fue jefe de prensa de la *Subprocuraduría de Justicia de la Zona Norte*, durante su gestión tomo algunos videos de diferentes escenas de estos crímenes; ver esas imágenes puede dar mucha luz sobre datos que no se fueron asentados en los expedientes.

En el presente caso, *creemos que si existió violación pero el levantamiento del expediente fue completamente incorrecto.* Se requiere averiguar mas del expediente, pero junto con la mujer del edificio abandonado, esta es una segunda mujer que se vincula con los asesinatos por el liquido blanco que había en sus cavidades, mismo o parecido al de las otras dos seguras víctimas de este grupo, pero la pregunta que surge es ¿Por que buscar mujeres en este grupo, el cual sale completamente del tipo de mujer en la que se esta experimentando?, ¿Que se extrae, que es indistinto de que mujer se obtiene?, *o mas probablemente, el segundo grupo (B) esta actuando a la par del primer grupo, y este segundo grupo pese a estar constituido por hombres mayores, probablemente mayores a 20 años, es mas descuidado y no presta atención en los detalles como lo hace el primer grupo que creemos esta conformado por jóvenes de preparatoria, de edad cercana a los 18 años.*

La presencia del líquido blanco y viscoso se detiene con esta mujer, siendo así que solo fue utilizado durante los primeros años, y probablemente fue omitido en los siguientes años por haber sido obsoleto su uso. No descartamos tampoco que sea algún lubricante utilizado para realizar la violación anal, ya que se sabe que al menos las dos niñas habían sido violadas analmente.

24) El **4 de julio de 1995** (dos y medio meses después) es hallado en Granja Santa Elena el cuerpo de **Esmeralda (Aracelí Rosaura) Martínez Montañez** de 19 años, quién había sido estrangulada. Existe un sospechoso de nombre Juan Manuel Cruz Carreón, empleado de una maderería en la colonia el Granjero. El cuerpo fue hallado vestido con un

pantalón vaquero negro, botas café y blusa blanca. Desapareció el 31 de junio de 1995 después de haber ido a una fiesta. Esmeralda trabajaba y estudiaba.

Esta persona es implicada por la madre de la víctima, basada en un anónimo que fue dejado afuera del domicilio de ella, años después. Es el primer cuerpo hallado vestido, ¿Por que?. *Quizás por que en este caso no hubo la intención de hacer parecer que había sido un ataque sexual, ni siquiera se reporta violación, esto quizás por que hubo algún vínculo entre el asesino y la víctima, o solo simplemente por que había cierta urgencia por parte del asesino de terminar rápido, o más probablemente por que sea lo que se haya querido de ella, no requirió el ocultar evidencia de su cuerpo.*

Que tan confiable es decir que no hubo violación, debemos revisar el informe del forense. Es factible que por alguna causa médica no se requirió de ella un tratamiento de hiperovulación y se tomaron los óvulos de una ovulación natural y después de obtenerlos se le mato simplemente.

Hay que averiguar mas del expediente, sobre todo si es verdad que el cuerpo se hallaba vestido, ya que esto una vez mas podría ser indicio de que la mujer fue llevada allí quizás por su voluntad como expondremos mas adelante y que ella misma se vistió, esperando su liberación.

25) **Erika García Moreno** de 19 años fue hallada atrás de la planta de *Pemex* al sur de la ciudad y cercana al rancho *la Campana* que fue uno de los ranchos en los que se llevo a cabo, años después el operativo Plaza Sweep entre la *PGR* y el *FBI*. El cuerpo se hallo el **16 de julio de 1995.** Fue hallada semidesnuda y con huellas de violencia externa; había sido ahorcada y presentaba equimosis por succión. Era delgada, morena, cabello negro. Vestía una blusa color blanco, sostén blanco, pantaleta negra, pantimedias café y pantalón vaquero azul.

Es el primero de varios cadáveres que aparecerán atrás de *Pemex*, en algunos casos atrás de la planta y en otros de los campos deportivos. Esta locación se halla muy cerca de Granjas Santa Elena, por lo que los asesinos depositaron el cadáver cerca del anterior cuerpo, cuestión que se repetirá con frecuencia.

Han pasado dos y medio años desde las primeras apariciones de cadáveres y pese a la breve aparición de un segundo grupo de asesinos, todos los demás asesinatos creemos que han sido principalmente obra de un solo grupo.

26) El **6 de agosto de 1995** es hallado el cuerpo sin vida de **Gloria Olivas Morales de Ríos** de 28 años de edad. El cuerpo vestido fue

hallado en avenida Jilotepec y la víctima había sido estrangulada. Se reporta que el asesino era conocido, aunque no se dice nada más. Fue secuestrada junto con Walter Ríos y Alejandro Fuentes. Vestía una playera blanca y logotipo *"Nike"*, mallas azules de cuadros y tenis *Nike* blancos, azul y rosa.

El caso es muy similar al de Araceli Martínez del 4 de julio del mismo año; vestida, estrangulada, presunto homicida conocido. Hay que identificar quien es el asesino al que se refieren.

Si fue secuestrada junto a dos hombres es probable que este caso no tenga relación con los otros. La edad de la víctima, 28 años refuerza la idea de que quizás no tuvo nada que ver este asesinato con los otros, además no se reporta violación; pareciese mas un ajuste entre narcos que obra de este grupo de asesinos.

Este caso es raro por la forma en que sucedieron estos asesinatos, pareciera que las autoridades trataran de inculpar a alguien para responder a la opinión pública. O una vez mas se quería algo del cuerpo que no requirió el deshacerse del ni el de aplicar violencia desmedida. ¿Por qué?. Es fundamental resolver estas preguntas.

27) El **8 de agosto de 1995**, el cuerpo de **Patricia Cortez Campos (Garza)** de 33 años es hallada en calle Velarde y Francisco Campos no. 331, col. Obrera; había sido violada y estrangulada. Presentaba hematomas en aurícula y tórax. El informe policíaco sin embargo indica muerte por "intoxicación". Medía 1.60 metros y tenía el cabello largo.

No sabemos si este caso tiene o no relación con la investigación, sin embargo como la víctima una vez mas fue violada y estrangulada lo incluimos en el informe, pero la investigación mas a fondo de este expediente es fundamental para dejarlo u omitirlo del presente documento.

Según las autoridades la violaron y la estrangularon pero también dicen que murió por adicta.

Creemos que este es un caso aislado, por haber ocurrido en una vivienda particular y por la edad tan alta de la víctima, sin embargo las contradicciones de las autoridades hacen dudar al respecto.

⇒ **(Olga) Alicia Carrillo Pérez** de 20 años, desaparece el **10 de agosto** después de asistir esa tarde a las oficinas del Partido Acción Nacional (PAN). Un mes después (5 de septiembre) se hallo un cuerpo vestido con su ropa, mismo cuerpo que la madre niega sea el de Alicia.

28) El día **19 de agosto de 1995** es hallado el cuerpo de **Elizabeth Castro García** de 17 años de edad. Había sido violada y fue hallada en el kilómetro cinco de la carretera a Casas Grandes, en Granja Santa Elena (otro reporte dice que en Lomas de Poleo), a solo quinientos metros del rancho *Tiradores del Norte*, en un terreno semidesértico de escasa vegetación entre arbustos y basura, y a solo veinte metros al sur de la carretera. El cuerpo estaba atado con el mismo nudo hallado posteriormente en el caso de Isela Tena (en diciembre de 1995), donde es atada de una mano con las dos agujetas de sus zapatos. La causa de la muerte fue asfixia por estrangulamiento. Trabajaba en la maquiladora *Procon*. Vivía en la calle Bronce número mil ochocientos veintinueve, la familia dio el número 15-70-26 para cualquier dato de ella. Medía 1.63 metros de altura, tenía el cabello castaño y largo y el número del expediente es el 16142/95-1101.

El seno derecho había sido cercenado y el pezón izquierdo arrancado a mordidas. Había muerto de cinco a siete días antes por asfixia debida a estrangulamiento. Hasta este momento no había ocurrido asesinatos donde la violencia fuese extrema, sí había ocurrido calcinamiento o intento de calcinamiento pero de los cadáveres no de una mujer viva. A partir de este momento inicia un nuevo *modus operandi* donde la violencia extrema esta presente en una gran parte de los asesinatos.

Elizabeth desapareció cinco días antes, el lunes **14 de agosto**. Elizabeth estudiaba computación en la tarde después del trabajo, en la escuela *ITEC* ubicada en Lerdo esquina con Mejía (avenida Francisco Villa), a la que entraba a las cinco; ese día salió junto con una amiga a las siete, la amiga de nombre María Angélica Contreras Padilla la acompaño unas cuadras, mientras caminaban por Lerdo hasta Abraham González, de allí llegaron a Juárez y dieron vuelta a la izquierda para llegar a Vicente Guerrero, María Angélica continuo sola a la izquierda para llegar a Ahumada. En un crucero muy céntrico en Vicente Guerrero y Juárez fue la última ocasión donde se reporta haber visto a Elizabeth con vida. Ese día vestía una playera blanca que decía *"California"*, pantalón vaquero verde, zapatos negros tipo *"bombita"*, calcetas blancas con franjas azules y un par de transeúntes reportaron que la vieron caminar con un hombre moreno, alto que cargaba una maleta negra. Un testigo dijo haberla visto junto a un hombre pidiendo un aventón en la glorieta de la carretera, y que aparte había otras dos personas pidiendo un aventón, hacia el sur "como que iban de salida" y dijo que esto fue el martes o miércoles (no el lunes que desapareció). Dijo que el hombre era no muy alto, moreno y de aspecto chilango. Este testigo dice que paso allí entre las doce y la una de rumbo al basurero y que le pidieron el aventón, pero que no se detuvo. También dijo que el grupo camino mientras pedían el aventón y que se pasaban una botella de agua y que Elizabeth tomo de la botella. Varios testigos asegurarían en un principio que conocía al egipcio Abdel Latif Sharif, y de allí es que es que se fundamentan las autoridades para inculparlo sin pruebas.

Tenia el cabello largo, casi hasta la cintura y era de color castaño oscuro, la piel era muy blanca, su complexión era delgada y media 1.75 metros de altura, los ojos eran café oscuro y grandes, con un rostro alargado, nariz afilada, boca regular y labios gruesos.

Como dato adicional, había comprado zapatos en la zapatería "*3 Hermanos*" de la calle Velarde, donde trabajaba antes de desaparecer y ser muerta Silvia Elena Rivera Morales.

Eunice la hermana de Elizabeth, da testimonio de detalles importantes de la noche anterior a que desapareciera, ella es una testigo fundamental que podría decirnos algo sobre su periodo ovulatorio de ese día.

La averiguación previa es la 16142/95-1101 indica que el cuerpo estaba boca abajo, decúbito ventral con la cabeza apuntando hacía el norte y sus extremidades inferiores hacía el lado opuesto y semiabiertas y su brazo derecho flexionado hacía el tórax, bajo el abdomen y el izquierdo semiflexionado a lo largo, la cabeza orientada al norte, las piernas separadas. Tenía el cabello anudado por una banda o liga café. El cuerpo conservaba una playera blanca con la leyenda "*California. The Golden State*" al frente. La prenda estaba enrollada encima de los senos, al igual que el brasier de color blanco. Bajo el cuerpo se hallo un pantalón vaquero color verde con manchas de sangre y fauna cadavérica. A la izquierda a la altura del muslo, estaba un zapato sin agujeta y unas pantaletas blancas. Excepto el zapato, que llevaba el sello "*3 Hermanos*", ninguna de las prendas tenía etiquetas o marcas visibles. El cuerpo no presentaba huellas de lucha por lo que se asume que pudo ser sorprendida por su atacante, colocándose por atrás para de ese modo estrangularla

El cuerpo presentaba un avanzado estado de descomposición, sin embargo se observo una herida cortante de forma triangular, situada en la región coccígea, la cual abarca la parte interna en ambas regiones glúteas, también tenía el ano dilatado. Así mismo se aprecio en la muñeca del brazo izquierdo un par de cintas para zapatos atadas, presentando una de ellas un asa, donde pudo caber perfectamente la otra mano. El cuerpo se encontró a unos veinte metros hacía el sur de la cinta asfáltica, en una hondonada, la muerte no era reciente ya que mostraba rigidez cadavérica completa y conservación completa. El acta consigna además que mide aproximadamente 1.60 metros (Elizabeth medía 1.75 metros), complexión regular, tez morena, cabello castaño, frente regular y ojos de color café, no se distinguen sus rasgos faciales debido al avanzado estado de descomposición en que se encontraba. Se tomaron veinticinco fotografías y se identifico el cuerpo como el 118/95. El jefe del *Departamento de Identificación Criminal, Servicios Periciales y Medicina Legal*, ratifico la estatura de la víctima en 1.63 metros (doce centímetros menos que Elizabeth). El mismo perito, el Dr. Julio Cesar del Hierro Ochoa, asegura que el cadáver murió en un sitio diferente de a donde fue hallado y que había muerto cinco o seis días antes. La sangre hallada en el pantalón era tipo "A", mientras que Elizabeth tenía sangre tipo "O".

Sin embargo y pese a presentar sangre que no era suya en la prenda, el cuerpo no presentaba la existencia de lesiones típicas de lucha y/o forcejeo. De aquí se infiere que pudo haber sido sorprendida por su agresor, colocándose atrás de la víctima y usando las manos como elemento constrictor para efectuar el mecanismo de asfixia por estrangulamiento, además de que la sangre hallada pudo ser de otra mujer, pero ¿Cómo llego esta a su pantalón?, por qué se reporta que el pantalón que vestía el día que desapareció y el pantalón hallado junto al cadáver ambos eran de mezclilla verde, combinación que no es tan frecuente de hallar, por lo que es muy probable que el pantalón si perteneciera a Elizabeth, por lo que no es descabellado pensar que en el lugar del rapto hubiese en ese momento otra mujer, quizás otra del mismo grupo que aparecerá junto a Elizabeth en los siguientes días, y cuya sangre provino de algún procedimiento de reproducción asistida, como una laparoscopia para extraer óvulos o del periodo menstrual de alguna de las mujeres, y que llego al pantalón de Elizabeth en el momento que ella se acerco para ayudarla o atenderla. Como se vera por las fechas de muerte de las otras mujeres halladas en relación a este grupo experimental en el siguiente mes, es factible que la sangre sea de una mujer cuyo cuerpo no ha sido hallado aún o al menos no fue reportado por las autoridades en los siguientes meses, ya que esa mujer debió haber estado viva entre el 14 y 15 de agosto, los mismos días en que Elizabeth también estaba viva; mas adelante habrá una mujer llamada Olga Alicia, quien es factible haya compartido con Elizabeth las fechas de secuestro mientras también estaba viva.

Según los datos el cuerpo debió estar durante un día en otro sitio diferente de donde fue descubierto por un lugareño y que en ese lugar a la intemperie probablemente estuvo seis horas muy cerca de la cinta asfáltica de la carretera. Los asesinos habían dejado el cuerpo entre las tres y las cinco de la mañana y debido a que es un lugar muy transitado, fue descubierto pronto. Según un mecánico de un taller cercano, había oído el motor de una camioneta, risas y plática de al menos dos hombres, la madrugada en cuestión, identifico al vehículo según el ruido que generaba. La policía no siguió esta línea de investigación.

Este es el primer triángulo inscrito en un cuerpo o en un sitio de crimen o donde un cuerpo fue abandonado, y aunque un triángulo tiene diferentes connotaciones, entre ellas el de ser el símbolo de la fecundidad, no creemos que alguien este dejando huellas, sino más bien creo que es una buena pista más para desorientar principalmente a la prensa, ya que las autoridades encargadas de este caso no han requerido de este tipo de símbolos para estar desorientados. El triángulo apareció marcado en la parte baja de su espalda. El cuerpo de Elizabeth muestra un sinnúmero de señales, que hace evidente que en su asesinato actuaron factores diferentes que en los de las otras chicas, incluido al de los asesinos participantes.

La principal contradicción de este caso y el motivo por el que se cree que el cuerpo no es el de Elizabeth, cuya afirmación hubiera liberado inmediatamente a Sharif Sharif de cualquier cargo, es el de que de acuerdo al informe criminólogo el cuerpo media 1.60 m, tiempo después el informe forense hablara de 1.63 m, siendo que Elizabeth media 1.75 m, esto último no solo es aseverado por su familia, sino que incluso en su expediente consta como prueba una fotografía de ella parada a un lado de un refrigerador comercial cuyas medidas son conocidas y que verifican la estatura de 1.75 m. Así mismo existe contradicción entre el día en que ella desaparece y el tiempo estimado de muerte de la mujer según las autoridades, fechas que se traslapan. Sharif originalmente había sido acusado por el asesinato de diecisiete mujeres cargos todos de los que fue absuelto en 1996, cuando salió del penal fue nuevamente detenido por el asesinato de Elizabeth, cargo que lo tiene al día de hoy aun en prisión. Es altamente probable que la víctima vistiera las ropas de Elizabeth pero que no fuese Elizabeth, pero aún si esto fuese cierto no descartamos que hayan ambas estado juntas vivas en el mismo lugar y al mismo tiempo.

Primero de muchos casos donde las víctimas son halladas en Lomas de Poleo. *Primer caso dónde ocurre violencia extrema, tres días después de este aparecerán dos cadáveres mas con signos de violencia y asesinadas con antelación a la presente víctima, por lo que el actual tercer grupo de asesinos actuó en un inicio con varios asesinatos en un corto periodo de tiempo, luego el primer grupo se despide con dos asesinatos (al menos dos cadáveres hallados) y luego regresa el tercer grupo para quedarse.*

Parte del nuevo modus operandi de este nuevo grupo es el de dejar a las víctimas en Lomas de Poleo. A estos cuerpos no fue necesario ocultar evidencia dañando sus órganos genitales sino con solo marcar el triángulo y mutilar los pezones, era suficiente para desviar la atención de sus ovarios, y por supuesto al ser este el primero de varios asesinatos de grupos de mujeres de forma simultanea, no descartamos la probabilidad de un embarazo y que la mutilación de senos fuese la forma de esconder la evidencia que en estas glándulas producen los cambios hormonales producidos a su vez por la gestación. Sin importar que este haciendo este grupo, son sumamente profesionales y por lo mismo el estrangulamiento es una forma suficiente y eficiente para privar de la vida.

A partir de este expediente la opinión pública esta volcada sobre Ciudad Juárez y las autoridades, las organizaciones civiles empiezan a organizarse de forma seria y los expedientes aunque llenados de forma mediocre ya no desaparecen.

Este último grupo es en mi opinión en exceso profesional, pero ¿Por qué y como este grupo se introduce en esta historia?.

Este asesinato pudo también ser obra del primer grupo que volvió incluso a acuchillar para demostrar algo, ¿Profesionalismo?, o el primer asesino salió libre y capacitado del penal.

Es necesario ahondar en el expediente del caso y averiguar mas detalles, que permitan mayores conclusiones, pero en definitiva este caso es muy importante.

29) El **20 de agosto de 1995** se hallo el cuerpo de **Gloría Elena Escobedo Piña** de 20 años, quien había sido violada anal y vaginalmente. Murió como causa de haber sido estrangulada y se hallo en una vivienda del centro de la ciudad. El expediente era el 16191/95-1103. Se considero sospechoso su padrastro Miguel de Jesús Montelongo León de 41 años y fue condenado a veintinueve años de prisión.

Es fundamental para aceptar o descartar este caso el conocer mas de él, en particular lo referente al padrastro, y al lugar donde fue hallada, aunque no parece estar relacionado.

30) Tres días después de hallar el cuerpo de Elizabeth Castro, el **22 de agosto de 1995** es hallado un cuerpo mas. El cuerpo apareció casi en la misma posición que el de Elizabeth. El cuerpo fue hallado a veinte metros hacía el sur de la carretera, y a cuatro kilómetro al sur del kilómetro seis de la carretera a Casas Grandes, cerca de una brecha en una hondonada. Estaba boca abajo, las piernas semiabiertas, el brazo derecho flexionado hacía el tórax y el izquierdo bajo el cuerpo. Había sido violada, mutilada y estrangulada. Cerca del cóccix presentaba una

herida de arma punzocortante. La edad aproximada era entre 16 y 17 años. Murió en **mayo**.

Por algún motivo y tratando de negar la posibilidad de violación, las autoridades reportan que "durante la autopsia que en la región genital se observo ruptura de la parte posterior del labio mayor del lado izquierdo y se observo que en el anterior de los labios menores la mucosa era de aspecto esquimótico, interrumpida por orificios, así como presencia de fauna cadavérica abundante, razón por la que no se visualizo el himen y las características de este".

Es sumamente atrevido el tratar de especular por que a las autoridades de Chihuahua les importaba tanto ocultar evidencias de violación cuando tenían frente así un cuerpo mas de una serie de cuerpos asesinados de forma sistemática y despiadada, sin que dichas autoridades tuviesen la menor pista de algún sospechoso o línea de investigación sólida, por lo que las motivaciones que tuvieron para ocultar la violación pueden ser más obscuras para la lógica humana que las motivaciones que tuvieron los asesinos para asesinar de esa forma. Esta mujer fue también mutilada como las otras mujeres del grupo, aunque la pobre información del expediente no permite saber donde fue esta, ni tampoco informan sobre la herida en el cóccix, si puede esta estar relacionada con la herida triangular hallada en el cóccix de Elizabeth.

Un cuerpo más perteneciente al mismo experimento del que Elizabeth formaba parte, quizás la mujer era la propietaria de la sangre hallada en el pantalón de Elizabeth, cuestión que solidificaría la idea de que ambas mujeres se conocieron durante su captura.

31, 32) El **22 de agosto de 1995** al sur de un camino de terracería que se inicia en el kilómetro veintisiete de la carretera Ciudad Juárez a Casas Grandes son hallados en otra brecha, los cuerpos de dos mujeres, ambos fueron hallados en la misma zona. Ambas fueron halladas a cuatro kilómetros al sur del kilómetro seis de la carretera a Casas Grandes, anexo a Granjas Santa Elena.

La primera de ellas con edad aproximada entre 16 y 17 años, fue hallada en él kilómetro veinte, a veinticinco metros del desierto con rumbo suroeste, se logro determinar que había sido mutilada y estrangulada aunque no se especifica la cronología de este par de eventos. Esta mujer había muerto aproximadamente de dos a tres meses antes, por causa indeterminada. Era delgada, aproximadamente media 1.60 metros. Las autoridades la identifican como **Angélica Márquez Ledezma** de 16 años, quien el día en que desapareció fue a buscar trabajo a una maquila con su esposo y nunca regreso a su casa.

En el segundo de los casos, la víctima desconocida con edad aproximada entre 18 y 20 años y de la que no se especifican las causas de la muerte, fue hallada vestida a veinticinco metros en dirección suroriente. Los restos estaban más cerca de la brecha y había sido asesinada también aproximadamente dos o tres meses antes; se encontraba en avanzado estado de descomposición. Cerca del cuerpo se hallaron veinte casquillos percutidos de dos armas diferentes, una calibre treinta y otra calibre veintidos. Era una mujer morena, mestiza, de 1.50 metros de alto y el cabello negro y largo.

Solo en el primero de los cadáveres se determino que había ocurrido mutilación, pese a que ambos fueron depositados allí juntos, extremadamente probablemente al mismo tiempo, pero ¿Por qué?, pareciera que solo en uno había que ocultar evidencia y en el otro (como en los dos o tres últimos cadáveres no fue necesario, tal ves por que solo el mutilado presento huellas de embarazo, pero ¿Donde ocurrió la mutilación?, ¿También en el pecho?.

Uno de los cuerpos apareció a veinticinco metros del otro; aunque esto debe corroborarse es factible que algunos de los huesos aparecieron en una bolsa de plástico. Veinticinco metros es una distancia razonable a la que una persona físicamente fuerte, avienta una bolsa con huesos pequeños, en definitiva no es que sea importante ya que lo más probable es que animales de rapiña hicieran llegar los huesos a ese lugar.

Estos cuerpos llevaban días de haber sido muertos, por lo que la muerte ocurrió tiempo atrás quizás a la par de la de Erika García abandonada atrás de Pemex, o de Araceli también abandonada en Granjas Santa Elena. Los dos actuales cuerpos fueron muertos dos meses atrás a la par de Elizabeth y la otra mujer, así que todo indica que las cuatro formaron parte del mismo experimento, además si es que existen diferentes grados de violencia contra las mujeres de los mismos grupos, no sabemos a que pueda deberse esta diferencia; podemos especular que quizás unas se resisten y otras no, o quizás unas son útiles como donadoras y otras no y esto genera frustración e ira que se refleja en la violencia, aunque también puede deberse a que a unas deben de ocultárseles huellas en su cuerpo y a otras no, esta ultima hipótesis me parece mas coherente y creo que dicha evidencia se refiere a un embarazo. La hipótesis más probable sin embargo, es que la violencia solamente se debe a una forma de hacer que la prensa y las autoridades trabajen para ellos generando historias que desvíen la imaginación de la verdad.

Fueron abandonadas allí el mismo día por que pudieron morir el mismo día. La evidencia habla de que una de las víctimas merecía ser mutilada y la otra no, quizás por que una fue cautiva por mayor tiempo y mostraba evidencia, mientras la otra no la mostraba por que fue cautiva por menos tiempo ya que se uso para algo diferente o simplemente se le mato por que se revelo a ser sujeto de experimentación o no sirvió como sujeto de experimentación.

Los cadáveres fueron llevados allí mucho tiempo atrás ya que parece improbable el almacenar un cuerpo que apestara y genera infecciones, a menos que se tenga una amplia cámara fría. Evidencias posteriores parecen apuntar hacía el almacenamiento de cuerpos en congelación. Al mandarlos hasta lugares como Lomas de Poleo, Granjas Santa Elena o Pemex significa un deseo de ocultar bien los cuerpos, de hacer mas seguro este acto. Pero por que antes y después de esta fecha muchos cadáveres son abandonados en las inmediaciones de la ciudad; quizás por que pese a que todo indica que las llevan a algún lugar grande y solitario en el desierto, esto pueda no ser cierto y que en realidad sean llevadas a alguna casa grande y apartada pero en la ciudad.

Si tomamos la evidencia presentada años después dónde se muestra que algunos cuerpos fueron congelados, y si además imaginamos que el lugar del secuestro pudo ser cercano a los campos algodoneros utilizados años después, y al lugar donde también años después las autoridades dejaron ir la pista mas sólida que tenían que era la relativa al asesinato de Lilia Alejandra García, y al perímetro identificado por las autoridades y asociaciones civiles como de más alto riesgo por la cantidad de eventos relativos a este caso sucedidos dentro de el, y si por último tomamos el hecho de una amplia cámara fría, requerirá de un fuerte suministro eléctrico y probablemente de una pequeña subestación eléctrica; entonces será factible buscar en los registros de la *Comisión Federal de Electricidad* en Ciudad Juárez, altos consumos en esa zona y al eliminar negocios conocidos que se sabe consumen mas energía de la normal, podernos quedarnos con una lista que puede ser manejable como línea de investigación.

Hay que leer el expediente original para ver mas detalles y ver él ¿Por qué? de este *modus operandi* y confirmar que un tercer grupo tomo las riendas de la operación.

33) **El 5 de septiembre de 1995**, dos semanas después del grupo de mujeres hallado en Granja Santa Elena, es hallado en el kilómetro veinte de la carretera Libramiento Aeropuerto, atrás del mercado de abastos, al sur de la ciudad, el cuerpo de entre 20 y 24 años de una mujer desconocida. El seno derecho había sido amputado y el izquierdo arrancado a mordidas. La causa de la muerte al parecer fue por desnucamiento (otro archivo dice probable estrangulamiento). Tenía las manos amarradas a la altura de la muñeca con una correa al parecer de bolso de mujer. También presentaba una herida en el brazo derecho. Había muerto de cincuenta a sesenta días atrás. Medía 1.56 metros, era

delgada y de cabello castaño. Se estimo que murió durante el mes de julio.

Todo parece indicar que este es el cuerpo identificado por las autoridades con el número ciento veintidós, en el que una vez mas no se observan signos de lucha o defensa por lo que se presume que fue estrangulada por atrás, aunque no descartamos que la herida en el brazo derecho halla sido producto de una lucha ocurrida antes de ser sus manos inutilizadas. Las autoridades proponen la teoría de que el agresor sorprende a la víctima por atrás, la golpea, una vez en posición de cubito ventral se sube sobre ella y la ahorca, luego la voltea, la mutila (esto se basa en la presencia de luxaciones traumáticas de vértebras cervicales, la presencia de hematomas y también de infiltrados hemáticos).

Respecto a la edad mayor de algunas de las víctimas, como la mujer del presente caso, cabe apuntar la opinión emitida por un grupo asesor que viajo de la ciudad de México a Ciudad Juárez en octubre de 1995, donde reporto en referencia a los cuerpos hallados esa primavera, - aun cuando hay dos cadáveres con edad mayor a las otras cinco, es importante señalar que las ropas encontradas son casuales, muy juveniles, coincidiendo todas en este aspecto, así que no se descarta que dieron apariencia de una edad menor a la que tenían-.

Esta víctima murió entre uno y medio y dos meses antes, es decir entre el 5 y 20 de julio. Dos de las víctimas halladas dos semanas atrás en Granjas Santa Elena habían sido asesinadas entre el 22 de mayo y 22 de junio, Elizabeth Castro entre el 12 y 14 de agosto, y esta víctima muere intermedio a esas dos fechas, con las mismas amputaciones en senos y sus muñecas anudadas de forma similar a Elizabeth, es por esto que concluimos que esta mujer fue también parte del mismo grupo experimental y que posiblemente fueron secuestrándolas según hiban siendo requeridas para el experimento. Él por qué esta mujer fue abandonada en un lugar diferente, no lo sabemos, pero al ser abandonadas en diferentes días, cualquier contratiempo o variable es suficiente para abandonar a alguna de ellas en un lugar disímil. Es la sexta víctima bajo este modus operandi. En este caso sin embargo, y por primera vez desde que empezaron a aparecer cuerpos, al parecer la causa de la muerte fue por desnucamiento. Este asesino(s) sabe estrangular y desnucar, el desnucamiento requiere de cierta experiencia profesional para llevarse a cabo, y una vez mas nos preguntamos, por que un asesino extasiado en su más profundo sentir va a sacar en el clímax del acto su parte racional para bajo ese conocimiento aprendido desnucar a su víctima; no suena coherente. El asesinato de esta mujer no sucedió de forma irracional, fue hecho con toda conciencia y significado práctico, por lo que difícilmente fue realizado por un asesino serial.

Una ves mas debemos asentar en que momento ocurrió la violencia, sí antes o después de la muerte, por lo que es fundamental el informe del patólogo sobre si la mutilación ocurrió antes y no después de la muerte. La Dra. Irma Rodríguez Galarza forense de la *Procuraduría General de Justicia de Chihuahua* y quien tuvo a su cargo exámenes de algunos de estos cuerpos, afirma que algunas de las mujeres mutiladas, fueron torturadas estando aun con vida.

En algunos casos, sí efectivamente se reporta en que momento ocurre la mutilación, por ejemplo en el cuerpo identificado por las autoridades con el número ciento treinta y siete, se reporta que esta ocurre *post mortem*, y que en el cuerpo se aprecia, -que al agresor no le fue posible sorprender completamente a la víctima, pues se observan huellas de defensa, sugiriendo que durante la agresión, el agresor pierde momentáneamente el arma blanca, intentando posteriormente el estrangulamiento utilizando un elemento constrictor. En este caso estando la víctima inconsciente o semiconsciente, es probable que estando la víctima en decúbito ventral el agresor le toma la cabeza, mientras le muerde el lóbulo de la oreja izquierda para enseguida traccionar con mucha fuerza el cuello, colocando muy probablemente una rodilla en la región escapular (a nivel de las vértebras torácicas), haciendo girar bruscamente el cuello como en otros casos. Es posible que haya iniciado la agresión al golpear la hemicara derecha. En este caso pareciera indicar que la mutilación fue efectuada *post mortem*.-. Mientras que también hay casos donde se reporta la mutilación aún estando la víctima con vida, como es el caso del cuerpo identificado por las autoridades con el número ciento treinta y ocho, donde se reporta que, -registraba repetición del mecanismo de ataque inicial, colocada la víctima en decúbito ventral, el victimario le efectúa un mecanismo de asfixia por estrangulamiento, enseguida en estado inconsciente o semiconsciente el cuerpo de la víctima es colocado en decúbito dorsal, causándole el agresor las heridas por instrumento punzocortante. Por otra parte al ser colocado el cuerpo en decúbito dorsal, con alguno de los pies el agresor le produce las fracturas en esternón y en primera costilla del lado derecho-.

34) También el **5 de septiembre** es hallada otra mujer esta vez en Lote Bravo. Tenía un cable eléctrico en la muñeca izquierda. Al parecer la mujer se llamaba **María Moreno Galviz** y tenía el cráneo destrozado.

No hay mayor información del caso para poder realizar conclusiones.

35) El **9 (2) de septiembre de 1995** a los 17 años, fue hallada semidesnuda en el desierto de Lote Bravo, al final de una brecha que se inicia en el kilómetro veinticinco de la carretera Panamericana, a dos kilómetros al oriente de la autopista, a la altura del kilómetro veintiuno, muy cerca de la preparatoria donde estudiaba y al sur del aeropuerto internacional de Ciudad Juárez, el cuerpo de **Silvia Elena Rivera Morales** quién desapareció cuando se dirigía a la preparatoria *Iberoamericana*. Había sido violada y estrangulada. El seno derecho había sido cercenado y arrancado a mordidas el pezón izquierdo. Era morena y delgada. Estudiaba en las tardes y en las mañanas trabajaba en la zapatería *"3 Hermanos"* de la calle Rafael Velarde y Vicente Guerrero. El cuerpo se hallo tras unos arbustos, boca abajo con las piernas separadas, el brazo derecho extendido y el izquierdo recogido bajo el pecho, con el sostén colocado por encima de los senos. Había desaparecido dos meses antes, la noche del **11 de julio**, al parecer alrededor de las 10:30, hora en que salió de la preparatoria; cuando desapareció aun tenía 16 años. Presentaba dilatación anal y vulvar. Murió de asfixia por estrangulamiento. Llevaba de cuarenta y cinco a sesenta días de muerta, es decir fue muerta entre el 11 y el 24 de julio, en las mismas fechas que la mujer anterior del 5 de septiembre. El caso de Silvia fue registrado con el número 13057/95-304.

Silvia medía 1.54 m de altura, tenía el cabello negro y largo, era delgada. Vestía una playera azul con la figura de *Mickey Mouse*, basier blanco por encima de la región pectoral, pantaleta negra marca *Tania* talla mediana, calcetines blancos. La ropa que llevaba puesta no era la misma con la que salió de su casa el día que desapareció.

Este cadáver fue clasificado por las autoridades como el ciento treinta y tres, y repetía el mecanismo usado en el caso de Elizabeth Castro (con número ciento dieciocho según las autoridades) incluido el hallarse en posición decúbito ventral, aumentando la posibilidad del victimario de someter a su víctima y de atarle las manos por detrás del tronco. Originalmente las autoridades aseguraron que el cuerpo pertenecía a Elizabeth Ontiveros y fue hasta que dicha mujer se presento viva que dijeron era Silvia.

Este es el octavo asesinato del mismo grupo de mujeres bajo el mismo modus operandi, muertas entre el 22 de mayo y 15 de agosto; el hecho de que vistiera ropa de otra mujer y el hecho de que Elizabeth Castro tuviera sangre en su ropa al parecer de otra mujer, nos lleva a deducir que al ser todas ellas del mismo grupo experimental y aunque en general fueron secuestradas en momentos diferentes, en alguna parte de ese cautiverio algunas de ellas estuvieron juntas vivas, así mismo el experimento requirió que en algún momento las víctimas tuvieran que quitarse la ropa, y de allí que al momento de ser liberadas se les diera o ellas tomarán la ropa de un montón de ropa, sin prestar atención en que se estaban poniendo, y al ser la mayoría de las víctimas de complexión similar, el que las ropas les quedarán, no era un problema realmente.

Aunque todo pareciese indicar de forma directa a un asesino serial con una obsesión por los senos, es difícil imaginar a un asesino en serie que después de dos años y al menos veinticuatro víctimas previas, empiece por fin a mostrar una obsesión y a ser sádico de una víctima a otra. Para mí es evidente que esta forma de actuar es la manera de desviar la opinión pública para que se crea que es obra de un asesino serial loco y despiadado, y más importante aun sin un móvil tangible.

Una vez mas, por quinta ocasión una escuela esta involucrada; en este caso una preparatoria. Pero hemos dicho que esto es ya obra de un tercer grupo y que el primero fue hecho a un lado, a menos que este grupo este tomando esta táctica del primero por haberse mostrado su efectividad. Aunque es un hecho como ya habíamos mencionado que si quieres una chica joven y sana, muy probablemente se encuentre estudiando la secundaría o la preparatoria, así como que también en esta clase socioeconómica en la que suceden los asesinatos, pertenezca a la nomina de una maquiladora. Es así que aunque el grupo de asesinos halla cambiado, no así el grupo de víctimas por lo que deben seguirse buscando en los mismos lugares; preparatorias, secundarías, negocios de video juegos, centros comerciales, y en trabajos temporales creados para estudiantes de esas edades, es decir negocios de comida rápida, zapaterías, supermercados, etc., y por supuesto no olvidar las maquiladoras dónde se concentra gran parte de la actividad económica de esa ciudad.

En los próximos dos meses habrá cinco cadáveres mas con el mismo *modus operandi*, víctimas de 17, 20, 13, 30 y 15 años, de donde solo Silvia Elena la primera y Adriana la cuarta fueron plenamente identificadas. La suma total de este grupo experimental será por tanto de al menos doce mujeres, incluida la mujer que estuvo prisionera al mismo tiempo que Elizabeth, y quizás otras mas que no fueron halladas, o si lo fueron las autoridades omitieron dar aviso a la prensa y familiares.

En este momento parece un hecho que un grupo de profesionales esta involucrado en esto. Después de la mutilación (si es que esta ocurrió antes, cuando la víctima aun estaba viva, tal y como todo lo índica) se procedió a matar a la víctima, pero por estrangulamiento, no se entiende él por que, si se tiene un cuchillo en la mano y ya se cobro el trofeo y se tiene en la mano y se esta gozando, va a depositarse en el suelo para ahorcar a un ser que ya no es útil y que basta con que se clave el cuchillo en su cuello para cortar limpia y rápidamente la yugular y entonces concluir el impulso.

Hay que saber que fundamenta el informe del patólogo de que la mutilación ocurrió antes y no después de la muerte.

Algunas de estas mujeres es factible que estuviesen secuestradas mas tiempo que otras, al haber sido secuestradas antes y/ó matadas después que otras mujeres que hallan sido secuestradas después y/ó matadas antes, esta forma de actuar pudo deberse a las variaciones de los días de su ciclo reproductivo en el que se hallaban al momento de ser secuestradas.

36) El día **10 de septiembre de 1995** y en el predio semidesértico de Lote Bravo, en Zacate Blanco, al oriente de la avenida las Torres, a tres kilómetros hacía el oriente del mercado de abastos en el Libramiento Aeropuerto y carretera Panamericana, es hallado el cuerpo en putrefacción de una mujer que se hallo vestida. La víctima había sido acuchillada en varias ocasiones y desnucada; el avanzado estado de descomposición del cuerpo impidió determinar si había sido violada, pero se sospecha que esto efectivamente sí ocurrió. El seno derecho había sido cercenado y el pezón izquierdo arrancado a mordidas. Presentaba el hueso hioides con aspecto isquémico y fractura en una sección del asta izquierda. Había muerto de treinta a cincuenta días atrás por una herida de arma blanca en cuello y tórax, aunque también pudo haber muerto como consecuencia de un golpe en la nuca. Medía 1.54 metros, era delgada y tenía una edad aproximada de 18 años. La ropa que vestía era un pantalón vaquero marca *Lee* talla tres mediana, chaleco rojo, calzón blanco o beige con una flor en la parte anterior media y dos calcetas blancas colocadas sobre ambos pies.

La víctima vestía las ropas de **Olga Alicia Carrillo Pérez**, de 20 años y desaparecida un mes antes, el **10 de agosto** a las 10:30 después de salir de su trabajo y después de visitar esa tarde a las oficinas del Partido Acción Nacional, acompañada allí por una amiga llamada Anita. Las oficinas del PAN se hallaban en la avenida 16 de Septiembre y Cinco de Mayo. La madre de Olga Alicia se niega a aceptar que el cuerpo hallado sea el de su hija, lo único que le dejaron ver fue la ropa. Se reporto que murió entre el 9 y 23 de julio, cuestión que concuerda con la negación de la madre a aceptar que el cuerpo sea el de Olga. Olga trabajaba en una tienda de zapatos llamada *el Vaquero*, la semana que desapareció era su última semana de trabajo allí y el día en que desapareció era su día normal de descanso, sin embargo la dueña le pidió asistir ese día a laborar por el hecho de que había mucho trabajo.

Había unos pocos restos humanos esparcidos en un radio de sesenta metros, a tres kilómetros al oriente del mercado local de abastos. Su blusa estaba desgarrada. Por la ropa y un examen odontológico las autoridades reportaron la determinación de su identidad.

Independientemente si el cuerpo era de Olga o no lo era, es un hecho que al vestir las ropas de Olga, esta fue víctima indiscutible de este grupo y al haber desaparecido el 10 de agosto solo cuatro día antes de la desaparición de Elizabeth, quizás la sangre tipo "A" hallada en el pantalón de Elizabeth, perteneciera a Olga, y Elizabeth estuvo al lado suyo antes de ambas morir. Es necesario por tanto verificar su tipo de sangre con la familia.

El caso es uno de tantos que presenta inconsistencias, en este caso en la edad de la víctima, en algunos reportes se dice que tenía 16 años y en otro 20 años, pero como según la madre ya había terminado la preparatoria e iba a entrar al tecnológico, nos inclinamos a que debió tener 20 y no 16 años. El egipcio Abel Sharif fue inculpado de este y muchos otros crímenes. No omitimos la posibilidad de que este cuerpo perteneciera a Elizabeth Castro hallada el 19 de agosto y dudosamente identificada

Confiamos en que el siguiente caso es diferente al actual, entonces también en esta ocasión fueron abandonados dos cadáveres a la vez, y siendo que en esta ocasión la mujer estaba vestida, debemos correlacionar este dato con algo más sobre el caso.

37) A la altura del kilómetro veinte de la carretera Panamericana, cerca del Libramiento Aeropuerto (Lote Bravo) es hallado el cuerpo vestido de una niña de 13 años, con el pelo negro que le caía sobre los hombros. Al igual que el cuerpo del 5 de septiembre, la víctima había sido estrangulada aunque en este caso también fue acuchillada. Una vez mas se le había amputado el seno derecho y el pezón izquierdo había sido arrancado a mordidas. El cuerpo presentaba avanzado estado de descomposición, y había muerto aproximadamente dos meses antes. Presentaba heridas con arma blanca en cuello y tórax (causas de la muerte), aunque después en la prensa se dijo que la causa de la muerte había sido por desnucamiento. También presentaba heridas punzocortantes en brazo derecho producto de una defensa. Tenía las manos atadas a la espalda con una correa y luxación congénita en el lado derecho de la cadera. No se tiene fecha solo que fue en el mes de **septiembre**.

Una niña mas, la sexta menor a quince años. Presentaba heridas producto de una defensa y además tenía las manos atadas en la espalda, lo cual puede significar que pese a su corta edad opuso resistencia. En este caso al menos se habla que la causa de la muerte (al menos en la primera versión, ya que también se menciona estrangulamiento) fue por las heridas causadas durante la mutilación, así que es el primer reporte que tenemos donde se afirma que la mutilación ocurrió cuando la víctima aún estaba viva y no una vez muerta esta, aunque tiempo después e inmersas en la más profunda corrupción y apatía las autoridades de Ciudad Juárez hayan cambiado la causa de la muerte por motivos obscuros para todos.

Una vez mas surge la pregunta por que después de mutilar, -si es que en verdad este fue el orden de los acontecimientos-, alguien acuchillaría a su víctima y además acabaría estrangulándola, a menos que se quiera desviar la atención de la causa de la muerte y de las pruebas que el cuerpo encierra.

38) También el **10 de septiembre de 1995**, es hallada una mujer de edad aproximada entre 30 y 35 años, hacia el oriente de la avenida de las Torres, a la altura de la unidad de transferencia de limpia municipal, en el predio Zacate Blanco. La osamenta se hallo dispersa en sesenta metros. Había muerto de treinta a cincuenta días antes por causa indeterminada (se encontró un fragmento de soga). El cuerpo se hallaba en descomposición y presentaba huellas de violencia. La mujer era de complexión regular, 1.54 metros de altura. Vestía blusa blanca de manga corta con franjas transversales de colores rojo, azul y guinda, brasier beige con blanco copa chica, sin marca ni talla apreciables y por encima de la región pectoral, pantalón vaquero azul marca *Braxton*, pantaleta de color beige, calceta blanca en el pie izquierdo, zapatos negros marca *Creación Angelina*, también se hallo un tubo de crema para los labios.

Onceava víctima consecutiva bajo este *modus operandi*. Se reporta que quizás la causa de la muerte fue por desnucamiento. Muerta entre el 20 de julio y el 10 de agosto, poco antes del secuestro de Elizabeth y la desaparición de Olga.

La pregunta en este grupo de mujeres, es ¿Por qué esta urgencia de óvulos?. Algunas de las víctima muy probablemente, estuvieron secuestrada de forma simultanea, como parte de un mismo experimento, pero ¿Cuál fue el motivo que justifico el deshacerse de todas con pocos días de diferencia?. Aquí se podría pensar que conforme los cuerpos fueron utilizados se procedió a asesinarlos y a deshacerse de ellos, sin embargo en el 2001 ocurrirá un caso muy similar, en donde ocho cuerpos fueron abandonados en el mismo sitió, que en ese ocasión fue en unos campos de algodón cercanos a la ciudad, y donde en ese caso aunque también hubo indicios de que los cuerpos aunque habían muerto en diferentes fechas, también mostraban signos de que habían sido quizás almacenados en congelación y que habían sido abandonados en los campos de forma simultanea, cuestión que nos hace pensar que en el presente caso haya sucedido algo muy similar, y que los díez cuerpos hallados hallan sido muertos y almacenados en otro lado antes de ser abandonados en el sur de la ciudad, en Granja Santa Elena, libramiento aeropuerto, Pemex y zonas aledañas (solo uno de los cuerpos de hecho fue abandonado en otro lado). Sin embargo y pese a lo anterior parece ser que desde que se hallo el cuerpo de Elizabeth el 19 de agosto, los asesinos se arriesgaron a dejar otro cuerpo en el mismo sitio, y a regresar a la zona de la escena del crimen al menos dos veces, quizás por que son demasiado profesionales y sabían que ese día no había alguien cerca y si hubiera habido no les preocupaba ya que solucionarían su muerte y desaparición de forma fácil.

Pero, ¿Qué estudio pudo hacérseles a este grupo de mujeres, que justificara la amputación de senos, suponiendo que no haya sido solamente una forma de desviar la atención pública y de la prensa?. Es sabido que el embarazo genera cambios en las glándulas mamarias; algunas muy obvias, como el aumento de las mismas, y en ocasiones también de los pezones; señales físicas que difícilmente un examen forense omitiría en un estudio, por lo que la solución práctica podría ser eliminar estas glándulas.

¿Y si él cambió en la ropa de las mujeres es también una consecuencia práctica del alza en su talla corporal consecuencia del embarazo que obliga a ponerles ropas de mujeres de mayor talla?.

39) **Adriana Torres Márques** de 15 años es hallada vestida en la carretera Ciudad Juárez-Casas Grandes atrás de Granja Santa Elena, rumbo a Casas Grandes, el **11 (2) de noviembre de 1995**. Por sexta vez de forma casi continua él o los asesinos le habían cercenado el seno derecho y arrancado a mordidas el pezón izquierdo. La causa de la muerte fue por desnucamiento, el cráneo estaba completo. Había desaparecido del centro de Ciudad Juárez, el día que desapareció llevaba puesto tenis y cuando la hallaron llevaba puesta unas botas mineras (zapatos negros), además vestía; lentes obscuros, pantalón dorado *Silver Red* talla veintiocho, camisa vaquera, sostén y calcetines blancos. Tenía el cabello castaño. Había desaparecido seis meses antes, el lunes **8 de mayo de 1995**, frente a la zapatería "*3 Hermanos*" en la avenida Vicente Guerrero, cerca de catedral, en el centro. El informe policíaco aseguraba que llevaba de cinco a seis meses de haber fallecido.

Fue la doceava y última víctima bajo este modus operandi, al menos por algún tiempo, aunque fue una de las primeras del grupo en ser raptada, fue la última en aparecer. Esta mujer aparece hasta dos meses después de la última víctima y aunque pudo haber estado allí y no ser descubierta desde antes, existe la posibilidad tal de que fuese retenida por mas tiempo viva, aunque según el informe de las autoridades murió por las mismas fechas que las otras mujeres, así que no podemos decir que haya sido un último experimento y pudo también ser retenido su cuerpo muerto. La pregunta sería ¿Por qué regresaron a la escena del crimen a dejar este cuerpo? En caso de que en realidad este no haya estado allí cuando fueron encontradas las otras.

¿Para que vestir a una mujer desvestida a la que se va a asesinar?. El procedimiento debe ser el siguiente; no las visten, sino ellas se visten por que ellos se lo piden, y el argumento debe ser "vístete que ya te vamos a dejar ir", es así que las mujeres no se estresan ni estresan a otras que se hallen recluidas en el mismo lugar, evitan gritos e histeria colectiva, hay que recordar que es fundamental para estos experimentos que no exista ningún estrés que dispare neurotransmisores ni hormonas que a su vez hagan un efecto en cascada que altere a las células. En las prisas ellas se ponen cualquier ropa que encuentran en este cuarto que es donde se guarda esta ropa, y es por eso que ella mismas se ponen la ropa equivocada. La confirmación de esto, es que no existe una razón para ponerle zapatos a una muerta, suponiendo que las visten una vez muertas, o que las llevan vestidas al desierto como una medida que no llame de ninguna forma la atención, pero el hecho de ponerles zapatos solo se hace en caso de convencerla de que ya se va a su casa o en caso de querer hacerla caminar de un lugar a otro.

Víctor Ronquillo (Las Muertas de Juárez, Planeta 1999), reporta que una persona de nombre Don José vio desde su vivienda, una madrugada caminar a una muchacha en Lomas de Poleo, el hombre dijo que había algo extraño en la muchacha que paso sin hablarle, ella iba rumbo al desierto. A la mañana siguiente encontraron otro cuerpo, que Don José asegura, era el de ella. Si esta versión es cierta, explica él por que antes de morir y vestirse con cualquier ropa también usan zapatos, el motivo es dejarlas libres, dejarlas ir de algún lugar cercano, hacerles creer por algún motivo que pueden irse a su casa, quizás para que la siguiente víctima se de cuenta y aprenda que si se esta quieta y se deja extraer los óvulos, también podrá salir libre sin que la maten. Pero quizás una hora después de dejarlas ir, salen a cazarlas, y como están en medio del desierto, cansadas y probablemente desorientadas por alguna droga o por anestesia son fáciles de hallar, ya que no se alejan mucho y allí es cuando las martirizan y matan.

El experimento con este grupo termino y se deshicieron de toda la evidencia que en este caso seguramente fue mayor que en los casos anteriores. Aunque es factible que tengan un laboratorio en esa zona, este grupo de asesinos tan profesionales, difícilmente dejarían los cuerpos cerca de el; es mas probable que el lugar de cautiverio y experimentación (que debe ser el mismo, para evitar estar moviendo a las mujeres de un lugar a otro) este alejado de esta zona, y aunque es probable que las secuestran a través de hacerlas subir a la fuerza a un auto, -no descartamos por el hecho de que no existen testigos de esto, pese a que muchos secuestros que sucedieron en zonas céntricas y transitadas, a horarios de mucha afluencia de gente-, que las mujeres entren a algún lugar por su propio pie y una vez allí, ya no se les permita salir; pero; ¿Qué lugar podría ser ese, donde tantas mujeres entran por su propio pie y entran además solas?,¿Ese lugar esta relacionado con las escuelas de computación Ecco?, puede ser una escuela, un baño de alguna manera público, un negocio de algún tipo, tal vez.

Mantenerlas tranquilas es fundamental en los experimentos con ellas y para impedir el pánico colectivo. ¿Existen fotos de la mutilación de los pechos?.

40) Siete días después, el **16 (18) de noviembre de 1995**, es hallado el cuerpo desangrado de **Cecilia Covarrubias Aguilar** de 16 años. La víctima fue hallada vestida y en el poblado de Loma Blanca. Vestía un pantalón color gris debajo de uno negro, chaleco gris. La víctima cuando desapareció, el **14 de noviembre** llevaba consigo a su bebé de seis meses el cual nunca apareció. Había sido víctima de golpes y violencia sexual.

La desaparición de la bebé ayuda a generar en las autoridades y en la opinión pública la idea del tráfico de órganos, que después se vería reforzada sobre todo en noviembre del 2001, cuando algunos cuerpos mostraron indicios de haber sido congelados. El rapto del bebé puede significar que este caso no tiene nada que ver con los otros, o que requerían tejido de bebé por algún motivo, quizás relacionado con las Células Madre obtenidas por el experimento con las doce anteriores mujeres, la continuación del experimento puede incluir regeneración de tejidos que pueden obtenerse de diversas fuentes como el obtenido de los senos y pezones mutilados u órganos donde un bebé sería muy útil, además el uso de estos tejidos ayudaría a disminuir la respuesta inmune generada cuando se utilizan tejidos de mujeres diferentes a la donadora de los óvulos o en ese mismo contexto la histocompatibilidad entre madre e hijo hace que disminuya también esta respuesta. ¿Existe la posibilidad que la regeneración de tejido mamario se haya llevado a cabo con las mujeres vivas y que el patólogo o los patólogos no se hallan dado cuenta que la mutilación ocurrió mucho tiempo antes de ser muertas?.

La última opción es que él bebé haya sido producto del experimento y que ya que el embarazo ocurrió en agosto de 1993, al inicio de los experimentos y la mujer haya escapado, pero ahora con este grupo tan profesional fue fácil hallarla y deshacerse de las pruebas. Dos años atrás cuando se embarazo Cecilia, probablemente asistía a la secundaría, hay que averiguar a cual secundaría asistía.

También es muy probable que este caso no tenga nada que ver y la mujer fue muerta por otro motivo y al bebé se lo llevo un perro u otro animal de rapiña.

41) El **23 de noviembre de 1995** aparece en Granja Santa Elena, carretera a Casas Grandes, en Guadalupe Distrito Bravos el cuerpo de

Ignacia Morales Soto de 22 años. Murió por una herida punzocortante en el parietal izquierdo. Tenía el cráneo destrozado. Era delgada, medía 1.63 metros de altura, tenia la piel morena y el cabello largo. En este caso existió un sospechoso llamado Juan Carlos Escageda de 23 años. El expediente de esta mujer lleva el número 22296/95-1104

Antes que continuar, hay que hacer notar que el nombre de Juan Escageda se repite en el asesinato de Guillermina Hernández (víctima diecinueve) del 20 de noviembre de 1994 (un año antes), y desde entonces ya era considerado sospechoso y debido a este caso fue ya detenido y puesto en espera de sentencia en el CERESO de Juárez; esta persona puede dar luz sobre el asunto.

Por otro lado el nuevo modus operandi usado en este caso aventura a pensar que este asesinato es aislado de los demás o que el asesinato de esta mujer fue por otras causas. Pero el hecho de que el cuerpo fuese hallado en la zona donde han estado apareciendo cuerpos merece ser investigado.

Debemos averiguar a fondo ambos casos y al sospechoso, sobre todo como es que las autoridades lo relacionan con los dos asesinatos. ¿A que preparatoria asistió Ignacia?

42) El **15 de diciembre de 1995** es hallado el cuerpo de **Rosa Isela Tena Quintanilla** de 14 años, en los campos deportivos *Pemex*, en la colonia San Antonio. Una vez más se hallo en las cercanías del kilómetro cinco de la carretera a Casas Grandes. El cuerpo se hallo desnudo de la cintura para abajo y había sido acuchillada. Estaba atada con el mismo nudo usado con Elizabeth Castro (hallada el 19 de agosto de 1995) y otras mujeres, es decir sus manos se hallaban atadas con las agujetas de sus propios tenis de manera que se formaban dos círculos capaces de aprisionar dos muñecas. Presentaba huellas de estrangulamiento. Vestía una pantalonera morada, blusa negra estampada tenis negros y tenia puesta una medalla de la virgen de la Caridad del Cobre. Era delgada y tenía el cabello oscuro. El expediente era el 23719/95-1102.

A partir de este momento los campos de *Pemex* serán uno de los sitios recurrentes para abandonar los cuerpos.

El hecho de que halla sido atada con las agujetas de sus propios tenis, indica que se debían mantener controladas, quizás se les prometía su libertad y así las hacían vestirse y subir al auto y quizás una vez allí se les quitaban las agujetas. No todas las víctimas fueron atadas de las manos aunque en ese mismo verano aparecieron atadas varias mujeres de igual forma, sin embargo las mujeres que no fueron atadas quizás se debió a que uno de los asesinos ata, mientras otro de ellos no lo hace; o uno de ellos desata a las mujeres antes de matar.

Creemos que el grupo de asesinos que esta actuando además de poseer técnicas para asesinar, tienen conocimiento en nudos, tal y como muchos marines de Estados Unidos reclutados por agencias de inteligencia poseen. Este grupo mostró su firma en los cuerpos desde agosto de este año. ¿Que tipo de nudo usaron?, ¿Un nudo de la marina?.

43) En **diciembre** sin fecha se reporta el último caso del año, **Elizabeth Robles Gómez** de 29 (23) años es hallada muerta en los campos deportivos de *Pemex*, había sido acuchillada y fue hallada semidesnuda. Medía 1.60 metros de altura, era delgada y tenía el cabello negro ondulado. Su falda se hallo subida hasta la cintura, mientras su blusa color cobre se hallaba por encima de los senos, además vestía chaqueta azul, zapatos negros, no llevaba sostén. Como presunto responsable esta implicado un policía municipal.

Una vez mas los campos de *Pemex* son el sitio para dejar los cuerpos, este es el segundo cuerpo hallado en ese lugar, el caso es muy similar al de Isela Tena, pero aquí nombran un sospechoso, y además este es un policía municipal, lo cual no pareciera del todo lógico y seguro, ya que sí apenas el 15 de diciembre es hallado el primero de los cuerpos allí tras de Pemex, sería riesgoso regresar allí en los siguientes quince días para dejar un segundo cuerpo acuchillado o para acuchillar un segundo cuerpo, y menos lógico es que un policía con su conocimiento sobre crímenes sea el que regrese al lugar del crimen. Es fundamental determinar que inculpa a esta persona y verificar si el dato de la inculpación es verdadero u otra inculpación falsa por parte de las autoridades.

El policía seguramente no tuvo nada que ver y el asesino de esta mujer fue el mismo que actuó contra Isela Tena y contra la mayoría de las mujeres asesinadas este año.

Entre los campos de Pemex y los campos de algodón donde cinco y medio años después, en el 2001 serán halladas ocho mujeres, se encuentra el aeropuerto. Una de las hipótesis que planteamos respecto a esos ocho cuerpos es que existe la posibilidad de que hallan sido dejados allí desde un helicóptero, que pudo haber hecho base en el aeropuerto, o en el campo de golf aledaño a los campos de algodón.

⇒ El **31 de diciembre de 1995**, **Raquel Lechuga Macías** salió de su casa y nunca regreso, tenía 16 años y trabajaba en una maquila. Es hallada mas de dos años después (**ver caso 16 de febrero de 1998**). Es importante notar que este día es año nuevo. Era una mujer delgada, con la tez morena y un cabello que le caía sobre los hombros de color castaño. Al salir de su casa dijo que iba a casa de su abuela. Además tenía una prótesis dental de plata con la letra "R". Un par de años después en febrero de 1998 son hallados los restos de tres mujeres en Lomas de Poleo, uno de estas calaveras tenía una "R" de platino.

Desapareció en un año nuevo, cuestión que no detuvo a los asesinos para trabajar, posiblemente por que el experimento así lo indico.

-1996-

44) Es hasta el **9 de marzo de 1996** - tres meses después -, que el siguiente caso es reportado; una niña no identificada de entre 9 y 12 años de edad es hallada violada y apuñalada en el kilómetro veintisiete de la carretera a Casas Grandes, (otro archivo dice que en Lomas de Poleo), donde se halla el rancho *la Campana*, mismo rancho ubicado por el *FBI* como perteneciente a narcotraficantes y donde tres años después el mismo *FBI* en un operativo conjunto con la *Procuraduría General de la República* realizará el operativo Plaza Sweep en la búsqueda de narcofosas. La niña tenía el cabello dorado y había recibido ocho heridas con arma blanca al parecer entre noviembre y diciembre del año anterior, es decir llevaba al menos tres meses de muerta.

La investigación al parecer llevo una vez mas a la búsqueda de óvulos de reciente síntesis, esto es; los más fuertes, los más viables, de mujeres que apenas comienzan a ovular y con pocas mutaciones acumuladas. Estos óvulos son requeridos tres meses después de los últimos.

Hay que determinar en que parte del cuerpo fue apuñalada.

45) El **13 de marzo de 1996**, también en Lomas de Poleo cerca de las torres de electricidad, al sur de puerto de Anapra es hallado el cuerpo semidesnudo de una mujer de aproximadamente 16 a 17 años; había sido violada y estrangulada. Era morena, complexión regular, cabello negro hasta los hombros. El cuerpo se hallo en avanzado estado de descomposición y se estimo la muerte en diciembre del año anterior, es decir tres meses atrás. Vestía short y sostén color blanco.

Esta mujer, será una más de muchas víctimas que aparecerán a lo largo de trece años en Lomas de Poleo.

En este, el anterior y en los siguientes ocho casos las víctimas tendrán entre 16 y 18 años y serán abandonados los cuerpos una vez mas en Lomas de Poleo, sumando diez cuerpos seguidos abandonados en ese lugar. Una vez más un grupo que de manera continúa aparece y bajo el mismo *modus operandi*. Creemos que este es un segundo grupo experimental también surgido como consecuencia del nuevo grupo de asesinos (*grupo C*).

Quizás exista un conflicto interno en tanto al proceder de este grupo. Parte de el aboga por desviar la atención con extrema violencia, la otra parte simplemente actúa con efectividad y limpiamente.

46) Segunda víctima de este año que aparece en Lomas de Poleo, en este caso apuñalada, estrangulada y el archivo dice que tenía una herida de bala. El cuerpo fue hallado cinco días después del anterior, el **18 de marzo de 1996**, estaba semicubierta de piedras y arena, ovillada a unos cuantos metros de donde se hallo el cuerpo anterior. Había sido violada y tenía una edad aproximada de 16 años y había muerto aproximadamente dos semanas antes.

Este caso ocurre estrangulamiento y acuchillamiento, pero no existe mutilación como en los siguientes cuatro casos seguidos. Sin embargo este podría ser el único caso que parece estar relacionado a los otros, pero caracterizado por ser quizás el único donde la víctima había recibido un disparo. Este pudo haberse causado por un sujeto que actúo quizás por única ocasión con este grupo. La víctima también tiene 16 años. *Evidentemente en este grupo experimental de mujeres, que es el segundo, también se ha seleccionado un grupo similar al anterior, es decir con pocas variables y perfectamente elegido para un fin.* Esta mujer fue muerta entre el 3 y el 13 de marzo, mismo día donde se hallo a la anterior mujer; sin embargo desconocemos cuando fue secuestrada.

Un grupo experimental muy definido y al parecer ya determinado como el grupo de mujeres ideal para la extracción de óvulos, ya que presentan un sistema reproductor joven aún, con poca vida sexual y poca probabilidad de infecciones, y no lo suficientemente viejo como para hallar disfunciones en los ovarios o mutaciones importantes en la células ováricas o en los óvulos. Es importante en este punto hacer notar que las mujeres no son feas, todas ellas son mujeres sexualmente atractivas y de aquí es que los prejuicios de las autoridades y la prensa llevan el hilo del pensamiento directamente hacía el tema de "crímenes sexuales".

47) **23 de marzo de 1996** se halla el cuerpo de la tercera víctima consecutiva depositada en Lomas de Poleo y también la tercera mujer

consecutiva con 16 años de edad. La víctima semidesnuda fue apuñalada y mutilada. Parte del cuerpo se hallo cubierto con cascajo. La marca del asesino fue una brutal herida en la región pectoral izquierda, tenía las manos atadas a la espalda con una cinta negra y tenía el sostén por arriba de los senos. Era de tez morena y cabello largo, murió aproximadamente díez días antes. Fue violada y estrangulada.

Primer caso de mutilación del año y también primero de este grupo de mujeres (segundo grupo), así como tercera víctima consecutiva de 16 años. El tajo en el seno izquierdo sucedió también tres años atrás, el 13 de mayo y luego un año atrás comienzan con la mutilación de senos donde el pezón izquierdo sería arrancado a mordidas y el seno derecho cercenado. Después de cuatro casos del mismo grupo pareciera que los asesinos están definiendo un método de asesinato y sobre todo decidieron hacer uso una vez más de la mutilación para desviar la opinión pública y confundir a las autoridades. Una vez mas primero la corta con un cuchillo y después coloca el cuchillo a un lado y la ahorca, o un sujeto la corta y un segundo sujeto la ahorca, ambas situaciones no son lógicas en un asesino, esto lo realizan para extremar la violencia y el interés del público. Esta mujer y las dos anteriores pareciera, por las fechas reportadas de muerte que fallecieron el mismo día, el 13 de marzo.

Esta mujer es la primera de este grupo a la que se le ataron las manos, como habíamos mencionado quizás uno de los asesinos se siente mas seguro atándolas, mientras otro no lo hace.

El experimento incluye en este grupo a varias mujeres pero no demasiadas, si estamos hablando que este segundo grupo incluyo al menos a nueve mujeres y la hiperestimulación ovárico consigue un promedio de díez óvulos por mujer, tendremos noventa óvulos para experimentar en este ensayo.

Si yo tengo noventa óvulos puedo obtener en teoría noventa blastocitos, aunque en realidad un promedio real de resultados positivos es del 30%, es decir veintisiete blastocitos, y si además los experimentos que se conocen reportan rendimientos de formación de nuevas líneas celulares de entre 2 y 14%, tendremos entre uno y cuatro nuevas líneas celulares que podrían ser cultivadas bajo diferentes medios con diferentes factores de crecimiento que permita experimentar hasta cuatro variables para conseguir la diferenciación guiada o al menos caracterizar hasta cuatro resultados de cuatro variables evaluadas.

48) En **marzo de 1996** desaparece en Ciudad Juárez, **María Guadalupe del Río Vázquez.** Desapareció cuando había ido de compras al centro de la ciudad. Un testimonio menciona que se le vio a bordo de un autobús de transporte urbano, mientras conversaba con una mujer y un hombre. Debido a su ausencia, sus familiares y amigos decidieron

rastrear Lomas de Poleo, y durante esa búsqueda descubrieron una cabaña abandonada hecha de madera, afuera de esta se hallaron veladoras negras y rojas y un montón de cabello humano, y dentro de la misma se halló una tabla de dos metros de alto por 1.5 metros de ancho; la tabla estaba dibujada; en el centro de una de sus caras la tabla tenía un escorpión, y en uno de los lados de esté se encontraba las figuras de tres mujeres desnudas, de cabellos largos, sentadas en bancos y con la mirada hacía el escorpión. Debajo se hallaba la figura de una mujer sin ropa, recostada y maniatada, tenía una expresión de tristeza y los ojos cerrados. Encima del escorpión, hacía su lado derecho, había cinco o seis soldados de pie detrás de unas matas que asemejaban marihuana. En la parte baja de la tabla había trazos similares y entre sus hojas se asomaban los rostros encapuchados de cuatro hombres. En la parte alta de la tabla había un signo de baraja con un as de espadas. La cara anversa de la tabla en su centro, mostraba a dos mujeres recostadas y desnudas con las piernas flexionadas y abiertas. En la parte superior estaba el signo de un as de tréboles y el medio cuerpo de dos mujeres desnudas que parecían sonreír. Todas las mujeres tenían el cabello largo, sus rostros mostraban rasgos finos. La parte baja de la tabla tenía rastros de cera negra y roja. Allí se habían grabado números y letra que parecían referirse a las placas de un vehículo. A media tabla del anverso se encontraba también el dibujo de un cholo con gabardina y sombrero. Según los testigos todos los dibujos tenían calidad. El interior de la cabaña presentaba un escenario análogo: huellas labiales en las paredes, cera negra en el piso, ropa interior femenina y otras prendas femeninas y manchas al parecer de sangre seca. Entre las personas que ese día hiban se hallaba Vicky Caraveo fundadora del grupo *Mujeres por Juárez* y activista social de esa ciudad. La tabla fue entregada a las autoridades y tiempo después estas la hicieron desaparecer.

El **28 de marzo de 1996**, agentes policíacos anunciaron el hallazgo de **María Guadalupe del Río Vázquez** de 18 años y cuya búsqueda había detonado en el hallazgo de la cabaña y de la tabla. Tenía mutilado el pezón izquierdo y había sufrido estrangulamiento. El cuerpo se hallo en Lomas de Poleo, en el *rancho Flores* a espalda de la Sierra de Juárez. Probablemente llevaba de díez a doce días de muerta, por lo que murió entre el 16 y el 18 de marzo.

María es la segunda víctima consecutiva que mostrara alguna herida brutal en el seno izquierdo, y la novena desde que iniciaron los asesinatos, y *aunque nos inclinamos a creer que existe una razón por las que no se mutila a todas las mujeres sino solo a unas cuantas, y esto es con el fin de desviar la atención pública, no descartamos el que la razón pueda ser que exista un cambio en las glándulas mamarias que pueda servir como pista y que la mutilación sea para ocultar dicha evidencia.*

49) Es hallada la segunda víctima de este grupo que es posible identificar; su nombre era **Guadalupe Verónica Castro Pando** y fue hallada el **28 de marzo de 1996**. También se encontró en Lomas de Poleo, a cinco kilómetros al surponiente de la presa *la Pistola*, había sido acuchillada y mutilada en ambos pezones. La víctima de 16 años fue hallada vestida. Había sido violada y estrangulada. Sus manos se hallaban atadas con una cinta de zapatos; esta forma de atarlas con sus propias cintas de zapatos se repetirá en los casos del 2001 del campo de algodón. Fue vista por última vez el **4 de marzo**, veinticuatro días antes cuando se dirigía a su trabajo en la planta *Essex*. La denuncia de desaparición se levanto hasta el 19 de marzo.

Al parecer murió entre el 1° y el 8 de marzo. Verónica se hallo a un kilómetro de distancia de la siguiente mujer hallada (caso cincuenta, según este documento) y dentro de un barranco de cinco metros de altura, el cuerpo se hallo en posición decúbito dorsal (o ventral, es incierto) con la cabeza apuntando hacia el suroriente, las extremidades inferiores en sentido opuesto, brazos extendidos hacía los lados y hacia detrás de la cabeza, estaba atada por las muñecas por arriba de la cara con una agujeta de color café o negro, con dos vueltas en cada muñeca, así como tres nudos sobre el dorso de la muñeca izquierda, presentaba desarticulación de la mandíbula, cabeza descarnada y piel acartonada. El cuerpo tenía una estatura aproximada de 1.62 metros, complexión delgada, el cabello negro largo de 56 centímetros, nariz regular, boca mediana, tez morena, raza mestiza y solamente vestía sweater verde oscuro con blanco tamaño mediano por arriba de los senos, al igual que una blusa que se hallaba debajo del sweater la cual era blanca con colores en el cuello, brasier beige talla treinta y seis C, pantaleta negra y dos calcetas café o negras; junto al cuerpo se hallo una bolsa que contenía un pantalón de mezclilla verde *Jordache*, pantalonera negra, zapatos negros talla seis y medio, calzón negro talla mediana. La averiguación previa es la 5462/96.

Tercer caso seguido donde ocurrió mutilación en los senos, y cuarto caso dónde la víctima había sido atada de las manos. Es fundamental determinar si la mutilación pudo ocurrir después de la muerte.

Aunque se sobreentiende que la mutilación ocurre antes de la muerte, debemos verificar si es posible que esta sea realizada después; aunque si se esta experimentando en tejidos específicos, es recomendable que estos sean de una víctima viva, ya que al morir y haber disminución o ausencia de flujo de oxígeno, el daño al tejido puede ser irremediable o simplemente impredecible.

50) También ese mismo día el **28 de marzo de 1996** fue hallado un segundo cuerpo ahora de entre 15 y 17 años, también en Lomas de Poleo, aproximadamente a un kilómetro del cuerpo de Guadalupe Verónica y también en el mismo barranco, ubicado en a cuatro y medio kilómetros de la presa *la Pistola*. La víctima hallada sobre un arroyo y debajo de piedras de caliza había sido apuñalada en el tórax, mutilada y estrangulada. Llevaba aproximadamente de treinta a cuarenta y cinco días de muerta. La mujer era de complexión delgada, tez morena, raza mestiza, estatura de 1.64 metros, cabello castaño claro y largo de 55 centímetros. Vestía blusa negra con la figura de una cruz blanca con una rosa y del otro lado una figura de la virgen de Guadalupe, siendo la talla de la misma "L", además le faltaba a la misma un pedazo de tela, vestía también un calzón negro talla treinta y dos, una calceta café y un brasier beige.

En este séptimo caso del grupo, muestra que la mujer murió entre el 13 y 28 de febrero y una vez más se le había arrancado el pezón izquierdo.

51) Un día después, el **29 de marzo de 1996** fue hallado un cuerpo mas en Lomas de Poleo a cuatro y medio kilómetros al surponiente de la presa la *Pistola*, cerca de Anapra. Se hallo otro cráneo y varios huesos humanos, el cráneo que en realidad era la parte occipital del mismo tenia rastros de tejido blando y cabello castaño claro y uno de los dientes incisivos del lado derecho estaba cubierto por un casquillo metálico. Los otros huesos se hallaron a sesenta y cinco metros del cráneo en la dirección suroriente y correspondían a las extremidades inferiores, estos se hallaban descarnados, a cuatro metro de los últimos se hallaron otros cuatro huesos también descarnados y a cincuenta metros al sur oriente se hallo la mandíbula inferior con catorce piezas dentales y a tres metros de allí se hallo cabello de color castaño claro y de longitud 35 centímetros, por último también se hallaron restos de la columna vertebral. Los médicos legistas determinaron que la muerte había ocurrido entre cinco y díez meses antes. Los restos se hallaron dentro de ciertas prendas de vestir, dos pantaloneras, zapatos, una playera blanca con un dibujo con un circulo rojo y la leyenda "Solidaridad" y un brasier beige.

Además y hallados a la par de los anteriores restos y como a trescientos metros de donde se hallara el cuerpo del 13 de marzo de este mismo año, se hallo dentro de una madriguera de conejo una chamarra deportiva talla treinta y ocho que tenía en el bolsillo un calcetín café probablemente de hombre, también se hallo una pantalonera negra con el logotipo de los "Raiders" en la que se hallaron cabellos color castaño claro.

Según las autoridades, los restos son de una mujer que según las mismas autoridades ya había sido hallada un año antes, el **10 de septiembre de 1995** de nombre **Olga Alicia Carrillo Pérez** de 20 años.

Octava víctima del año y de forma consecutiva hallada en Lomas de Poleo. Los restos impidieron determinar si había o no sido violada. Fue la cuarta mujer hallada en dos días, seis días después que la víctima previa y por tanto seis días después del peinado del área por las autoridades, por lo que fue abandonada (sembrada) allí al igual que las últimas tres mujeres en los pasados seis días y donde probablemente las cuatro fueron abandonadas el mismo día. Desde el anterior experimento grupal se observa que son halladas en un breve periodo de tiempo y los tiempos estimados de muerte indican así mismo que fueron muertas también en un breve lapso de tiempo, así que pese a que en este caso la muerte se estimo desde meses atrás, todo parece indicar que en general al menos en estos dos grupos los experimentos se realizaron con todas las mujeres de forma simultanea y que por tanto estuvieron vivas al mismo tiempo y muy probablemente retenidas juntas en el mismo lugar. Este segundo experimento se expandió a nueve mujeres. La fecha determinada de la muerte de esta mujer, no corresponde a la de las otras mujeres de este segundo grupo, por lo que es posible o que exista algún error en el dictamen forense o que se aprovecho para abandonar estos restos junto al cuerpo de Guadalupe Castro después de sacarlos de algún otro lado.

Esta mujer se hallo a un kilómetro del anterior cuerpo y dentro de un barranco de cinco metros de profundidad, nos preguntamos por que alguien cargaría a una víctima de al menos cincuenta y cinco kilos durante un kilómetro para después aventara al fondo de un barranco pero a otras de las víctimas no. Aun si las mujeres son lanzadas desde una auto (*Pick up*) en movimiento, por que acercarse a un barranco para depositar allí solo dos de cuatro de los cuerpos. No descartamos que las mujeres se les deje libres en el desierto quizás después de administrarles probablemente vía oral un tranquilizante o droga que las desorienta haciendo que ellas mismas caminen al lugar donde tiempo después son violadas, mutiladas y estranguladas, esto sería un acto más humanitario por parte de sus captores que al fin y al cabo son científicos con una formación destinada al cuidado y mejora de la salud humana, lo cual no los vuelve inmorales sino como muchos científicos simplemente amorales y con una creencia compartida entre el clan, de que son ellos los que determinan el límite entre lo valido y lo incorrecto.

En relación a este y al anterior cuerpo, por que se hallaron ambos, uno separado del otro por un kilómetro; si como suponemos los llevaron allí a ambos el mismo día, y seguramente no cargaron con un cuerpo un kilómetro con el solo objetivo de solamente dejarlo alejado del otro; este modo de actuar parece indicar que quizás el modus operandi se realizo según el siguiente esquema; un coche, dos asesinos, las víctimas usaban zapatos y caminaron hasta el lugar donde iban a ser asesinadas. Uno de los asesinos ata a sus víctimas de las manos o más probablemente uno de ellos desata a su víctima antes de asesinarla.

52) **Rosario (Rocío) García Leal** de 17 años y con gafete de la maquiladora *Phillips* es hallada el **7 de abril de 1996**. Había sido apuñalada, mutilada, violada (se hallo esperma es su vagina) y estrangulada. La causa de la muerte pudo ser traumatismo craneoencefálico. El cuerpo (tronco) fue hallado en Lomas de Poleo a un kilómetro al norponiente en el ejido López Mateo, a menos de un kilómetro del rancho de un hombre llamado José Pacillas Martínez. Rosario yacía boca abajo, la cabeza sobre su brazo derecho y el brazo izquierdo doblado a la altura del codo con su mano tocando su brazo derecho, el cabello a un lado de su espalda. Tenía puesto sobre sus senos un sostén blanco, sus pantaletas sobre su muslo derecho, y además vestía tobilleras blancas. A sesenta metros de distancia fueron hallados un maxilar inferior con piezas dentales completas y una clavícula con piel acartonada. También se hallaron un sweater azul desgarrado con la letra "R", blusa color café de manga larga desgarrada a nivel del antebrazo izquierdo, y otro en hombro, brazo y antebrazo derecho, un sostén negro desgarrado de los tirantes, un zapato semienterrado, un pantalón café, otro sweater, una diadema verde, una pulsera dorada, juego de aretes en forma de hojas negras, un anillo con un corazón plata, una tarjeta de una persona llamada "Héctor", un reloj negro impreso con el logotipo de la fabrica *Phillips* y una bolsa de la maquiladora *Phillips* con dos gafetes a nombre de la víctima. Desapareció el **7 de diciembre de 1995** cuatro meses atrás cuando iba a tomar el camión en el Parque Industrial Juárez, aunque se reporto como desaparecida solamente dos meses antes, y la fecha estimada de muerte es confusa ya que en algunos reportes se dice que fue de setenta y dos horas antes de hallarse el cuerpo, otros dicen que quince días, mientras que en la mayoría se manejan fechas diversas que oscilan entre tres y seis meses, la fecha que es mas probable es de cuarenta días atrás, es decir alrededor de los últimos días de **febrero de 1996**. Tenía el cabello oscuro, era de complexión delgada, estatura de 1.50 metros. Rosario vivía en la colonia Constitución, cerca de la maquiladora donde trabajaba y donde desapareció.

Las autoridades culparon a la banda a la que nombraron "los Rebeldes" de este asesinato, la banda de "los Rebeldes" según las autoridades, estaba conformada por Sergio Armendáriz Díaz "el Diablo" de 26 años, José Juárez Reyes Rosales (José Luís Rosales Juárez) "el Sinaloa", Luís Andrade, Juan Jorge Contreras Jurado "el Grande", Héctor Olivares Olivares, Carlos Barrientos Vidales "el Bailarín", Romel Omar

Ceniceros García "Charly el Chero", Fernando Güemes Aguirre, Gerardo Fernández (Carlos Hernández) Molina Mariscal "el Flaco", y Erika Fierro. Estas personas negaron los cargos y aseguraron habían sido torturados por las autoridades al firmar las declaraciones originales. Una vez mas (y no será la última), "los Rebeldes" serán los chivos expiatorios a quién culpar de los asesinatos, y seguramente no tienen absolutamente nada que ver con los casos.

Si consideramos que efectivamente llevaba cuarenta días de muerta, entonces Rosario estuvo cautiva cerca de ochenta días, es decir tres periodos reproductivos completos o casi completos o un embarazo de once semanas. Es un dilema él por que esta mujer es la única del grupo que estuvo cautiva tanto tiempo, como si no perteneciese al grupo, pero si haya sido muerta junto con el grupo. La fecha real de la muerte no cambia mucho esto, ya que si estuvo cautiva ochenta o ciento veinte días las incógnitas referentes a la causa de esa captura y al por que de retenerla por un periodo diferente al de las otras mujeres, siguen vigentes.

Novena víctima hallada en el mismo lugar en veinte días, es muy factible que hallan todas sido secuestradas con pocos días de diferencia y que se estén asesinando según el inicio de su ovulación, o sea qué la primera víctima fue la que óvulo muy pronto y la última aquella que cuando fue raptada había sido días después de su anterior ovulación y por tanto su periodo menstrual ocurrió durante la captura (esto también podría indicar la sangre hallada en el pantalón de Elizabeth Castro en 1995). ¿Pero por que regresaron a abandonar allí a las víctimas arriesgándose, después de que la zona ya había sido peinada por las autoridades?. En el grupo anterior también casi el total de las mujeres asesinadas fueron dejadas en el mismo lugar, en este caso pese a que las autoridades peinaron el área, los asesinos regresaron a dejar allí los cuerpos (o restos como en este caso), como si fuese importante que todas las mujeres de un mismo grupo se hallasen en el mismo lugar, como si fuese esta una constante del experimento que debiese ser inamovible, como si el investigador tuviera una obsesión por realizar las cosas de forma meticulosa indicando una personalidad rígida y sistemática.

*Rosario al parecer fue la última víctima de este segundo grupo experimental y por tanto según la explicación anterior ella acababa de ovular o estaba ovulando cuando fue secuestrada. Basados en esta hipótesis la primera de estas nueve mujeres, fue secuestrada entre el **8 y 9 de marzo de 1996** (y no en noviembre-diciembre del año anterior como fue reportado en el dictamen forense) y la muerte de la primera víctima de entre 9 y 12 años fue inmediata ya que quizás la niña aún no estaba en edad de ovulación, así que en cuanto los asesinos se la mostraron al investigador, este la desecho como sujeto de experimentación y ese mismo día (esa noche) fue asesinada Los raptos de las primeras mujeres de ese grupo pudieron ocurrir en la noche del viernes 8 y la madrugada del sábado 9.*

Viernes y sábado son los días donde más mujeres están fuera de casa en la noche, hay que recordar que en Ciudad Juárez es común hallar mujeres de entre 15 y 17 años en los rodeos y bares. Aún así si quisieron secuestrar de forma planeada a mas de una mujer por cada una de esas noches (incluidas las noches del viernes 15 y sábado 16) esto debió requerir de una gran organización y de al menos un grupo de tres personas (un chofer y dos para subirlas rápidamente y sin escándalo) además de que al ser tres en total, su silencio debió haber estado asegurado. Solo un equipo verdaderamente profesional es capaz de lograr esto y además sin dejar rastros. Y si en realidad raptaron a las nueve mujeres durante la noche y madrugada del viernes 8 al sábado 9, el raptar rápida y eficazmente a todas ellas, requirió a más de tres sujetos; por lo menos a tres grupos de tres personas en tres automóviles recorriendo la ciudad.

Esta fue la última víctima del grupo seleccionado. Apareció nueve días después de la anterior víctima, según la presente hipótesis fue la que tardo mas en ovular ya que cuando fue secuestrada debió haber estando ovulando, y la mantuvieron por mucho más tiempo en cautiverio que a las otras. Murió alrededor del 27 de febrero. Una vez mas la maquiladora Phillips esta involucrada en esto. Las maquilas se presentan como un excelente camuflaje para que, agentes de agencias de inteligencia estadounidenses se infiltrarán en Chihuahua con algún fin, como por ejemplo para que agentes de la DEA (Drug Enforcement Administration) se mezclarán más fácilmente en el mundo del narcotráfico.

Si la hipótesis es verdad las nueve estuvieron vivas y al menos algunas de ellas juntas al mismo tiempo (la niña de 10 años quizás solo estuvo unas horas con ellas) y bajo supervisión médica. Existió un vinculo que las unió durante este tiempo, un vinculo de miedo, hermandad y dolor.

Fue la sexta de las nueve en la que se reporto mutilación. Todas las mutilaciones seguramente ocurrieron en la misma parte del cuerpo, debemos verificar dónde ocurrió la mutilación de las últimas dos mujeres para corroborar sí efectivamente esta fue en los senos.

53) El **28 de abril de 1996** es hallada en un edificio abandonado en la calle de Galeana, a **Rosario de Fátima Rodríguez (Martínez)** de 19 años, quien había sido estrangulada. Otro archivo dice que fue hallada en uno de los patios de la estación de policía Babícora, el expediente era el 08132/96-1101.

No tenemos mas datos, y de entrada al aparecer la mujer en un edificio abandonado, puedo considerar el caso como un caso aislado, sin embargo el anterior caso donde estaba involucrado un edificio al parecer también abandonado (del 9 de noviembre de 1994), donde el hecho de tener un liquido en la vagina similar al hallado en otros cuerpos, hizo vincular ese asesinato con el grupo de asesinatos, y ese asesinato del edificio puede llevar a creer que el presente asesinato también pueda tener algo que ver, sin embargo mientras no haya mas datos no podemos vincularlo a ciencia cierta, ni hipotetizar que halla una relación entre edificios abandonados y el rapto de mujeres, sin embargo lo que si podemos decir es que la distancia existente entre ambos edificios abandonados es de solo unas cuantas cuadras.

54) De cinco a seis semanas después el **9 ó 10 de junio de 1996** aparece en el kilómetro veinticinco de la carretera Casas Grandes, cerca de Granja Santa Elena (Lomas de Poleo), un cuerpo mas; el cuerpo semidesnudo de una mujer de 17 años que había sido apuñalada. La osamenta aparece a dos kilómetros del rancho *la Campana*, donde ese mismo año, específicamente el 9 de marzo se hallo una niña de entre 10 y 12 años, y que años mas tarde fue parte del operativo Plaza Sweep entre el *FBI* y la *PGR*. La actual víctima media 1.70 metros, era delgada y tenía el cabello castaño. Vestía camiseta negra, brasier beige, calzón blanco y zapatos talla tres. La camiseta tenía orificios producidos por un arma punzocortante.

Décimo y último cuerpo hallado en Lomas de Poleo o Granjas Santa Elena ese año, en esta ocasión no se reporta que haya existido mutilación. *¿Por que una décima víctima y dos meses después de la última del grupo y tres meses desde la primera?. Si hubiese sido secuestrada con las otras, habría experimentado tres ovulaciones durante su captura. Quizás sí el experimento requirió de nuevos óvulos, de hecho es muy probable que los experimentos que están realizando requieran de óvulos una vez que se termina con los grupos experimentales, y de hecho eso es la explicación del gran número de mujeres muertas de forma intermedia entre uno y otro grupo, incluida la presente mujer.* Este caso surge poco después de la incriminación de "los Rebeldes", así que por si mismo este caso los exculpaba de los asesinatos.

Es fundamental determinar en todas las anteriores víctimas, donde fueron mutiladas, pero pese a todo sigue la duda del por que dejar el cuerpo una vez mas tan cerca de ese rancho, del que se creé es propiedad de narcotraficantes. También debemos averiguar cual es él numero máximo de ovulaciones médicamente permisibles de forma seguida para seguir consiguiendo resultados favorables en tanto a viabilidad de blastocitos.

Lo que si sabemos es que la hiperestimulación ovárica puede llevar al síndrome de hiperestimulación ovárica caracterizado por que puede clasificarse según su gravedad en leve, moderado o severo; y en donde desde el leve se observa agrandamiento de los ovarios sin que estos sobrepasen los seis centímetros de diámetro, así como aumento en la excreción de estrógenos y pregnanodiol en orina, además de múltiples folículos y cuerpos lúteos; en la etapa moderada además de que el agrandamiento de ovarios puede llegar a los doce centímetros, también se observan síntomas gastrointestinales, aumento de peso y de diámetro abdominal. Por ultrasonido puede detectarse la presencia de ascitis. Con excepción de los quistes que permanecerán de dos a cuatro semanas, los demás síntomas desaparecerán con la menstruación, sí es que el embarazo no se consigue. En el caso severo existe un alargamiento masivo de los ovarios con la presencia de quistes múltiples, hemocentración, y acumulación de líquidos en forma de ascitis, derrame pleural y pericárdico y se puede complicar con oliguria e hidrotórax.

55) El miércoles **26 de junio de 1996** es hallada **Elizabeth Ontiveros López**, a seiscientos metros al norte del Centro de Readaptación Social sobre un arroyo en la esquina de las calles Barranco Azul y terrenos de la colonia Toribio Ortega. Vestía playera de rayas de color rosa y blanco, pantalón vaquero azul marca *Errego* con botones en ambas bolsas posteriores del mismo color rojo, verde y cristal, tenis negros marca *Reebok* talla cinco y medio, pantaleta blanca. Murió durante la madrugada del martes anterior (25 junio), presentaba veintidos heridas corto-contundentes, la mayoría en el tórax del lado izquierdo, una en el brazo izquierdo, cinco en la espalda, otra en la región cervical y otra en el abdomen.

El *modus operandi* con el que se asesinó a esta mujer, no concuerda con los asesinatos anteriores, en esta ocasión se le acuchillo veintidos veces y aunque la mayor parte de las lesiones fueron en el tórax, no fueron específicamente en los senos ni hubo intento de mutilación de los mismos. *Lo que pareciese que paso es que el asesino ataco a la víctima cuando esta se hallaba de espaldas, infringiendo las cinco lesiones de la espalda y la de la región cervical, una vez la víctima desvanecida o casi desvanecida de le dio la vuelta y se acuchillo en él estomago, ya en el suelo se infringieron las demás heridas en el tórax con el asesino sobre el cuerpo y ya sin necesidad de infringirlas ya que seguramente con la herida en abdomen se había asegurado la muerte de la mujer.*

56) El **7 de julio de 1996** es hallado en otra brecha en Lote Bravo, cerca del camino (a mil metros) que nace en el kilómetro veintiuno de la carretera Panamericana, a solo ciento cincuenta metros de la maquila *Flourex*, el cuerpo de una mujer de entre 15 y 16 años, había sido apuñalada y presentaba traumatismo. La causa de la muerte se determino como fractura de cráneo. El cuerpo se hallo completamente descarnado, no había cerca prendas de vestir. Llevaba muerta de seis a ocho semanas. Tenía un arete en la oreja, estaba desnuda y tenía en su

puño, hierbas de la vegetación del lugar, había muerto por traumatismos y heridas punzocortantes.

Cuarto cuerpo hallado en Lote Bravo, desde el de María Moreno el 5 de septiembre de 1995 (díez meses antes). Dos de los anteriores casos de Lote Bravo presentaban mutilación. Las cuatro mujeres de septiembre de 1995 en Lote Bravo tenían 17, 18, 13 años y la otra no se sabe. Si la determinación de la fecha de muerte es correcta, esta mujer murió entre el 7 y 23 de mayo y ya no pertenece al grupo experimental de este año, sino es parte de los experimentos de complementación.

57) El **9 de julio de 1996** en una brecha que parte de la carretera Ciudad Juárez-Casas Grandes fueron hallados restos humanos. En un inicio se hallo un cráneo, y después en un radio de doscientos cincuenta metros de hallo un hueso sacro, dos omoplatos, diecinueve vértebras, una pelvis con ambos fémures, tibias, peronés, una cabellera color castaño (anudada con una liga de color lila), un par de zapatos, una pantaleta, un sostén, una blusa (cortada por un arma blanca al frente y atrás), un pie derecho con restos de piel acartonada y un cartucho calibre veinticinco.

Es la segunda vez que aparecen cartuchos de arma de fuego en el sitio del crimen, aunque en ningún caso se reporta que la víctima halla sufrido alguna herida producto de un arma de fuego, pero quizás los asesinos usan pistolas para lograr bajar a las mujeres del carro por su propio pie y hacerlas caminar. El hecho de que no usen pistola con el objeto de matar puede ser por varios motivos; siendo quizás el primero, el ruido que generara, y otro importante el que a los asesinos no les guste hacer uso de este recurso por el hecho de ser un recurso que no requiere mayor entrenamiento para hacer un disparo de cerca, y si hablamos de gente entrenada bajo cierta disciplina, el uso de armas de fuego no es una opción para asesinar. En contraposición a este método los narcotraficantes usan armas de fuego en casi todos sus ajustes y muertes, cuestión que una vez mas nos hace dudar que el narcotráfico este involucrado en estos crímenes.

58) **Julio de 1996**. El cadáver de otra mujer de edad aproximada 19 años, se encontró en otra brecha. Era morena con el cabello que le caía sobre los hombros, fue abandonada entre unos matorrales a quinientos metros de la carretera Ciudad Juárez-Porvenir. La autopsia revelo varias heridas cortantes en el tórax, la causa de la muerte fue por estrangulamiento y fue asesinada tres semanas antes de hallarse sus restos.

59) **Sandra Luz Juárez Vázquez (o Vázquez Juárez)** de 17 años es hallada el **10 de julio de 1996** flotando en el Río Bravo del lado estadounidense. La autopsia fue llevada a cabo por la *Oficina de Medicina Forense* en el condado del Paso, Texas y determino la causa de la muerte como estrangulamiento. Fue hallada vestida con un pantalón vaquero negro y una blusa color mostaza. Medía 1.60 metros de estatura, pesaba cincuenta y dos kilogramos y tenía el cabello largo y oscuro. Había conseguido trabajo como obrera de la maquila *Ceneco* donde debió presentarse el 8 de julio (un archivo dice que desapareció el 9 de julio). Sandra llevaba solo una semana de haber llegado a Juárez desde Zacatecas. El expediente del caso lleva el número 13259/96-101.

Una vez mas un caso de maquila, sin embargo no debemos olvidar que gran parte de la población femenil joven de Ciudad Juárez trabaja en maquila. El *modus operandi*, sobre todo él haberla dejado en el Río Bravo no concuerda con los actuales homicidios; desde el asesinato de la estadounidense Donna Striplin, el 30 de abril de 1994 no aparecía un cuerpo allí (de hecho es el único otro cuerpo reportado allí). Fue hallada vestida y no había evidencia de violación. Un reporte dice que era obrera de la maquila *Zenith* sin embargo también se reporta que trabajaba en *Ceneco* y no olvidemos que solo llevaba una semana de residencia en la ciudad por lo que hay que verificar estos datos.

Probablemente no tuvo nada que ver este asesinato, pero debemos averiguar algo mas del caso, después de todo tenia 17 años y fue estrangulada.

⇒ Se reporta que la madrugada del **13 de julio de 1996** una patrulla detiene en Lomas de Poleo un *Cadillac* color blanco con vidrios polarizados, una mujer rompe el cristal y salta fuera. Un día después, el Diario de Juárez (15 de julio, 1995) denuncia que se detuvieron ese día sospechosos. La noticia fue negada después por las autoridades.

60) El **30 de julio de 1996, Rocío Miranda Agüero (Agüero Miranda)** de 28 años de edad fue hallada entambada en un tanque con ácido corrosivo, había sido secuestrada por un grupo de diecisiete individuos, del rapto se salvaron la sirvienta y la bebé de Rocío de 2 años. Era dueña del cabaret *Top Capos*. Del cuerpo solo quedaron las manos y los pies, se le identificó por unos implantes de silicón. Expediente xx87/96-1103.

Si quieres deshacer un tejido, que mejor método que el utilizar ácido, sin embargo la víctima no concuerda con las sujetas del estudio, por lo que si su asesinato sí esta relacionado es muy probable que sea por otra causa.

No pensamos que tuvo nada que ver este asesinato, pero debemos averiguar mas del caso, ya que al ser dueña de un cabaret conoce a mucha gente y muchas historias, y además el método de ácido es muy comúnmente usado por agentes de la CIA, la mafia estadounidense y en algunas ocasiones por narcotraficantes. Los narcotraficantes emplean un método para elimina los cuerpos de sus víctimas, al que llaman "lechada", una mezcla de cal y substancias químicas que se arrojan sobre los cadáveres en las fosas para desintegrar los tejidos orgánicos. Es sabido que la CIA también utiliza ese método. Si fueron narcotraficantes tal y como parece al ser atacada por diecisiete individuos, asienta nuestra hipótesis de que el narcotraficante es hombre de negocios, no un asesino común que se deleite asesinado y torturando mujeres desconocidas y peor aún niñas. Un gatillero cualquiera tal vez, pero un capo del narco no permitiría que se ensuciase su nombre con esa clase de muertes, los narcotraficantes son hombre de honor, muy prácticos y su objetivo es hacer dinero, si quieren mujeres pueden comprar las que sean y hacer con ellas lo que quieran, no necesitan arriesgar sus negocios con mujeres pobres que no tienen relación alguna con ellos y que ningún inconveniente les ocasionan.

61) **Sonia Ivette Sánchez Ramírez (o Sandra Ivette Ramírez)** de 13 años de edad es hallada el **9 ó 10 de agosto de 1996 (11 de febrero).** Se encontró vestida en un terreno baldío atrás de la *Secundaría Técnica No. 48*, había sido violada, golpeada en la cabeza y estrangulada, presentaba hematomas por succión en región mamaria y se sospecha de dos sujetos que se hacen llamar "el Pelón" y "el Pedro", esto en base a la declaración de un testigo que dijo; le había uno de los anteriores sujetos narrado los hechos. También era empleada de una maquila. Medía 1.56 metros de altura, era de piel morena, tenía el cabello largo y los ojos cafés. Vestía short amarillo, blusa blanca floreada, zapatos negros, calcetas blancas. Fue hallada a cien metros de las oficinas principales de la *Policía Judicial de Chihuahua*. El expediente es el 15553/96-1102 y no hubo detenidos. Ivette cuando desapareció había salido a acompañar a su hermana que era también obrera de maquila.

Una ves mas una escuela (sexta vez), y por tercera ocasión una secundaría; también una vez más una maquila esta relacionada con una víctima. El modus operandi de las escuelas parecía ya había terminado, debido al involucramiento de un grupo profesional, sin embargo los estudiantes de preparatoria pueden seguir siendo el gancho para atraer a las chicas sin causar sospecha, el método de atracción en la mayoría de los casos a de ser por que uno de estos sujetos debe ser atractivo y seductor al hablar.

Si hay sospechosos debemos investigar a fondo, ya que puede ser una pista importante, sobre todo si podemos saber donde están estos sujetos ahora. Hay que averiguar en que maquila trabajaba y quiénes son "el Pelón" y "el

Pedro", y lo más importante, si eran en ese momento estudiantes de preparatoria.

62) El **19 de agosto de 1996** aparece el cuerpo semidesnudo de una mujer de 17 años, había sido violada, apuñalada y degollada. El cuerpo apareció envuelto en la colonia Eréndira (o en la colonia Arturo Gámiz) presentaba golpes en la cara así como heridas en el cuello. Aunque la policía negó que halla habido violación, el expediente muestra lo contrario. Al parecer el expediente es el 16243/96-1103.

No sabemos si este cuerpo pueda tener algo que ver, debemos averiguar exactamente donde apareció, aunque como estaba envuelto es evidente que murió en otra parte y fue abandonado allí. Sin embargo no habían ocurrido casos de degollamiento, probablemente por que al degollar a alguien pese a ser muy efectivo, la sangre sale a borbotones y ensucia la escena y lo ensucia a uno, en este caso al ser muerta en otro lado, allí dejo un gran charco mismo que usualmente es difícil de limpiar, además al salir *la sangre en grandes cantidades puede ensuciar la ropa de los sujetos que en ocasiones tal vez de allí vayan a un lugar publico para dejarse ver (a un bar o cantina). Además al igual que las armas de fuego, no es una forma limpia ni profesional de matar.*

63) Dos y medio meses después, el **31 de octubre** aparece en el Sauzal del Valle de Juárez el cuerpo de una mujer no identificada, quien fue hallada vestida con pantalón y blusa de rayas azules y blancas, las uñas pintadas con barniz rojo y el cabello oscuro claro y largo.

No hay datos que permitan hacer muchas deducciones, sin embargo este es el segundo cuerpo que aparece en esta zona y aun aparecerán mas en un futuro, por lo que afirmamos que este caso esta relacionado con los otros, además de estar buscando lugares distintos a Lomas de Poleo para el abandono de los cuerpos, pese a las razones que antes tenían para dejarlos allí aun estando muchas veces las circunstancias en contra. Hay que averiguar más del caso.

Pese a todo después del grupo grande no ha habido muchos asesinatos, como si ese fuera el experimento importante del año y los siguientes solo para ratificar los resultados o hacer pruebas con las células obtenidas de dicho grupo.

64) Se hallo en un barranco a **Leticia García Rosales** de 23 (35) años, presentaba golpes en el rostro y en el cuerpo y al parecer opuso resistencia. Fue hallada el **14 de noviembre de 1996**, en la calle del Rayo (no hay mas datos acerca de la dirección) vestía pantalones verdes hacía abajo de la cintura, blusa blanca y calcetines verdes. En el caso 22699/96-

1104 se acredita la responsabilidad de un hombre de 43 años de nombre Juan Salazar García, quien fue aprendido.

Hay que averiguar mas del caso, sin embargo ha habido pocas evidencias de víctimas que hayan opuesto resistencia, *es por eso que creemos que de alguna manera las convencen para sacarlas del lugar donde las retienen y llevarlas al lugar donde las abandonan y probablemente las matan.*

65) El **18 de noviembre de 1996** en un vado del Río Bravo aparece flotando el cuerpo semidesnudo de una mujer entre 20 y 25 años. Murió ahogada y presuntamente fue violada. Medía 1.70 metros, era de complexión robusta y cabello castaño oscuro y largo, tenia un tatuaje en la muñeca y vestía una blusa blanca con estampado azul, calcetas blancas y brasier negro.

No creemos que este caso tenga que ver con los asesinatos, el modus operandi es completamente diferente y el ahogar a alguien en un río pareciera ser un acto desesperado y de furia. Además esta era una mujer grande, tanto de altura como de complexión, cuestión que sale del prototipo de mujeres usadas, sin embargo hay que averiguar más del caso.

66) Se reporta que el 31 de noviembre de 1996 es hallada una mujer no identificada de 16 años en un camino vecinal cerca del ejido el Sauzal, a dos kilómetros del centro de diversión *Valle Verde*, no se pudo establecer la causa de la muerte y llevaba más de quince días de muerta. La mujer estaba semidesnuda, tenía la blusa desabrochada y una sola calceta en el pie izquierdo. Se presume que había sido violada. Debido al hecho de que el mes de noviembre solamente tiene treinta días, consideramos la fecha probable de aparición del cuerpo como del **30 de noviembre de 1996.**

Si la estimación de la fecha es correcta murió a mediados de noviembre. Una vez mas usan este nuevo lugar, el Sauzal para dejar un cuerpo.

67) El presente caso y el siguiente sucedieron de forma conjunta. El **6 de diciembre de 1996, Brenda Mejía Flores (o Brenda Lizeth Najera Flores)** de 15 años, fue hallada en Infonavit Tecnológico, había sido violada, torturada, apuñalada y baleada. El probable culpable es el novio de Brenda, Edgar Omar Sánchez. Brenda sufrió laceraciones provocadas por un objeto punzocortante en cuello, espalda y mano izquierda. Sufrió cuatro infartos antes de morir. Murió por un disparo en el parietal derecho, también había heridas de otra bala en oreja derecha, le habían disparado de cerca. Existen distintas versiones sobre la identidad de estas niñas y en uno de ellos se dice que son hermanas, aunque se

apellidan diferente. Desapareció junto a Susana desde el **26 de noviembre de 1996**, once días antes. El expediente que incluye este caso y el de Brenda es el 24252/96-1102.

La historia es que Edgar se apareció un día en casa de Brenda y pidió a sus padres ser su novio, les dijo que era huérfano y que vivía solo y que había llegado a la frontera en busca de trabajo. Vivía en una pequeña vivienda del Infonavit Tecnológico, en donde entre otras cosas se hallo un pequeño pizarrón en el que estaba escrito con una letra apretada, insegura y poco legible "desordenado inseguro protector débil compasivo". La policía también dijo que hallo un par de cartas mismas de las que solo dio a conocer un pequeño fragmento de una de ellas y que decía "Voy a matar a alguien pero no lo voy a hacer a balazos, lo voy a hacer con un cuchillo enterrándoselo en la cabeza para demostrar así que soy un demoledor". Edgar, si es que así se llamaba, tenia entre 18 y 22 años, era de complexión delgada, con una altura aproximada de 1.78 metros, de tez blanca, ojos café oscuro y presentaba acné en la cara. Algunas notas periodísticas asentaban que era de Parral, Chihuahua, donde se le atribuía el asesinato de una mujer, incidente que sucedió al ser incendiada su casa por un muchacho con acné del que se decía era su amante.

Nos parece muy probable que este sea un caso de celos, donde debió haber un engaño y el novio culpo a Brenda y a su amiga de esto. No parece tener relación con los asesinatos. Aunque no creemos tenga relación alguna pero debemos investigar mas sobre este sujeto. Si lo que se dice de él es verdad, este sí es un asesino desquiciado, el hecho de que Brenda sufriera cuatro infartos a sus quince años debió deberse a un estado de terror constante que vivió durante los varios días en que estuvo cautiva. Una razón mas para desechar estos dos casos como relacionados, es el uso de un arma de fuego, que como ya habíamos mencionado, en ningún otro caso se utilizo.

68) El presente caso y el anterior sucedieron de forma conjunta. El **6 de diciembre, Susana Mejía (Flores) Flores (o Susana Flores Flores)** de 13 años fue hallada en Infonavit Tecnológico junto a su amiga (prima) Brenda Lizeth Najera, había sido violada, apuñalada y baleada. El principal sospechoso es el novio de Brenda; Edgar Cesar Sánchez. Había sido ejecutada también por dos disparos en la cabeza, uno en el parietal izquierdo y otro en el temporal derecho, sin embargo al parecer a Susana no la torturo, solamente la violo. Había también desaparecido el **11 de noviembre** junto a Brenda. El expediente es el 24252/96-1102.

Ambas mujeres estuvieron cautivas al parecer cerca de los once días desde su desaparición, el 26 de noviembre de 1996 hasta su asesinato, que debió ocurrir dos días antes de que los cuerpos fueran hallados de forma casual en la casa de Edgar.

En la casa también se hallaron libros baratos de artes marciales y ocultismo, así como un cuaderno donde estaban dibujados distintos demonios. Nadie ha vuelto a ver a Edgar.

Parece un caso de celos, donde debió haber un engaño y el novio culpo a Brenda y a Susana de esto. No parece tener relación con los asesinatos.

Sin embargo existe la posibilidad de que en vez de un caso de celos, pudieron haberle pagado a Edgar por secuestrar y matar a las chicas y en su casa se llevo a cabo la extracción de óvulos y por eso la espera hasta que ovularan, y por algún motivo los asesinos o los autores intelectuales lo eliminaron y montaron el escenario macabro, o lo asesinaron para montar el escenario. La pregunta es ¿Cómo conoció a los asesinos o a los autores intelectuales?, ¿Por que confiaron en él?, ¿Tuvo que ver con los asesinatos de escuelas y que estos se terminaron cuando él entro a la cárcel?. Estamos en noviembre de 1996 y los asesinatos en escuela empezaron en noviembre de 1993, tres años antes, cuando Edgar tenía entre 15 y 19 años, es decir la edad de un estudiante del último año de la secundaría o del último año de la preparatoria, siendo que perfectamente pudo haber tenido relación con los crímenes relacionados con escuelas, antes de que el grupo de profesionales entrara en acción.

No descartamos que el vínculo con uno de los autores intelectuales sea un lazo consanguíneo. ¿Alguna vez se cotejo la letra hallada en el pizarrón y en las cartas, con la hallada en el supuesto manuscrito publicado por el Diario de Ciudad Juárez y llamado "Diario de Richy" dónde se relataban atrocidades y asesinatos de mujeres y hallado por un civil en la calle?.

-1997-

69) Es hasta el **11 de marzo de 1997 (11 de enero)** que se reporta el primer caso de 1997, donde **Cynthia Rocío Acosta Alvarado** de 10 años es hallada muerta en de Valle Dorado quinta etapa, a trescientos metros al norte del camino principal hacía el tiradero municipal, en él kilómetro veinticinco de la carretera Ciudad Juárez-Casas Grandes, Cynthia había sido violada y estrangulada. Se reporto desaparecida el **8 de febrero de 1997** (un mes atrás) y fue vista por última vez el **7 de febrero**, después de que salió de su casa en la colonia

Rubén García a las dos de la tarde. Acostumbraba pasar tiempo en casa de una amiga suya llamada Erika jugando con su bebé, y esa tarde la visitó y después se fue. El cuerpo es hallado cuatro semanas después, pero según la autopsia murió trece días antes, por lo que estuvo cautiva durante dos semanas. Presentaba golpes contusos en cráneo, hematomas en la mano, en el muslo derecho y en el glúteo también del lado derecho. Probablemente la ahorcaron con las manos, la asfixia fue la causa de la muerte. También presentaba equimosis (presencia de sangre en el tejido celular) en el cuello, fractura del hueso hioides izquierdo con equimosis, equimosis en la palma y dorso de la mano izquierda y lesiones similares en ambas muñecas. Se acuso a un pariente de la muerte, de nombre Francisco Guerra Robles de 31 años. El expediente de Cynthia era el 4864/97-1101.

Otro caso de una niña de 10 años. Casualidad o no, pero desde 1993 que empezaron los asesinatos no ha fallado el asesinato de una niña, al inicio de cada uno de los años y siendo de los primeros asesinatos cometidos cada año. Una niña de 10 años puede tener un sistema reproductor listo para el embarazo, sobre todo sus ovarios pueden estar produciendo óvulos sanos, fuertes, sin mutaciones ni infecciones, pero el resto de su cuerpo puede aún no estar listo para un embarazo, por lo que no es una buena sujeta para incubar un embrión en crecimientos.

Los asesinos dejaron pasar varios meses antes de volver a atacar y una vez más lo hicieron con una niña pequeña, ¿Por qué?. Dos casos mas adelante también de una niña, así que esta etapa del experimento solo esta utilizando niñas. La última víctima de 1996 tenía 13 años, aunque no creemos que tenga nada que ver ese asesinato que fue el de la novia y la amiga. Pero, ¿Por qué dejaron de actuar tres meses y regresaron con niñas?

Creemos que es factible que en ciertas etapas de la experimentación, el uso de óvulos nuevos de mujeres tan jóvenes presenten ventajas, respecto a los obtenidos de mujeres de mayor edad, tanto en disminución de daño cromosómico en los embriones generados, como en la tasa de sobrevivencía de los mismos embriones.

Diferentes estudios demuestran los errores inherentes que ocurren en embriones de mujeres de edades superiores a los 20 años; por ejemplo un estudio demostró que, de doscientos setenta y cinco embriones generados a partir de óvulos de mujeres aparentemente sanas, aproximadamente la mitad presentó al menos un error en el número de cromosomas presentes, es decir que hubo cromosomas de mas o de menos (Browne, P; Shady Grove Center for Preimplantation Genetics). Otro estudio mostró, utilizando una técnica llamada PGD (Diagnóstico Genético en Preimplantación) en doscientos ochenta y nueve embriones también generados a partir de óvulos de mujeres sanas, menores a 30 años; daño cromosómico en 42% de los embriones analizados (Nelson, Jeffrey; Huntington Reproductive Center). Como otro ejemplo en un diferente estudio se comparo la incidencia en la tasa de aumento o disminución de cromosomas entre mujeres jóvenes y de mayor edad; los grupos comparados incluían uno de edad promedio de 32 años y el otro de edad promedio de 40 años, siendo que este último mostró una mucho mayor tasa de embriones anormales, siendo que la mayoría de los embarazos (60-70%) en mujeres de estas edades terminan antes de que la mujer sepa que estaba embarazada. Como conclusión podemos decir que las anormalidades cromosómicas aumentan conforme la edad de la mujer aumenta.

70) El mismo día **11 de marzo** es hallada **Maribel Palomino Arvizu** en Valle de Juárez, en el Sauzal (puente Yañez). Esta mujer de 18 años había sido violada y apuñalada. Medía 170 centímetros de altura, tenía el cabello largo y castaño, piel morena y llevaba puesta una pulsera negra en un brazo y un collar (o arete). Se hallo desnuda y a dos metros se encontraba una pantaleta blanca y calcetas del mismo color. Murió por estrangulamiento. En el expediente se dice que se hallaron dos cabellos en la región vaginal, además de "una gran herida triangular desde la región inguinal izquierda, pasando a través del monte de Venus, región inguinal derecha y una herida idéntica pero de trayectoria inversa". La denuncia por desaparición se hizo el **18 de febrero**. El expediente realizado con fecha del **21 de marzo** con número 05607/97-1103 culpa a dos hombres que conoció en un lugar llamado *Joyce Pleace*.

Este mismo día en otro lugar es hallado el cuerpo de otra mujer, ¿Tienen estos dos casos algo que ver?. La mujer ahora tiene 18 años, y la anterior solamente 10 años.

Quizás el símbolo marcado en el vientre de la mujer no se deba a un intento por despistar a la opinión pública sino simplemente una marca para el catéter o para el ultrasonido dejada por alguien que sabe, para alguien más que no sabe el uso de estos instrumentales médicos.

Este caso y el siguiente son realizados por los mismos asesinos, que también son los mismos del grueso de los casos; no creemos que ambas mujeres hayan sido muertas el mismo día.

71) Tres días después, el **14 de marzo de 1997** es hallada **Ana María Gardea Villalobos** de 11 años de edad, en las faldas del Cerro Bola a un kilómetro de distancia del antiguo tiradero municipal y al final de la calle Pavorreal; había sido violada y apuñalada. El cuerpo se hallo vestido y en septiembre de 1998 (un año y cinco meses después) detienen a un joven como el presunto responsable. Ana María había desaparecido

desde el 1° de marzo de ese mismo año, trece días antes. Las autoridades reportaron que llevaba de díez a quince días de muerta, por lo que el tiempo de secuestro fue poco, máximo de tres días. Había sido torturada, presentaba quince heridas de arma blanca en cuello y tórax y murió por desangramiento, presentaba desgarre en región vulvar compatible con una penetración. El expediente era el 018/97-11 y se culpo a tres pandilleros de la zona de los que Daniel y Miguel Rodríguez Armendariz fueron aprendidos. El expediente lleva el número 5018/97-1102.

Segundo caso seguido de una niña, ambas habían sido violadas aunque Cynthia había sido ahorcada y Ana María fue acuchillada además de ser torturada y recibir quince heridas con arma blanca, una vez mas se presenta un cambio en el modo de perpetrar la muerte. Se reporta que había sido violada, sin embargo estaba vestida, ¿Por qué? Solo que halla sido violada en otro lado y luego aventada a Cerro Bola. Las quince puñaladas una vez mas pareciera fueron para desviar la atención. *Esta es la segunda niña muerta de forma consecutiva, cuestión que indica que están en una fase experimental que incluye niñas.*

Detienen dos jóvenes, año y medio después, es importante hacer notar que fueron jóvenes, aunque no necesariamente tuvieron algo que ver, hay que investigar más sobre esto. Quizás los jóvenes detenidos sepan algo de los casos, pero hay que averiguar en que se basaron para detenerlos, que edad tenían y donde se hallan en este momento.

72) Una semana después el **21 de marzo de 1997** es hallado el cuerpo de 16 años de una mujer desconocida en el Sauzal Nuevo. El cuerpo desnudo y en estado de descomposición, presentaba presunta violación.

Una vez mas es usado el Sauzal Nuevo para depositar un cuerpo. El cuerpo estaba en estado de descomposición por lo que el que llevaba días de muerta.

¿Quién la hallo?, radioaficionados, un civil, una organización civil, etc. Generalmente lo que sucede es que un cuerpo aparece después de otro, debido a que al hallarse el primero se comienza una búsqueda en la zona. Como nota al margen, este día es el equinoccio de primavera.

73) **Silvia Guadalupe Díaz** empleada de maquila es hallada al sur de un cementerio, en la zona rural del viejo Sauzal, en el ejido el Sauzal Viejo, al oriente de Ciudad Juárez. La mujer de 19 años hallada el **29 de marzo de 1997 (11 de enero)** desnuda había sido estrangulada y se presume que había sido violada. Se reporto desaparecida el **7 de marzo**, tres semanas antes. La última vez que se le vio había acudido a solicitar

trabajo a una maquila y ya no regreso a su casa. Tenía dos hijos, uno pequeño de tres meses y otro de tres años de edad. Expediente 6098/97-1101, averiguación previa 23863/97-1102 e indagatoria número 20558/97-1103

Tercer caso casi seguido de mujeres abandonadas en el Sauzal, y quinto caso en cinco meses, esta vez fue en el Sauzal Viejo, el estrangulamiento muestra en estos momentos dos formas de asesinato, que si fuese un solo asesino estas serían indistintas para él, siendo entonces indistinto para él ver sangre o no verla, ver la muerte en los ojos de la víctima que se ahoga o ver el dolor en la víctima acuchillada, ser limpio o ensuciar con sangre. ¿Por que de esa indiferencia en el método utilizado?; quizás esto es por que no es una sola persona, sino al menos son dos personas, intercalándose los asesinatos, si se los intercalan no creo que sea por que ambos disfruten de asesinar, sino al contrario por que ambos no pelean por ver quien asesina ya que ambos prefieren no hacerlo.

Una vez mas una trabajadora de maquila, aunque como ya se dijo una gran población de este grupo elegido es trabajadora en maquila. Se utilizo en este caso una mujer más vieja, la que por cierto ya había sido madre dos veces. ¿Por qué?. Sabemos que una madre es un buen vientre para cargar un nuevo bebé.

Si es posible, averiguar detalles sobre la fecha de la muerte, así como en que maquila trabajaba.

74) Sucede otro caso en **marzo,** aunque no se tiene fecha exacta con el posible nombre de **Rocío Rincón.** El cuerpo es hallado en Casas Grandes en la colonia Dublan NCG.

Otro cuerpo mas abandonado en Casas Grandes, al parecer son ocho los lugares preferidos por los asesinos para abandonar los cuerpos: Lomas de Poleo, Casas Grandes, el Sauzal, atrás de campos de *Pemex*, Lote Bravo y Granja Santa Elena y más adelante Cristo Negro y los cuerpos de los campos de algodón. Aunque en la carretera a Casas Grandes y los alrededores de la misma se hallan varios de estos lugares.

Hay que dilucidar en que se basa su cambio sistemático de lugar para abandonar los cuerpos, la ubicación de estos lugares en un mapa muestra que son, con excepción de los campos de algodón, lugares de la periferia de Ciudad Juárez, donde el flujo de gente es muy poco y el flujo de autos en la noche y madrugada es también poco. Aquí vemos un patrón donde se raptan a las mujeres a plena luz del día y en lugares transitados, y sin embargo se abandonan en lugares poco transitados y de noche; la pregunta es ¿Por qué?, no importa la seguridad durante el secuestro, pero si durante el abandono de los cuerpos. Una vez mas nos hace pensar en la posibilidad de que nadie sube a las mujeres a la fuerza a un coche, sino que estas entren por propia voluntad a algún lugar del que ya no se les permite salir.

75) El **11 de abril (enero) de 1997, Miriam Aguilar Rodríguez** de 16 años y empleada de maquila, es hallada detrás de la *Embotelladora de la Frontera* en avenida Oscar Flores y Santos Dumont (Daurón). Fue hallada semidesnuda y habían intentado violarla. Murió por una contusión causada por un bloque en la cabeza. Miriam media 1.65 metros, era de piel morena y tenía el cabello castaño oscuro y largo, además era delgada. Vestía pantalón negro con motas blancas que estaba a la altura de las rodillas, blusa rosa por encima de los senos, zapatos tipo minero, brasier blanco, pantaleta negra y calcetas blancas con rayas negras y rojas. Junto al cuerpo se hallo un bloque de cemento con restos de cuero cabelludo, así como fragmentos de tejido humano en las uñas, una de las cuales estaba rota, se nota que resistió la violación ya que la autopsia revelo el himen intacto. Salió de su casa a encontrase con algún amigo o amiga que la iba a acompañar a una entrevista laborar en una maquila. El expediente es el 7058/97-1101.

Era delgada, tenía 16 años, media solo 1.65 metros, pero pese a todo eso resistió una violación que muchas otras mujeres de mayor, edad, altura y corpulencia no han logrado. Esto solidifica que no les interesa violarlas, el objetivo es que parezca que les interesa violarlas.

No descartamos por supuesto, la posibilidad de que a esta víctima sí intentaron violarla, ella opuso resistencia y hubo entonces que golpearla en la cabeza con una piedra cuestión que causo la muerte, así que los asesinos tal vez se asustaron y huyeron; o huyeron por que alguien los descubrió, cuestión que haría que en este caso si hubiese testigos. La ubicación de este cuerpo es en la misma zona donde han sido hallado muchos otros cuerpos, por lo que no consideramos esta última opción como muy sólida. Una vez mas aparece una mujer muerta cerca de la *Embotelladora de la Frontera*, hay que averiguar mas de esta embotelladora, ¿Qué embotella?, ¿Quién es el dueño?, ¿Existencia de cámaras frigoríficas en el interior?, etc. Además hay que saber en que maquila trabajaba Miriam.

Una vez mas nuestras autoridades dieron una prueba de eficacia policíaca y omitieron el análisis del ADN del tejido hallado en las uñas.

76) El **16 de abril de 1997**, a cinco días de hallarse el cuerpo anterior, es hallada en el Sauzal, Vallé de Juárez el cuerpo de una mujer no identificada. Vestía pantalón color oscuro, tenis negros y blusa verde.

Llevaba en el bolsillo unas llaves al parecer de un automóvil. Estaba en avanzado estado de descomposición.

Las llaves del auto indican una mujer de un estado socioeconómico mayor que las demás, además de no hallarse tan desprotegida ya que su andar por la ciudad es en auto y por tanto no es su presencia tan publica, sin embargo se puede presumir que el rapto sucedió en un momento entre que dejo el auto y bajo a algún lado y haya llegado o no a ese lugar, ya no regreso al auto ya que esto debió suceder en ese periodo de tiempo. Evidentemente las autoridades no buscaron el auto, pero hubiese sido útil buscar en corralones a autos recogidos por esas fechas, y verificar si alguno abría con esas llaves, para poder saber datos de la víctima, como su nombre y quizás y más importante algún indicio de en donde pudo haber hido cuando bajo del auto. Es difícil suponer como o por que esta mujer fue elegida por este grupo de asesinos, siendo difícil que haya sido seguida al ir en su auto, lo único que se nos ocurre –una vez mas- es que ella al igual que las otras entro por su propio pie al lugar del que ya no se le permitió salir.

77) El **15 de mayo de 1997,** un mes después es hallado en un arroyo en un paraje desértico del ejido El Sauzal, Valle de Juárez (una vez mas el Sauzal), en las inmediaciones de Ciudad Juárez, el cuerpo de una mujer desconocida que mostraba signos de violencia extrema y abuso sexual. El cuerpo estaba descarnado, con señas de estrangulamiento y semivestido. Mostraba signos de contusiones y la edad aproximada pudo ser de entre 28 y 33 años. Tenía unos quince días expuesto en el lecho de un arroyo y fue localizado por un campesino que caminaba en busca de animales perdidos.

La mujer murió quince días después de hallarse el anterior cuerpo, aproximadamente el 1° de mayo, mientras el cuerpo anterior a este, al encontrarse en avanzado estado de descomposición nos lleva a pensar que no murió durante abril, sino antes, por lo que estas muertes se espaciaron al menos por un mes. Quinta víctima hallada en esta zona en muy poco tiempo y séptima en siete meses. ¿Por que cambiaron el lugar para abandonar y probablemente matar a las mujeres?.

78) El **19 de mayo (junio) de 1997, Marcela (Maricela) Macías Fernández** de 35 años es hallada en la acequia del kilómetro veintinueve (o treinta y cinco) de la carretera a Casas Grandes había sido estrangulada y se culpa al esposo Ramón Ochoa Pantoja de 49 años. El número de expediente es el 12089/97-1102.

El que este asesinato sea producto del mismo grupo parece no factible, ya que por un lado el esposo es inculpado y por otro la edad de la víctima la hace caer lejos de la campana promedio de edades elegidas, sin embargo lo que hace dudar sí es que le esposo es culpable, es; ¿Por qué el esposo la abandonaría en el mismo lugar donde los otros asesinos abandonaron a algunas víctimas?. Quizás por imitación, esto ha salido en las noticias como el lugar solitario donde los asesinos fácilmente abandonan a sus víctimas. ¿Es difícil de creer que aun conociéndose la ineptitud de las autoridades de Ciudad Juárez, alguien que mata a su mujer por celos, por que es un estorbo o por que la odie, se arriesgue aunque sea mínimamente a ser inculpado de las muertes de ochenta mujeres mas?. Por lo que no descartamos que la policía haya inculpado al marido para tener un culpable. ¿Que paso con el esposo?, ¿Se encuentra en la cárcel?, ¿Podemos entrevistarlo?.

⇒ En el mes de **junio de 1997** se reporto la desaparición otras dos niñas de 15 años. No tenemos más datos al respecto.

79) Una mujer no identificada, es hallada el **9 de julio de 1997** flotando en un canal de aguas negras a la altura del rancho *de los Fuertes* en la carretera Juárez-Porvenir (camino a Zaragoza). Tenía entre 22 y 25 años, medía 1.60 metros, su cabello era negro y de aproximadamente treinta centímetros de largo. Vestía sostén oscuro, calceta en el pie izquierdo, amordazada con cinta adhesiva, las manos atadas al vientre, dos anillos de fantasía en la mano izquierda, un guante blanco y negro en una mano. Llevaba meses de muerta. En este mes se hallo una mujer en la colonia Pánfilo Najera quien después se dijo era **Sofía González Vivar**, y cuyo expediente lleva el número 23151/97-1101, es probable que sea al mismo caso.

Pese a la edad de la víctima, la forma como tenía las manos amarradas y la cinta en la boca hace de este asesinato uno con un modus operandi distinto y hace mas bien pensar en una ejecución del narco, sin embargo debemos buscar mas información sobre el caso, ya que fue hallada en una zona despoblada en la periferia de la ciudad y donde serán halladas varias mujeres mas.

También puede ser que sí tenga que ver con los otros casos a pesar de la edad, pero también es cierto que este año se están asesinando mujeres de mayor edad que en los años anteriores, probablemente por que las pruebas que se están realizando no implican mas el uso de niñas, ya que el motivo por el que se usaron sus óvulos o sus ovocitos ya se concluyo, o quizás solo se detuvo, ya que mas adelante habrá mas niñas asesinadas.

Aquí la dejaron en la acequia, en un canal de aguas negras, lo que parece indicar que abrieron la puerta del auto y la empujaron, en esta ocasión no se adentraron unos metros en el desierto que es común a estos asesinos, para violarla, torturarla, mutilarla, golpearla y después matarla, ya que no es factible que dichas acciones sucedan en el lugar donde las retienen por muchas razones;

primero, por que ese es un lugar donde se realiza un trabajo científico (laboratorio o clínica), segundo por que en ocasiones hay otras mujeres retenidas al mismo tiempo y ellas no deben sufrir el estrés que genera la violencia, debe buscarse que su situación sea tranquila para que no haya problemas al extraer óvulos o hiperestimular, etc., tercero no se deben dejar huellas o pistas en ese lugar generadas por actos de violencia, cuarto al ser un lugar donde se trabaja con óvulos y embriones, las condiciones sanitarias deben ser las mejores y no debe haber rastros de sangre en el piso, paredes, etc., quinto el investigador o investigadores ven a las mujeres simplemente como sujetos de experimentación, y aunque no hay una moral implícita no tienen tampoco por que poseer el corazón, vivencias y carácter que se requiere para matar y torturar, lo más probable es que ellos no quieren saber que pasa con las mujeres después de extraer sus óvulos, no se van a enfrentar a un conflicto moral que no es práctico y prefieren que los asesinatos y la eliminación de los cuerpos ocurran lejos de su vista y de su mente.

80) **Martha Yolanda Gutiérrez Gracía o (Martha Hernández García)** de 18 (28) años es hallada el **9 de septiembre de 1997** en un lote baldío en la colonia Barrio Alto atrás de las calles de Mina y Ocampo en la zona centro; su cuerpo desnudo mostraba señales de que había sido violada y estrangulada. Testigos reportaron que la vieron acompañada antes de desaparecer. Se establece la presunta responsabilidad de dos hombres. El expediente de Martha es el 18426/97-1101.

En este asesinato pareciese que hubo algo de descuido ya que alguien vio a la víctima con compañía, cuestión que demuestra que la víctima conocía a su acompañante. Esto una vez mas nos hace ahondar en la hipótesis de los estudiantes de preparatoria u otros hombres que parezcan estudiantes de preparatoria que haciéndose amigos o novios de las víctimas es como consiguen en ocasiones llevárselas a alguna parte o subirlas a algún automóvil. Esta persona o personas deben derrochar confianza para atraer tantas mujeres con los rumores que en la ciudad corren.

La llevaron a un lugar nuevo, hasta ahora no utilizado, en la colonia Barrio Alto, los asesinos ya llevan tiempo buscando lugares nuevos. *Debemos averiguar más del caso, sobre todo si hay alguna característica del acompañante, si era joven, preparatoriano, mayor, etc. De hecho todas las suposiciones hasta ahora es que es un hombre, pero la carnada puede ser una mujer, y una mujer generalmente genera confianza a otra mujer y no hay que armar todo el escenario que un hombre al volverse su amigo o novio tiene que estructurar y que incluye el gasto del recurso tiempo.*

81) Tres semanas después el **28 de septiembre, María Irma Plancarte Luna** con una edad entre 25 y 30 años, es hallada envuelta en una manta en un estacionamiento del boulevard Zaragoza y eje Juan

Gabriel en la col. División del Norte. Había sido golpeada y presuntamente violada, su cuerpo fue hallado desnudo y estaba atada de pies y manos con alambre; había sido torturada a golpes, tenía un ojo desprendido y quizá había sido arrastrada por un terreno pedregoso. Llevaba cuatro días de muerta cuando fue encontrada. El presunto agresor según las autoridades era Alberto Muñoz, alias "el Coreano", quien era compadre de María. El expediente es el 19968/97-1102.

Pese a que en otros reportes, como el de *Amnistía Internacional*, se presenta el caso de una mujer hallada en él ultimo trimestre de este año, con nombre **Marta Gutiérrez y Plancarte**, creemos que ambos casos son el mismo y en algún lugar hubo una confusión de nombres, que se mantuvo así en los subsecuentes reportes.

No sabemos a ciencia cierta si este caso tenga relación con los asesinatos por la manera en que se llevo a acabo, y aunque ya había aparecido una mujer atada de las manos con alambre, no es el método que comúnmente usa este grupo, incluida la tortura a golpes, que es un método mas ampliamente usado por la policía en México. Hay que saber ¿Quién es el supuesto agresor y en que se fundamentan las autoridades para sospechar de él?. Al estar el cuerpo envuelto nos lleva a pensar que la mataron en alguna otra parte y la envolvieron para poder arrastrarla, luego de subirla al auto manejaron y la llevaron al estacionamiento, donde con la ayuda de la manta fue más fácil bajarla y abandonarla allí, sobre todo si es una sola persona la que la subió y bajo del auto.

⇒ **Cecilia Rivas** desapareció el **1° de octubre de 1997** al salir de su casa en busca de trabajo. Era de complexión delgada, piel morena y tenía el cabello oscuro. Solamente tenía 13 años de edad.

82) El **3 de octubre de 1997** es hallado el cuerpo de una mujer desconocida de entre 15 y 17 años de edad en la calle Barranco Azul en las vías del ferrocarril. El cuerpo semidesnudo presentaba huellas de que había sido apuñalada y violada. Media 1.75 metros, morena, cabello largo, una pierna más corta que la otra, blusa de rayas negras y sostén blanco. Hallada atrás de campos deportivos de *Pemex* en Granja Santa Elena en la carretera a Casas Grandes. Llevaba setenta y dos horas de muerta. Presentaba cerca de cincuenta heridas punzocortantes, había sido estrangulada y se hallo boca abajo. El expediente es el 20558/97-1103.

La víctima además de haber acuchillada mas de cincuenta veces, fue estrangulada. Es probable que primero se le estrangulo y luego se le acuchillo cincuenta veces. Esto es como matar a alguien dos veces, es irracional un comportamiento de este tipo, a menos que lo que se pretenda es simplemente hacer pensar que se trata de asesinatos despiadados y brutales, y que no se vea mas halla, hacía otros motivos para asesinar. Después de cinco heridas de cuchillo probablemente la víctima ya no se mueva, ya no respire ni responda con un grito, sin embargo aun así se le acuchilla cuarenta o cuarenta y cinco veces mas, igual que acuchillar un trozo de ganado en la carnicería, sin sentido, y menos sentido sí después aun se estrangula ese pedazo de carne inerte. Pero si primero se toma una mujer y se le estrangula y se observa el color blanco que se apodera de sus ojos y su jadeo se silencia y sus brazos caen de los del agresor, inertes, y una vez conseguido eso, se toma un cuchillo y se clava cincuenta veces en el mismo pedazo de carne; teorías sin sentido ambas.

Una vez mas los campos de *Pemex*, un lugar que se esta volviendo recurrente para este grupo. Es muy importante saber si Cecilia Rivas tenía una pierna mas corta que la otra, ya que esta mujer murió el 1° de Octubre, el mismo día que Cecilia desapareció.

83) Hallada solo díez días después de la anterior mujer, **Virgínia Rodríguez Beltrán** de 20 (32) años de edad, aparece semienterrada en campos deportivos atrás de *Pemex* (colonia Torreón), el **13 de octubre de 1997**. Vestía camiseta color azul y a un lado pantalón vaquero y pantaleta. Un archivo habla de que fue muerta por arma de fuego. El expediente 21302/97-1102 dice que el presunto responsable era un vecino de nombre Rafael Valtierra Ortega de 65 años, quien fue aprendido. En el zapato de la víctima se hallo una credencial con el nombre de una persona que no aparece en el expediente que haya sido investigada.

Una vez mas y por segunda ocasión consecutiva se repite *Pemex* como lugar para abandonar cuerpos. Sería importante saber sí después del asesinato anterior sé barrio la zona en búsqueda de mas cuerpos o evidencias, o sí por el contrario el cuerpo fue plantado allí entre el 3 y el 13 de octubre, que significaría que una vez mas tomaron el riesgo de regresar al lugar del crimen, aumentando la posibilidad de ser descubiertos o de dejar testigos.

84) Ese mismo día el **13 de octubre del 97**, es hallada **Brenda Esther Alfaro Luna (o María Esther Luna Alfaro, o María Ester Afarro)**. Había sido apuñalada y muy probablemente violada. Hallada semidesnuda en los campos deportivos atrás de *Pemex*. La edad era entre 15 y 17 años. El expediente lleva el número 21297/97-1101 (2) y en este cuerpo sí se realizo un examen de ADN, que descarto que el cadáver sea de Brenda, por lo que evidentemente existe un error por parte de las autoridades, ya sea en el examen de ADN o en el expediente.

Tercer caso consecutivo donde el cuerpo es dejado en campos deportivos atrás de *Pemex* y de una mujer entre 15 y 20 años, hace pensar en que un tercer grupo experimental esta siendo utilizado. Es también importante ubicar realmente donde fue hallado el cuerpo con relación al de Virgínia del caso anterior y a la mujer anterior a Virgínia. Virgínia y Brenda se hallaron el mismo día, por lo que probablemente fueron también abandonadas el mismo día. Una vez más se apuñalo a la víctima, aunque no hay reportes en estos casos de mutilación.

85) Es hasta el **7 de noviembre** que se reporta la muerte de una mujer de la que no se dice nombre ni edad, así como tampoco la causa de la muerte; sin embargo si se reporta que está sí había sido mutilada. Sus huesos se hallaron dispersos en Cerro Bola. Vestía pantalón color blanco, pantaleta blanca y llevaba más de dos meses de muerta.

Es la primera mutilación reportada este año, y de hecho desde marzo del año anterior, es decir desde hace un año y ocho meses, quizás hubo molestia en el líder del grupo debido al exceso en la violencia, que ha generado mas atención pública de la que esperaban, en este momento los ojos del mundo ya están en Ciudad Juárez, por lo que sustituyeron o cesaron al responsable de los excesos, y ahora por alguna causa, este regreso. Sin embargo el presente caso es muy ambiguo y no dice nada mas del asunto. Presumimos donde ocurrió la mutilación, pero debemos confirmarlo. La mujer debió haber muerto antes del 7 de septiembre, es decir antes de que aparecieran los tres casos de octubre de los campos deportivos atrás de *Pemex*.

86) **Eréndira Buendía Muñoz (o Erendira Buendía Gómez)** de 19 (17) años, es hallada muerta y desnuda el lunes **17 de noviembre de 1997** sobre maleza y piedras en un baldío atrás de la maquiladora *Flourex* a la altura del kilómetro veintiuno de la carretera Panamericana (granjas Valle Dorado). Había sido estrangulada y violada. Desapareció cuando fue a bailar al Salón *el Patio* de la avenida Tecnológico. La ropa se hallaba a un lado del cuerpo, está era pantalón tipo mallas de color negro y pantaleta roja. Presentaba señales de violencia sexual y estrangulamiento. Caso número xxx63/97-1102. Se responsabilizo a un hombre, por el solo hecho de ser la última persona que se supo estuvo con la occisa.

Es la segunda ocasión donde aparece el nombre de esa maquiladora y mas adelante aparecerá una tercera vez. Si desapareció cuando fue a bailar quizás esto ocurrió el viernes 14 o sábado 15 anteriores, o si se espero a su ovulación dos o tres fines de semana antes. ¿Dónde quedo la ropa que cubría su tórax?.

Este año el *modus operandi* ha sido muy diverso y las muertes muy salteadas, sin la lógica que otros años presentaban. ¿Por que ha cambiado la lógica de los asesinatos?. *No descartamos que en octubre haya ocurrido un tercer experimento grupal donde las víctimas fueron al menos en su mayoría abandonadas en Pemex y dónde no es seguro que hayan sido públicas todas las apariciones de cuerpos.*

87) Un día después, **el 18 de noviembre** es hallada una osamenta en un cerro. No hay más datos. Este caso debe verificarse en su confiabilidad.

No hay más datos que permitan deducir algo, debe verificarse la fiabilidad de este caso y de dicha osamenta.

⇒ **Ángeles Guel** desapareció el **25 de noviembre de 1997**. Tenía 11 años y era de complexión delgada, tez morena y cabello largo.

88) El **1° de diciembre de 1997** es hallado el cuerpo de **Aracely Núñez (Muñoz) Santos** con una edad entre 18 y 22 años. Su cuerpo fue hallado en el cauce de un arroyo a espaldas de la colonia Santa Elena a cicno kilómetros de la carretera a Casas Grandes. Había sido apuñalada, violada y mutilada. El cuerpo se hallo semidesnudo y había sido degollada. Presentaba heridas de arma blanca y la pantalonera a la altura de los tobillos. Aracely era morena, su cabello era negro teñido y largo y llevaba solo cuatro meses de residir en Ciudad Juárez, y a que venía de Torreón, Coahuila.

Debe determinarse el lugar donde la mutilación ocurrió y si se refieren al degollamiento como mutilación. Ningún caso antes había hablado de degollamiento, por que hicieron esto los asesinos. Es el segundo caso reportado donde ocurrió mutilación este año, ambos casos casi juntos y a un solo mes de diferencia. Qué estaban mutilando, ¿Ambos cuerpos fueron mutilados en el mismo lugar?

Quizás la degollaron por error, le cortaron la garganta y lo hicieron con demasiada fuerza, como quiera que haya sido debió haber habido bastante sangre, dejando huellas que volvieron ese trabajo un tanto descuidado y poco profesional.

89) Un día después, el **2 de diciembre** es hallado el cuerpo de 33 años de **Amalia María de los Dolores Saucedo Díaz de León** en Lote Bravo. Le habían quebrado las vértebras cervicales y había sido violada. El cuerpo estaba vestido y se sospecho de su amante. Expediente con número 24981/97-1102.

Aunque puede ser que este sea un caso aislado, no lo creemos ya que entre otras cosas se hallo en Lote Bravo como los otros cuerpos. Las vértebras habían sido quebradas, cuestión que requiere de fuerza considerable, al igual que degollar a alguien como en el caso ocurrido el día anterior, de Aracely Nuñez. Hay que verificar la incongruencia en que el cuerpo estuviese vestido y además hubiese sido violada, ya que no la violas y luego la vistes para al final matarla, lo que pudo pasar es que o la violación ocurrió en otro lado y luego en Lote Bravo se le mato o más bien no estaba vestida del todo, sino solo de la parte superior.

Alguien físicamente muy fuerte esta actuando, pero ¿Por qué, ha habido cambios en la forma de actuar de este grupo?, o se hacen los cambios entre grupos o personas del grupo de forma intencional para que las huellas que dejen y los modos de actuar sean diferentes. El modo de asesinar a esta mujer en particular, es el modo en el que un asesino serial quizás sí procedería, violarla y luego quebrarle el cuello.

Hay que averiguar sobre el amante y las pruebas que lo inculpan, ya que al fin y al cabo la mujer era vieja y fuera de la campana promedio en que se elige a las víctimas de estos asesinatos.

90)   Seis días después, el **8 de diciembre de 1997,** se halló una osamenta en el kilómetro 35 de la carretera a Casas Grandes. Al lado de esta, se hallo un pantalón, una camiseta con el logotipo de *Carta Blanca* y un tenis color blanco.

No hay datos que permitan una mayor introspección a este caso.

91) El **21 de diciembre de 1997** es hallado el último cuerpo de este año, y fue hallado en Lomas de Poleo, a solo un metro y medio del rancho *Oasis*. La víctima de entre 12 y 17 años al parecer había sido violada, el avanzado estado de descomposición del cuerpo impidió la certera determinación de este hecho. La víctima vestía pantalón azul marino y cinto negro y llevaba meses de muerta.

Este año difirió de los pasados en que no se siguieron patrones, y los asesinatos parecieron haber sucedido como de forma normal suceden en una ciudad fronteriza y con prevalecía del narco y autoridades corruptas. Solo hubo dos mutilaciones y la violencia contra las víctimas asesinadas fue muy variada, incluidos casos de múltiples heridas por arma blanca y aunque sucedidos en diciembre del año anterior incluimos los casos de las niñas muertas por bala y dónde una de ellas había sufrido cuatro ataques cardíacos antes de morir. ¿Por qué estas divergencias en los *modus operandi*?. Realmente los asesinatos relacionados disminuyeron, u otros factores fueron los que estuvieron presentes, como el intento por detener un poco la opinión pública y a la prensa, o que las autoridades ayudarán al encubrimiento de cuerpos y casos para disminuir la presión que sobre ellos caía desde varios sectores del país y quizás también de otros países.

La parte que cuadra menos en este caso, es la de la improbabilidad de que hallen un cuerpo que lleva meses de muerto y que esté a solo un metro y medio de un rancho habitado. O esto no es verdad, o alguien recientemente dejo allí el cuerpo, pero en cualquiera de los dos casos, ¿Por qué harían eso?.

Dos características sí distinguieron a este año, la primera el hecho de usar el Sauzal como un nuevo sitio al que de forma recurrente se utilizó para abandonar cuerpos, y la segunda a que hubo tres cuerpos seguidos hallados atrás de los campos deportivos de *Pemex* que parecen indicar un nuevo y pequeño tercer grupo experimental.

⇒ **Higinia García** salió de su casa la mañana del **29 de diciembre de 1997**. Es de complexión robusta, ojos grandes y boca regular, aparentemente no tenía mas de 18 años, nunca regreso.

-1998-

92) El **3 de enero de 1998** es hallado el cuerpo de **Jessica Martínez Morales** de 13 años de edad. Había sido golpeada y violada y fue hallada en un páramo próximo a la carretera Panamericana, en el cause de un arroyo atrás de la subestación de la *Comisión Federal de Electricidad*, atrás también de la maquila *Flourex* y a veinticinco metros de distancia de las vías férreas. Se hallo desnuda y presentaba huellas de mordeduras en el brazo derecho. Fue raptada la tarde del **23 de diciembre de 1997** (once días antes y un día previo a la Navidad). Según el estado del cadáver puede decirse que paso al menos de ocho días en poder de su asesino. Es factible que el cuerpo haya sido arrastrado hasta el cauce del arroyo seco. Presentaba desgarramientos en vagina y ano, la causa de la muerte fue asfixia por estrangulamiento y había sucedido al menos doce horas antes de ser hallada. Era morena de piel. El expediente lleva el número 00138/98-1104. Existió un sospechoso con antecedentes de violación e intento de homicidio a quien se le vio vendiendo una cámara y se le relaciono con Jessica, debido al hecho de que ella desapareció cuando fue a comprar un rollo fotográfico.

Primer caso del año y desde el 14 de marzo de 1997 no se hallaba una víctima con un aparato reproductor tan joven. La víctima una vez más presento huellas de extrema violencia como son los signos de mordeduras, mismas que debemos averiguar si no es posible que hayan sido de animal. Desde que comenzaron los asesinatos en 1993, cada año ha comenzado o durante sus primeros meses a sucedido el asesinato de una niña.

Una vez más se requiere de una niña ¿Por qué?. De alguna forma sé debe estar aun buscando una condición optimo en cuanto a óvulos de un aparato reproductor apenas en funcionamiento contra uno que lleve ya tiempo funcionando; creo que los óvulos de estas niñas sirven para un propósito que es diferente al de los óvulos de mujeres mayores, pero ¿Cual es ese propósito?. Es muy probable que cada año el investigador renueve su línea o líneas celulares, y esto se haga fundamentado en óvulos de niñas; aunque se sabe que Células Madre embrionarias presentan cromosomas estables y complementarios aún después de dos años de cultivo, también es sabido que en promedio sucede una mutación en algún cromosoma durante cada ciclo de división celular. Debe existir algún motivo para el uso de Células Madre de niñas en relación al uso de Células Madre de mujeres mayores y quizás se haya relacionado con la estabilidad o integridad de los óvulos entre ambos grupos de mujeres. Quizás los óvulos de niñas son usados para la creación de líneas celulares, los obtenidos de grupos son para experimentación con variables específicas y los de las mujeres asesinadas entre grupos sean para corroborar datos experimentales. O quizás también con los óvulos de las niñas se regeneran tejidos de seres humanos vivos, donde las niñas representan el experimento final, la ciencia aplicada a una terapia celular específica.

93) Tres semanas después, el **24 de enero de 1998** es hallado el cuerpo de 20 años de **Martha Esmeralda Veloz Valdés ó Rosalina Veloz Vázquez**. Fue hallada en un predio atrás de la unidad Infonavit *Oasis Revolución*. Se hallo semidesnuda y había sido violada y apuñalada. La causa de la muerte se determino por shock hipovolemico. Trabajaba en la maquila *Phillips* y las autoridades sospechan que se trató de un crimen pasional. Tenía veintiún heridas punzocortantes en espalda, tórax y cuello. Llevaba una sudadera verde levantada sobre los senos.

Tercer caso de una trabajadora de la maquila *Phillips*. Aunque no se descarta lo del crimen pasional, hay que averiguar en que se basaron las autoridades para argumentar eso.

El cuerpo aparece tres semanas después del de Jessica Martínez de 13 años, así que aquí es muy importante sabe cuando fue secuestrada Martha para saber si los días que estuvo en cautiverio Jessica fue para preparar su ciclo ovulatorio o si algo justificaba utilizar los óvulos de Jessica para en conjunto con los de Martha realizar un experimento, pero ¿Que experimento?. ¿Los óvulos de Jessica ya habían sido fecundados o aun no, y estaban esperando el núcleo de una mujer mayor?. ¿Estarán usando la técnica de SCNT (Transferencia Nuclear de Células Somáticas)?.

Una vez más un caso donde la víctima recibe demasiadas puñaladas, en este caso veintiuna, repartidas en espalda, tórax y cuello, siendo la única lógica que se me ocurre que el asesino una vez mas sorprendió a la víctima acuchillándola por detrás y continuo en tórax y cuello una vez que esta estaba tirada en el suelo, probablemente ya muerta, sin embargo en ese panorama no encaja la violación, y me cuesta trabajo imaginar que el asesino viole a la mujer, luego la acuchille en tórax y cuello y por último la gire para acuchillarla en la espalda, así que una vez mas me parece un asunto armado.

Si es posible hay que confirmar fecha del secuestro. Hay que averiguar que experimento puede requerir de estas condiciones de tiempo y juventud de ovulación.

94) Un día después, el **25 de enero de 1998** es hallada entambada junto con su esposo, **María Isela Núñez Herrera (Rivera Núñez)** de edad cercana a 20 años. La víctima es hallada vestida. Era delgada, morena, tenia el cabello negro y corto y media cerca de 1.50 metros de altura. Tenía un orificio en el pecho con sangrado, había sido semidevorada por animales. Vestía pantalón vaquero, tenis negros tipo botín y una blusa desgarrada

Un segundo caso de una mujer entambada, es importante verificar si él tambo tenia ácido, ya que ese método es común en agentes de la CIA y además es usado también por narcotraficantes. El hecho de que haya sido entambada junto a su esposo nos lleva a pensar que es un caso aislado, sin relación alguna con los crímenes y quizás relacionado con una venganza entre narcotraficantes. No se dice si el agujero de la víctima en el pecho sea de bala, aunque suponemos que si lo es y eso aleja mas las sospechas de que haya sido realizado por los mismos asesinos.

95) El **27 de enero** es hallada **Silvia Gabriela Laguna Cruz** de 16 años. El cuerpo semidesnudo fue hallado a cien metros al sur del boulevard Zaragoza. Había sido apuñalada veinte veces y violada, también le clavaron un objeto en el pecho, aunque no se supo de que objeto se trataba. Trabajaba en una maquila. Vestía sudadera de rayas blancas y negras y sostén, ambas prendas subidas por encima de los senos, además vestía pantalones rojos y pantaletas blancas bajados a la altura de la rodilla derecha y calcetas blancas, se hallaba descalza y al lado de ella se encontró un estuche negro con pinturas cosméticas.

Existen incongruencias en los reportes sobre si desapareció rumbo a la maquila *Data Processors de Norteamérica* donde trabajaba, o cuando salió de ella.

El cuerpo fue hallado en la misma zona donde han venido hallándose la mayoría de los cuerpos. Silvia era una trabajadora mas de maquila y debemos verificar si fue raptada rumbo o al salir de ella.

Solo han transcurrido tres días después del hallazgo de Martha Veloz, por lo que el experimento con sus óvulos y los jóvenes de Jessica puede seguir relacionado. Esta mujer es una mas, -y al igual que Martha- donde se hace uso de acuchillamiento múltiple, violación, y además en ese exceso de violencia -en este caso-, le clavaron un objeto en el pecho. ¿Que objeto fue ese?.

96) El **3 de febrero** es hallada muerta en su casa, **Ana Hipólito Campos** de 38 años, en la zona de Lomas de San José, había sido apuñalada en cuarenta ocasiones y mutilada. Se hallo semidecapitada en su domicilio, en la calle Puebla esquina con Nuevo León, en la colonia Lomas de San José.

Tanto por la edad, como por el hecho de haber sido hallada en su casa, pareciese no tener nada que ver con estos asesinatos, sin embargo el hecho de que halla sido mutilada y acuchillada cuarenta veces merece que averigüemos más, además se hallo muy cerca del cuerpo de la anterior mujer. Debemos saber en que parte del cuerpo ocurrió la mutilación aunque pienso se refieren a la decapitación. El caso pese a ser al menos el sexto donde se acuchilla el cuerpo en exceso, también parece ser un caso aislado, quizás cometido por un imitador.

97, 98, 99) Casi quince días después, el **16 de febrero de 1998** son halladas las osamentas de **tres mujeres** en Lomas de Poleo, habían sido mutiladas y se cree que las tres trabajaban en una maquila. Se sospecha que una de ellas es **Raquel Lechuga Macías.** Los huesos se hallaron dispersos en un radio de doscientos metros. Se hallo un sostén blanco en una traquea, en un cráneo se hallo un diente de platino con una letra "R" grabada. Se hallo un tenis con rastro de un pie, un pantalón vaquero talla cinco marca *Capricio*, otro pantalón azul, otro sostén, una sudadera roja, un segundo cráneo, una mandíbula y otros huesos pequeños.

El **31 de diciembre de 1995,** dos años y dos meses atrás, **Raquel Lechuga Macías** salió de su casa y nunca regreso, tenía en ese entonces 16 años y trabajaba en la maquila *Essex*. Desapareció el día de año nuevo de dos años antes. Era de tez morena y de complexión delgada, el cabello era color castaño y le caía sobre los hombros. El día que salió de su casa dijo que iba a casa de su abuela. La identificación del cráneo se llevo a cabo por que Raquel tenía una prótesis dental de plata con la letra "R".

Se hallan tres cadáveres, de hecho tres osamentas, por lo que pareciese que los huesos se tenían en algún lugar y fueron abandonadas allí juntos, sin embargo no es muy práctico el que el asesino almacene huesos en algún otro lugar que debe ser el lugar dónde se realizan los experimentos, eso no lo entiendo, ¿Para qué almacenaría las osamentas de tres mujeres?, a menos que las tres mujeres hallan sido abandonadas en Lomas de Poleo con el suficientemente tiempo atrás como para que los cuerpos se convirtiesen en osamentas y que no hallan sido descubiertas, con el tiempo los animales se encargarían de dispersar los huesos, algunos se hallaron en ese radio de doscientos metros y muchos otros fueron cubiertos por la tierra o llevados mas lejos por los mismos animales. Si las tres se abandonaron allí juntas quizás fue por que las tres fueron partícipes de otro experimento grupal, que sería uno intermedio entre el primero de agosto-septiembre de 1995 y el de Lomas de Poleo de marzo de 1996, o mas probable una continuación del primer grupo de agosto-septiembre de 1995.

En que se basan las autoridades para decir que eran trabajadoras de maquila y que habían sido mutiladas y si en realidad esas afirmaciones se hallan fundamentadas, debemos averiguar en que maquila trabajan.

100) Ese mismo día, el **16 de febrero de 1998** se hallo el cuerpo de una mujer no identificada en un basurero municipal, había sufrido traumatismo craneoencefálico por el golpe ocurrido con una piedra que estaba a un lado del cuerpo.

No existen mas datos del crimen pero no parece estar relacionado con los que nos atañen.

101) El **19 de febrero de 1998** a solo tres días del caso anterior, es hallada bajo la cama de la cabaña número veinticinco del motel *Fronterizo* el cuerpo sin vida de **Perla Patricia Sáenz Díaz** de 25 años. Perla trabajaba en un bar y fue hallada desnuda y con una fractura en el maxilar inferior, tenía punciones de aguja hipodérmica en brazos y piernas y fue herida varias veces en el lado izquierdo del pecho al parecer con un picahielo. La última vez que se vio a Perla Patricia fue cuando abordo un vehículo *Mazda* o *Datsun*, esto según versión de testigos.

Es factible que este sea el mismo asesino que el de Hester (caso que se presentará mas adelante), y del que creemos no tiene que ver con los otros asesinatos, pero que sí es factible tenga que ver quizás con otras mujeres muertas, como quizás las dos niñas muertas en Infonavit

Tecnológico en diciembre de 1996, por arma de fuego o inclusive el de las mujeres acuchilladas en exceso, aunque estos últimos casos no pareciesen concordar con su personalidad; pero independientemente de sí estuvo involucrado en mas muertes diferentes a las de Perla y Hester, este hombre sí pareciese ser un asesino serial y no creemos este vinculado con los grupos de mujeres asesinadas.

102) El **23 (21) de febrero de 1998** es hallado el cuerpo de una mujer menor de edad, de nombre **Elizabeth Verónica Olivas** atrás de las vías del ferrocarril, en la intersección de Ponciano Arriaga y el eje vial Juan Gabriel, el cuerpo había sido calcinado. Tenía las manos y el cráneo pequeños, era de complexión delgada, estatura mediana, dentadura grande, tenía un cinturón negro y se le hallo un bolígrafo de tinta roja. La edad aproximada era de 17 años.

Pareciese que este caso no tiene relación con los otros, sin embargo el cuerpo fue calcinado, aunque hace tiempo que no se calcinaban cuerpos quizás una vez mas pudiesen estar tratando de ocultar alguna evidencia en el cuerpo.

Sería importante conocer mas detalles del caso para poder aceptarlo o rechazarlo como perpetrado por los mismos asesinos, entre otros detalles hay que saber de donde se obtiene el nombre de la víctima.

⇒ El **12 de marzo de 1998** desaparecen **Silvia Arce de 29 años** y **Griselda Mares de 24 años,** después de salir de su trabajo en el centro nocturno *Pachangas*, ubicado en la avenida Manuel Gómez Morín y calle del Trigal a las dos y media de la madrugada. Fueron vistas por última vez junto a tres hombres a bordo de un vehículo. Una semana después, Verónica Rivera que trabajaba en el mismo bar que ellas, declara que fue secuestrada, torturada y dejada en libertad después de mantenerla en cautiverio los días 8 y 9 de marzo, supuestamente por dos agentes federales de nombre Carlos Cárdenas Cruz y José García Paz, según su declaración ambos sujetos tenían almacenadas en el club armas y cuando las buscaron estas habían desaparecido por lo que procedieron a interrogar a los empleados del mismo, empezando por las dos mujeres. Silvia y Griselda no han vuelto a ser vistas desde entonces y el club nocturno cambio de nombre y dueños de un día para otro, los empleados al ser interrogados mostraron temor y no aportaron mayores pistas. Silvia y Griselda eran empleadas de limpieza de los baños y además vendían joyería en el local.

Al ser empleadas de un bar salen completamente del patrón de mujeres seleccionadas por los asesinos, es difícil que la declaración de Verónica Rivera, sea del todo cierta, no veo un móvil para secuestrar a alguien y menos bajo el clima que se vive en esa ciudad, torturarla, retenerla y luego dejarla ir. Tal vez no es que esa mujer mintiera, sino que ese secuestro fue armado por las autoridades para demostrar que sí existe un grupo tal y como ellos han defendido, sin ningún móvil real para asesinar. Un argumento para esto último es que Verónica dice que se empezó por el interrogatorio de Silvia y de Griselda, sin embargo ella misma fue, según su versión secuestrada cuatro días antes que ellas.

103) El **18 de marzo de 1998** es hallado el cuerpo de una mujer no identificada en un canal de irrigación cerca de las maquiladoras en el área de *Waterfill (Waterfield)*, ubicada cerca del puente internacional de comercio exterior de Zaragoza. Presentaba treinta heridas punzocortantes en el pecho y cuello. La mujer era Hondureña y en un inició la policía sospechó del esposo de la misma nacionalidad.

De un tiempo para acá se ha repetido el apuñalamiento múltiple en distintos casos, en algunos ocurre junto al estrangulamiento; a nuestro parecer es demasiado, si acuchillar a alguien varias veces es excesivo, el hecho de además de eso estrangularlo (suponemos que el estrangulamiento sucede previo al acuchillamiento), es poco creíble. Este es el noveno caso de apuñalamiento múltiple e índica cambios en el modus operandi del grupo, o simplemente que alguien más ajeno al grupo esta asesinando mujeres, alguien quizás que si cumple con la definición de un asesino en serie.

Una vez mas el asesinato sucede cerca de una maquiladora.

104) Un mes después del último cuerpo, el **16 de abril** es hallado en el interior de un tubo de drenaje, el cuerpo de 24 años de **Argelia Irene Salazar Crispín**, la mujer fue hallada en un lote baldío en el cruce eje vial Juan Gabriel y la avenida Ponciano Arriaga, había sido mutilada, torturada y violada. Argelia también era trabajadora de maquila. Las autoridades mencionaron que existía un sospechoso. El cuerpo de esta mujer se encontró semidesnudo. En algún reporte se dice que fue inmolada, además de que el cuerpo semidesnudo se hallaba debajo de un puente de las vías del tren.

Era obrera de la maquiladora *Mallinckrodt Medical* y las autoridades reportaron que había desaparecido cuando se dirigía a su trabajo a las seis y media de la mañana del día viernes **13 de marzo**, cuatro semanas atrás, aunque el expediente dice que se reporto su desaparición desde el jueves **6 de marzo**, después de que no se presento a trabajar; este caso presento demasiadas incongruencias en las fechas; suficientes para que la *Comisión Nacional de los Derechos Humanos* (*CNDH*) después de realizar una investigación concluyera responsabilidad por negligencia y omisión culposa a varios niveles en las autoridades estatales, judiciales y municipales.

La casa de Argelia se ubicaba en la colonia Francisco Villa; para llegar a la maquiladora donde trabajaba debía cruzar por un terreno baldío entre las calles Ponciano Arriaga y Palo Real (Pavorreal) donde entre otros deshechos se hallaban los esqueletos de nueve vagones de tren abandonados, perfectamente diseñados para esconder a alguien o asechar a alguien. Este caso, aunque no el primero es importante por el hecho de que fue raptada muy temprano en la mañana, es decir que no son asesinos nocturnos. Las autoridades por mucho tiempo difundieron la versión de que las mujeres muertas se exponían a ser raptadas y asesinadas por que llevaban una vida nocturna que las hacía proclives tanto por la compañía, como por los rumbos donde se movían, como por el horario en el que se movían, sin embargo muchas de estas mujeres fueron raptadas a la entrada o la salida de sus trabajos, que en alta proporción es en maquiladoras. El discurso de las autoridades es por un lado, que las mujeres lo propiciaron, pero por otro que los asesinos son asesinos circunstanciales y de parranda, es decir que son clientes de establecimientos nocturnos de diversión y que eligen a las víctimas por la simple coincidencia de toparse en su camino. Innumerables pruebas y ejemplos existen, donde es obvia la selección premeditada de víctimas, cuyas características no solo son similares sino que además en muchas ocasiones son ajenas completamente a la vida nocturna de la ciudad.

Una vez más una empleada de maquila. También una vez más una mutilación. A que se refieren con que hay un sospechoso. ¿Quién es este sospechoso?. ¿En que parte del cuerpo fue mutilada?. ¿Realmente fue inmolada?, ¿Exactamente donde fue hallado el cuerpo?. Este caso puede dar algunas respuestas si logramos contestar las anteriores preguntas, pero pese a no tenerlas sí podemos presumir que este caso es uno mas, relacionado con los otros asesinatos.

105) El **20 de abril** en un lote baldío en Barranco Azul es hallado el cuerpo de una mujer de 16 años, había sido apuñalada, violada y mutilada. Se hallo la osamenta semidesnuda. Era trabajadora de maquila.

Una vez más ocurre mutilación. La osamenta significa que llevaba días allí el cuerpo, por lo que debió ser muerta tiempo atrás, quizás y fue parte de uno de los casos grupales anteriores que estarían siendo tratados bajo las mismas condiciones de experimentación, sin embargo no debió el cuerpo estar en completo estado de descomposición, ya que pudo determinarse el acuchillamiento, la violación y la mutilación.

La presunción de que era trabajadora de maquila puede deberse a que se hallo ropa de alguna maquila, aunque debemos considerar tanto en este como en otros casos que la ropa no es suya, sino como ha ocurrido ya en ocasiones, ha usado la ropa de alguna otra víctima. Sin embargo debemos determinar de que maquila se trata, ya que es un caso más de involucramiento de maquilas. Es fundamental saber donde fue mutilada y si en efecto era una osamenta, ¿Cómo determinaron que existió la mutilación?. Todo el actual año y de hecho desde parte del anterior, el estrangulamiento disminuyo de forma importante, de hecho desde octubre de 1997 solo han ocurrido tres casos.

106) Nueve días después, el miércoles **29 de abril de 1998** es hallado el cuerpo de 17 años de **María Inés Sagrario González Flores** en ejido Loma Blanca, Zaragoza, a la altura del kilómetro veintiuno de la carretera Juárez-Porvenir, en una zona despoblada en el Valle de Juárez. María Inés estaba vestida y había sido estrangulada, violada y apuñalada varias veces; tres cuchilladas en el pecho y dos mas en la espalda (región sacra y supraescapular derecha). El cuerpo presentaba un avanzado estado de descomposición. También era trabajadora de maquila, en este caso de *Capcom (General Electric)*, misma que estaba en el rumbo de San Lorenzo, en el Parque Industrial Antonio J. Bermúdez, y fue secuestrada al salir de allí y hallada en un lote baldío al oriente de esta maquiladora.

Sagrario salió de su casa el **16 de abril** (trece días antes) para dirigirse a su trabajo. Sus padres informaron que ese día vestía playera blanca, falda roja, calcetas blancas y pantaleta y zapatos de color negro. La policía comprobó que trabajo ese día, hasta las tres de la tarde que era el fin de su turno laboral. La última vez que se le vio fue en el centro de la ciudad. El dictamen pericial determino que había muerto dos semanas atrás.

El **19 de febrero del 2005** (casi siete años después) las autoridades informan de la detención de uno de los presuntos responsables; José Luís Hernández Flores y/o Manuel Gatica, además reportan la participación de otros dos cómplices mismos que aun no han sido arrestados. El detenido confesó ese crimen además del de un taxista hallado a corta distancia del cuerpo de Sagrario y esto sucedió según el detenido, por que el taxista "estaba con ellos y en el momento sé hecho para atrás". La hipótesis de que pudo ser atacada por más de un delincuente se sustenta en el daño físico hallado durante la autopsia. La autopsia revelo que murió aproximadamente dos semanas antes, por lo que se presume que el día en que desapareció pudo ser el mismo día en que fue asesinada. Presentaba cinco heridas cortantes, tres en el pecho, una en la región sacra y una mas en la supraescapular izquierda, pero la causa directa de la muerte fue estrangulamiento manual. El detenido era pollero (traficante de personas) y era amigo del hermano de la víctima. El rapto sucedió a plana luz del día en la que quizás sea la zona mas concurrida de la ciudad y pese a ese hecho no existen testigos que reporten, hallan presenciado el rapto, esto quizás sea una de las particularidades mas extrañas de estos casos, ya que no es la primera ni será la última mujer desaparecida una zona céntrica de la ciudad, en este caso el cuerpo apareció del lado contrario al campo de golf donde en el 2001 aparecerán ocho cadáveres. En este crimen se regresa de nuevo al método de estrangulamiento.

Una vez mas una trabajadora de maquila. La historia de los detenidos y la muerte del taxista suena inverosímil. Muchos son los autoinculpados en estos casos que tiempo después denuncian que las torturas y presiones de las autoridades fueron los motivos para autoinculparse, este caso probablemente sea uno mas donde las autoridades forzaron al detenido a culparse del crimen. La forense Irma Rodríguez Galarza examinó el cuerpo.

107) **Gabriela Edith Martínez Calvillo** de 15 años es hallada muerta en Camino la Esperanza, se reporta que fue asesinada por un grupo de amigos estudiantes de secundaria. Había sido golpeada en la cabeza y apuñalada. No se especifica la fecha en que se hallo, pero la fecha archivada es del **15 de mayo del 1998**. Los reportes presentan el nombre de Víctor M. Martínez.

Es fundamental saber mas de este caso, es el primero donde sí se implica a estudiantes de secundaria, aunque no se dice quienes son ellos, ni que paso con ellos, es decir si estuvieron, o están en la cárcel y lo más importante y lo que mas sobresale de este caso es el hecho de que la mujer no fue violada, aunque si fue golpeada y asesinada. Es fundamental saber mas detalles del expediente. Por supuesto existe la posibilidad de que este caso no este relacionado.

No descartamos la posibilidad de que diferentes estudiantes de secundaria y preparatoria estén realizando estos asesinatos en respuesta a algún estimulo, como un juego de vídeo, o rito de iniciación. Saber más de Víctor Martínez donde esta y con qué pruebas se le inculpo.

108) El **25 de mayo de 1998** es hallada muerta en una calle, a **Nora Elizabeth Flores Flores** que trabajaba como guardia de seguridad de una maquila. Había sido golpeada, torturada y estrangulada. Tenía 25 (18) años.

Este caso es de interés al estar involucrada una maquila pero de una forma distinta a como había venido ocurriendo, ya que al ser guardia de seguridad, su estatus dentro de la misma era mayor, así como la información a la que pudo tener acceso. Hay que averiguar de qué maquila era guardia.

Sin embargo el *modus operandi* es muy diferente y quizás solamente fue una venganza como parece ser.

109) El **1° de junio de 1998** es hallada una mujer no identificada en las faldas del Cerro Bola. Tenía aproximadamente 15 años y había sido estrangulada.

Un caso mas a sumar a estos asesinatos, aunque no hay mayores datos sobre el que nos permitan sacar conclusiones, excepto que una vez más es una adolescente joven.

110)   El **28 de junio de 1998** es hallada en Lote Bravo cerca del Libramiento Aeropuerto a **Brenda Patricia Méndez Vázquez** de 15 años. Era estudiante de secundaría y fue golpeada y violada anal y vaginalmente. Murió estrangulada y tenía moretones por todo el cuerpo. Su familia la había reportado como desaparecida cuatro días antes de hallarse su cuerpo, es decir el **24 de junio**. Fue la decimonovena víctima del año. En marzo de 1999 se culpo de este y otros cuatro asesinatos a la banda denominada "los Ruteros o los Chóferes" formada según las autoridades por Jesús Manuel Guardado "el Tolteca", José Gaspar Ceballo (Cevallos) Chávez "el Gaspy", Agustín Toribio Castillo "el Kiani", Bernardo Hernández Fernández "el Samber" y Víctor Moreno Rivera "el Narco".

Otra estudiante de secundaría (cuarta estudiante) y octavo cuerpo hallado en Lote Bravo. Esta niña si fue violada a diferencia del caso anterior.

Una vez más se ha regresado a utilizar el estrangulamiento con las mujeres, esto pareciese indicar que en el grupo actúan dos asesinos distintos cada uno con un estilo, y esto sería que el que mata a cuchillo aprovecha el uso de esa herramienta para mutilar y el otro sabe que no es necesario el uso de un cuchillo. Este año al disminuir en mucho el estrangulamiento, también disminuyo la correlación entre estrangulamiento y mutilación.

¿Por que nunca se usa una simple bala?, una de las razones puede ser por el hecho de que una bala genera ruido, lo cual hace pensar que quizás si estén siendo capturadas y asesinadas en un lugar cercano a la ciudad, y además no pueden matarse así en ese mismo lugar por una bala, ya que esta generaría sangre en el lugar que posteriores víctimas podrían percatar, estresarse y alterar significativamente el experimento, además si hay otra mujer presente es probable

que automáticamente responda de igual forma. Sin embargo y aunque sí es posible que mueran en el lugar del secuestro, todo indica que en realidad, son muertas en el lugar donde son halladas, y que no se usan balas por varios motivos, uno de ellos es por el ruido que pese a estar aislados los lugares, siempre existe alguien que pueda escuchar, otra causa es la sangre que puede llegar a brincar y ser imperceptible en la ropa de los asesinos y una última es que al hacerse eso, se pensaría en ejecuciones del narcotráfico o en otra cosa que no sea un asesino serial y por tanto las autoridades podrían llegar a presionar mas a los narcotraficantes, impulsados por la presión gubernamental y de esa forma los narcotraficantes intervendrían para detener estos asesinatos, por último el objetivo al mutilar los cuerpos es causar el mayor daño posible, y las armas de fuego no son la mejor herramienta para eso.

Una vez mas una estudiante de secundaría, pero ya han pasado cinco años desde el primero de estos casos (15 nov, 1993) y si como se presupone el asesino original era uno o varios estudiantes de secundaría o preparatoria, para estos momentos estos están ya en nivel licenciatura y ya no es tan fácil se camuflasen entre estudiantes de secundaría. Hay que averiguar en que secundaría estaba inscrita Brenda.

El grupo denominado "Los Ruteros o los Chóferes" fue el grupo escogido en el año de1999 por las autoridades como chivos expiatorios para hacerlos responder por las muertes de estas mujeres, no son los primeros ni serán los últimos. Hace unos días el Presidente de la Nación afirmo que "la mayoría de los culpables de los crímenes contra mujeres en Ciudad Juárez, no solo se han identificados sino que además se hallan convictos", demostrándose una vez mas que para el Poder Ejecutivo es más importante el discurso, que la búsqueda de la verdad.

111)   El **3 de agosto de 1998** es hallada **Paulina Lizalde Gómez** de 15 años, tenía un embarazo de siete meses. Fue hallada en un baldío, había sido rociada con gasolina y quemada.

Nos enfrentamos una vez más a una mujer que cumple con las características, embarazada-quemada. Que están ocultando con el fuego, es decir, que pese a la incompetencia y mediocridad de las autoridades se ha sabido que las mujeres estaban embarazadas, y además se ha podido estimar el tiempo de este embarazo, entonces ¿Que es lo que quieren ocultar?. No debemos descartar la hipótesis de que se estén realizando intentos de clonación, pese a lo fantasioso que esto suene. Este mismo año, el 23 de febrero ocurrió la calcinación de otra mujer, y pese a lo esporádico de estas acciones, este modus operandi se mantiene.

Su embarazo debió ocurrir a principio de año, por los mismos días en que se hallo a Jessica, la niña de 13 años desaparecida el 23 de diciembre del año *anterior. El dato que sería fundamental en este caso es la fecha en que Paulina desapareció.*

Desde la desaparición este año, el 13 de marzo, de Argelia; con este son ocho asesinatos de forma consecutiva, aunque más espaciados que en los dos anteriores grupos, ya que al incluir en este grupo de mujeres, a Brenda y Paulina que corresponden a los últimos dos casos, estaremos hablando de un periodo de tiempo de cinco meses. La característica más común de este grupo -si es que lo fue como tal-, es que las edades fueron casi todos entre los 15 y 17 años, además de que existió mutilación y en el presente caso calcinamiento.

112) **Eréndira Ivonne Ponce Hernández** de 17 años es hallada el **31 de agosto de 1998** en el kilómetro veintinueve de la carretera a Casas Grandes, en el fondo de una colina al norte de la carretera, trabajaba en una recicladora y había sido golpeada y violada. Su cabeza se hallaba destrozada. La hallaron con las manos atadas por atrás, semidesnuda y al parecer había sido estrangulada. La pantaleta estaba a la altura de los tobillos, la mayoría de su ropa estaba por allí tirada, sin embargo sus zapatos y su bolsa no se hallaban. El día que desapareció vestía un vestido de color azul grisáceo con tulipanes en el fondo. Eréndira era de piel morena, con el cabello largo y negro, media 1.60 metros, calzado talla cuatro ó cuatro y medio. Se sospechó de su patrón. Había desaparecido el día martes **18 de agosto de 1998**.

Aunque es factible que esté caso sea un caso aislado, sin embargo el cuerpo fue dejado en el kilómetro veintinueve de la carretera a Casas Grandes y con esta mujer seria el decimocuarto cuerpo dejado allí, o cerca de allí -casi todos entre los kilómetros veinte y veintinueve-. Hay que revisar quien es el patrón y por que se sospecha de él. Además una vez mas la mujer se hallo atada de manos como en los casos del verano de 1995 y otras mujeres de 1996.

El patrón de Eréndira puede ser un vínculo interesante que merece ser investigado mas a fondo, también debemos conocer la geografía de esta zona de Casas Grandes, para determinar por que es tan exacto el dejar a las víctimas en esta pequeña zona. ¿Dónde esta ubicada la recicladora y que es lo que recicla?. ¿Es posible conocer el lugar por dentro?. ¿Es factible disimular el consumo de energía de una cámara frigorífica dentro del consumo normal de energía de una recicladora como esta?. Sin embargo es muy probable que, ni el jefe de la recicladota, ni la recicladora tengan algo que ver. Lo que sí es factible es que esta mujer como otras secuestrada y asesinadas después de un grupo, sea debido a que son necesarias para algún experimento final, que puede ser de corroboración de datos experimentales.

113) Tres semanas después, el domingo **20 de septiembre de 1998** es hallado el cuerpo de la segunda extranjera relacionada de alguna forma con los crímenes en cuestión, en este caso el cuerpo de la ciudadana holandesa **Hester Suzanne van Nierop**, es hallado en el cuarto ciento veintiuno del hotel *Plaza (Juárez)* en la calle Ugarte (zona roja), había sido estrangulada y mutilada. Un archivo habla de que fue degollada. La edad es confusa, primero se dijo que tenía 18, luego 22, hay registros de 28 años que es la que parece ser las mas acertada. El registro del cuarto quedo a nombre de Roberto Flores. El cuerpo desnudo fue hallado bajo la cama y presentaba huellas de haber mantenido relaciones sexuales antes de morir. Tenía una toalla alrededor de la cintura. La descubrió una empleada de limpieza del hotel, había muerto la noche anterior (**19 de septiembre**). Hester se registro el viernes 18 (sábado 19) de septiembre en el hotel, acompañada de un hombre de complexión atlética, de edad aproximada 30 a 35 años, tez blanca, cabello negro (castaño ondulado), ojos claros rasgados, nariz recta, 1.76 metros de altura, acné en la cara y una pequeña cicatriz en la mejilla derecha. Al registrarse en el hotel, el hombre hablo en español con acento norteamericano, se registro con el nombre de Roberto Flores. La investigación hallo registros en otros hoteles bajo el nombre de Roberto y Roberto Hernández y testimonios que decían que era la misma persona y que era luchador. En los archivos policíacos se halló a Roberto Flores Belmonte de 18 años y Roberto Flores Reyes de 28 años. Al último le hallaron cierto parecido con el retrato hablado que tenían. En enero 18 del siguiente año (1999) un Roberto Hernández se hospedo en el hotel Bruciaga (uno donde ya había registros previos de él), sin que las autoridades lo advirtieran. Una testigo dice que es factible que un Roberto Flores tenga un tatuaje de una mujer desnuda en uno de los brazos y una deformidad en una de las orejas. Es muy notorio en este caso, que no existen descripciones de los testigos acerca de Hester, nada de su persona o apariencia en el día que se registro en el hotel.

Hester llego a México con visa de turista y semanas antes a su llegada había reportado el robo de sus documentos en la ciudad de Los Angeles. Era de complexión regular, pequeña, de tez clara y en general de apariencia atractiva, medía 1.55 metros de altura y tenía el cabello castaño oscuro, su peso era de aproximadamente cincuenta kilogramos. Al encontrarse no mostraba huellas de violencia con excepción de las excoriaciones en el cuello causadas por el estrangulamiento. Fue identificada por que sus pertenencias fueron guardadas en la funda de una almohada muy probablemente por el asesino, esto para deshacerse de las evidencias, mismas que probablemente olvido después de colocar el cuerpo bajo la cama y huir del hotel. El caso es registrado por las autoridades de Chihuahua con el número 1102-20250/98, en otros documentos oficiales el caso es referenciado seguramente por un error de dedo como el 20520/98.

Hester visito México para ir a ver a su hermana que vivía en Nayarit o en Matamoros. Una vez con ella, ambas viajaron a la ciudad de México dónde se encontraron con sus padres que venían de Holanda, una vez juntos, Hester y sus padres viajaron a las barrancas del cobre y Ciudad Cuahutemoc, en Chihuahua; de allí quiso conocer las ruinas arqueológicas de Casas Grandes, pero ese viaje ya lo realizo sola ya que sus padres debían volver a Holanda. Pensaba cruzar a Estados Unidos y decidió hacerlo a través de Ciudad Juárez. El día que se separo de sus padres era el jueves 17 de septiembre (solo dos días antes de morir).

El 3 de octubre de 1998, solo trece días después, autoridades de El Paso, Texas detienen a un sujeto de 25 años. Las autoridades afirmaron que era el presunto responsable de la muerte de cuatro mujeres en Ciudad Juárez, incluida Hester. El detenido de nombre Juan Carlos Ortiz Huerta, era el presunto autor de la muerte de Elva Verónica Olivas Luévano y de Perla Patricia Hernández (Sáenz), en febrero anterior (ninguna relacionada con estos casos). El cuerpo de Perla Patricia se había descubierto escondido en el hotel *Fronterizo*, en la cabaña veinticinco; el cuerpo se hallo en una posición similar a la de Hester. La última vez que se vio a Perla Patricia fue cuando abordo un vehículo *Mazda* o *Datsun*, color azul gris con placas de Texas o de Nuevo México. Sin embargo desde marzo las autoridades lo habían atrapado y después liberado por faltas de pruebas. Ahora en octubre lo culpaban de los asesinatos de esas dos mujeres además del de Hester y el de otra mujer.

Todo pareciera indicar que este es un caso totalmente aislado excepto que Hester llego a México a visitar a una hermana y es importante considerar que Hester era una extranjera que desconoce completamente como se mueve en Ciudad Juárez la corrupción y el crimen, y quizás pregunto de mas o a las personas incorrectas, o simplemente dio con las persona incorrecta en el momento incorrecto.

La descripción del asesino una vez más coincide con la de los marines gringos o agentes jóvenes en entrenamiento de la CIA. En particular de algún anglo-mexicano entrenado y probablemente nacido en ese país.

Sería productivo quizás el saber, ¿Quién era Hester?, ¿Que estudios tenía?, ¿Poseía alguna formación o información relacionada con la ciencia y en particular con *Reproducción Asistida* o las *Células Madre*?. ¿Que parte del cuerpo fue mutilado?. ¿Si fue mutilada?. ¿Era una mujer ingenua?.

⇒ El martes **22 de septiembre de 1998** se reporta en el *Diario de Juárez*, en una nota escrita por Armando Rodríguez, el caso de una mujer de 16 años que había sido narcotizada, raptada y violada por varios hombres que se identificaron con ella como agentes judiciales. Después fue abandonada en estado de inconsciencia en Lote Bravo. La mujer dijo que fue raptada a medianoche del martes anterior, al salir de su trabajo. Dijo que la policía municipal detuvo a los agresores pero los dejo en libertad por que no le creyeron su versión.

Por que habrían de dejarla viva si es un caso como los otros y como es que la policía los atrapo y luego los dejo ir, además el reportero tardo una semana en documentar el caso, ¿Por qué tanto?. Si es cierto el rapto, quizás la mujer estaba menstruando, por lo que no les servia ya que ese día requerían de una mujer más cercana a la ovulación, y la abandonaron ya que tenían prisa, además si esto es cierto esto indica que a las mujeres se les narcotiza para realizar la extracción de los óvulos y quizás también durante las torturas y mutilaciones. Es fundamental confirmar este caso y averiguar mas de él, si existiesen datos forenses de residuos de algún narcótico o de anestesia, sería un dato clave para reforzar esta hipótesis, además de que surgiría la pregunta sobre sí, en realidad no están siendo violentadas mientras están aún bajo el efecto de la anestesia, lo cual sería mas propio de un científico y denotaría el lado humano de esas personas, además el llevarlas narcotizadas al desierto, es la forma ideal de llevarlas, caminando por su propio pie y no causando problemas, sino obedeciendo ordenes.

La manera en que la mujer relata los acontecimientos, hace pensar en la posibilidad de que esta situación, una vez mas haya sido armada por las autoridades para hacer creer que sí existe un grupo de delincuentes relacionados con el crimen organizado y cuya forma de actuar no sigue ni patrones ni lógica conocida. Sin embargo la mujer asienta que los agresores se identificaron como judiciales y que además la policía municipal los había detenido y dejados en libertad, lo cual es mala publicidad para las autoridades, misma que no coincide con una farsa armada por ellos, pero aún sigue pareciendo una farsa, por lo que quizás esta fue organizada por algún otro grupo, pensando en el mismo fin, hacer creer la versión oficial, o desviar la atención del verdadero móvil. Quizás el mismo grupo de asesinos armo esto. No olvidemos que solo dos días antes se hallo el cuerpo de Hester y la atención y presión internacional si no ha comenzado, esta a punto de comenzar.

114) **María Eugenia Mendoza Arias** de 25 años es hallada quince días después de la anterior mujer, el **6 de octubre**. Su cuerpo fue encontrado en la colonia Pánfilo Najera, en el antiguo basurero de la ciudad (rumbo a la colonia Santa María), había sido torturada, golpeada, violada y atropellada. Presentaba huellas de fricción en distintas partes

del cuerpo y golpes contusos en ambas piernas. El cráneo y la cara le fueron aplastados y machacados a golpes con una piedra. Fue hallada desnuda cerca del basurero municipal, y se detuvo a un sospechoso. Cerca del cuerpo se hallo una falda. La víctima era de tez blanca, complexión delgada, el cabello largo y teñido de rojo. Tras unos arbustos se hallo una piedra y uno tubo manchados de sangre. Se presume que fue golpeada y penetrada con el tubo. Las piernas estaban muy magulladas por el paso de un vehículo sobre ellas. Al parecer los golpes con la piedra en la cabeza y el paso del vehículo fueron cuando esta se encontraba ya sin vida. Presentaba huellas del rodamiento de llantas sobre distintas partes del cuerpo, incluida la cabeza. Tenía el cabello y las uñas de las manos y los pies teñidos de rojo intenso. Había sido azotada con un trozo de manguera y había sufrido violación por ambas vías, al menos en la violación vaginal se utilizo un tubo de plástico (probablemente el mismo con el que la azotaron). La causa de la muerte se determino por traumatismo cráneo encefálico. Él medico legista a cargo era Enrique Silva de la *Policía Judicial del Estado de Chihuahua*. De este caso también se culpo a los "Ruteros".

La víctima había sido atropellada y mostraba huellas de violencia extrema como violación por ambas vías, violación vaginal con un tubo de plástico. También había sido golpeada en el rostro con una piedra para todavía pasar sobre su cuerpo varias veces un vehículo. *Esto es demasiada violencia, aún si esta fue inspirada por una venganza; en el momento en el que la víctima deja de resistirse y de suplicar, cuando el cuerpo pierde toda tensión, la venganza y la locura pierden su objeto y por tanto ambas desaparecen. Es demasiado obvio la necesidad de masacrar el cuerpo para ocultar algo en él o para atraer la atención a él. La violación con una manguera podría enmascarar un daño previo en vagina o aparato reproductor. Adicionalmente este caso ayudo a desviar muy eficazmente la opinión pública hacía otras líneas de investigación, incluidas las grabaciones snuff. Acaba de acontecer la declaración de la mujer para el Diario de Juárez sobre que ella había sido secuestradas, narcotizada y violada y luego dejada en libertad, es decir se ha armado bien la presencia de un grupo con las características que las autoridades u otro grupo desean, y a pocos días de la presión internacional por el asesinato de Hester.*

Quizás eligieron una mujer de 28 años, debido a que una mujer de esa edad presenta un buen vientre para cargar un bebé. ¿Qué edad realmente tenía esta mujer?.

Como dato al margen, ese mismo día tomo cargo como gobernador del Estado, el priísta Patricio González.

⇒ El viernes **30 de octubre de 1998** los familiares de **Mayra Gabriela Aguilar Ochoa** de 19 años y de **Brenda Chico Fernández** de 13 años, reportaron su desaparición. Mayra salió de su casa en busca de trabajo el **25 de octubre**, a solo una semana de haber llegado a Cd. Juárez.

Mayra salió en busca de trabajo el domingo 25, lo cual es un día inusual para salir a buscar trabajo, por lo que hay que verificar este dato. Otro dato a tomar en cuenta, es que la familia tardo cinco días en reportar su desaparición, considerando que solo llevaba una semana viviendo en Ciudad Juárez y sin tener aun trabajo, cuestión que vuelve este hecho también como poco común, ya que evidentemente conocía a muy poca gente, difícilmente tendría novio en la ciudad y no imagino donde pudo pensar la familia que ella se hallaba bajo esos atenuantes durante esos días, o que fue lo que los detuvo para poner antes la denuncia.

115) El **4 de diciembre** es hallado el cuerpo de 51 años de **Francisca Sánchez Gutiérrez**, se hallo cerca de la *Policía Federal de Caminos*, en terrenos de *Flourex*. El cuerpo se hallo vestido y presentaba traumatismo y además posiblemente había sido atropellada.

Pese a la edad de la víctima, consideramos que aunque pequeña, existe la posibilidad de que este caso tenga algo que ver, ya que una vez más aparecen los terrenos de Flourex, y una vez mas se habla de atropellamiento. Quizás estaba vinculada de alguna forma con Hester y con María Eugenia y por eso la mataron, o fue parte del teatro armado por las autoridades o por el mismo grupo que empezó a actuar después de la muerte de Hester.

116) **Celia Guadalupe Gómez de la Cruz** de 13 o 14 años, es hallada muerta el **10 de diciembre de 1998**, en un lote baldío en el fraccionamiento *Oasis Revolución*, cerca del eje vial Juan Gabriel. Era estudiante de secundaría y se hallo semidesnuda y había sido apuñalada, estrangulada y violada. Había recibido seis cuchilladas a la altura del esternón. Celia era morena, delgada y de cabello largo. De este crimen se culpó al nuevo grupo llamado los "Ruteros", y en el que una vez mas las autoridades confiaban para ocultar su ineptitud y mediocridad. El cuerpo presentaba un avanzado estado de descomposición y al parecer había muerto de tres a cuatro semanas antes.

Una vez mas una estudiante de secundaría -la quinta-, además este año inicia con el asesinato de Jessica de 13 años y termina también con una niña de 13 años. Este año, los tiempos en que los asesinatos ocurrieron, difirieron de los años anteriores en forma sustancial, aunque no tanto la manera en que estos ocurrieron; todo pareció indicar que se trataba una vez mas de un grupo experimental principal pero que en esta ocasión se encontró mas espaciado entre una y otra de las sujetas experimentadas, y si esto fue así debió deberse a algún motivo experimental que determino dicha espaciación.

Al ser una vez mas estudiante, quizá también el asesinato fue por estudiantes, debemos averiguar en que secundaría estudiaba esta niña. No debemos olvidar, que así como una alta proporción de la población de mujeres de Ciudad Juárez de esta misma edad y clase socioeconómica labora en las diferentes industrias maquiladoras, así mismo una alta proporción de mujeres entre 11 y 15 años son estudiantes de secundaría, por lo que hay que ser precavidos al considerar estos hechos.

-1999-

117) A fines de **enero de 1999,** específicamente el **31** es hallada atrás de los campos deportivos de *Pemex*, en el boulevard Oscar Flores, a la primera mujer de este año. Se hallo vestida, había sido violada y estrangulada y tenía una edad entre 18 y 20 años. Una vez mas se culpó a "los Ruteros". Fue identificada según las autoridades en diciembre del 2001 por la familia como **Rosalbi López Espinoza**, sin embargo dicha identificación se realizo casi tres años después y sin la prueba de ADN.

Una víctima mas hallada en *Pemex*, en este caso la sexta hallada hasta el momento en este lugar (habrá mas en el futuro). Pese a la escasez de datos acerca del caso, volvemos a pensar en que el lugar del secuestro es en la ciudad y no en el desierto como todo pareciera indicar.

Aunque aventurado, creemos que esta mujer fue retenida cautiva por lo menos por quince días cerca de allí. El cuerpo apareció un mes y medio después del de Celia, y también se culpó un par de meses después a "los Chóferes" o "los Ruteros" de este caso.

Este año es el primero, desde que estos asesinatos comenzaron, que no inició con una niña, aunque el año anterior sí termino con una. *No descartamos que la fecha de inicio de un grupo, en esta ocasión se adelantara veinte días, al fin y al cabo el año anterior se caracterizó por variaciones en la frecuencia de los asesinatos.*

118) Al día siguiente, el **1° de febrero de 1999** es hallada **Paulina León** de 17 años, había sido violada y al parecer estrangulada. Solo tenía puesta una de las dos perneras de su pantalón vaquero.

Este caso no presenta mayores datos, por lo que aunque parece estar relacionado con los otros, es difícil asegurarlo. Debemos averiguar más sobre él.

119) El **14 de febrero de 1999** se hallan en un radio de quinientos metros, los restos dispersos de una osamenta de mujer. Estos se hallaron en Lomas de Poleo. No se especifican las causas de la muerte.

Obviamente al ser una osamenta es difícil especificar causa de muerte así como también es difícil especificar si los restos llevaban mucho tiempo allí o en otro lado y fueron trasladados allí. Lo que parece ser obvio es que la mujer llevaba mucho tiempo de muerta y fue hasta ese momento que la hallaron, probablemente su muerte sucedió durante 1998.

No tenemos mayores datos del caso que nos permitan especular más a fondo.

120) Al día siguiente, el **15 de febrero de 1999** es hallado el cuerpo de 13 años de **Irma Angélica Rosales Lozano,** en una zanja en un lote baldío en la colonia Luís Olague, en el Parque Industrial *Gema*. Había sido violada y murió por asfixia con una bolsa de plástico sobre la cabeza. Se sabe que trabajo siete días en la fábrica *Electro Componentes*. El cuerpo se hallo con el pantalón bajado. Cinco semanas después se culpara también de este asesinato a la banda denominada "los Chóferes" o "los Ruteros"; compuesta según las autoridades por Jesús Manuel Guardado "el Tolteca", José Gaspar Chávez "el Gaspy", Agustín Toribio Castillo "el Kiani", Bernardo Hernández Fernández y Víctor Moreno Rivera.

Una vez más una niña, aunque Irma es la primera de este año. Este año no habían trabajado con niñas, pero una vez mas requieren de óvulos jóvenes, ¿Por qué?. Pese a que ha habido otras tres mujeres halladas previamente a Irma en este año, aún es inicio de año y el patrón de hallar una niña cada principio de año podemos considerar que sigue vigente, desde 1993 es decir durante siete años consecutivos.

El experimento quizás hizo necesario el requerir de óvulos provenientes de ovarios jóvenes. La ultima víctima joven fue Celia de la Cruz (10 de diciembre de 1998) solo dos meses antes, por lo que su experimento puede estar requiriendo del uso de diez ó doce óvulos (obtenidos por hiperestimulación ovárica) cada dos meses, lo cual no es mucho, al menos de óvulos obtenidos de ovarios jóvenes. ¿Es factible que la transferencia nuclear haga más efectivo el uso de material nuclear de óvulos jóvenes, que de óvulos provenientes de ovarios de mayor edad?.

Si hay algo de verdad en esto, explicaría muchas cosas, por lo que esta respuesta seria fundamental en el contexto de la presente hipótesis.

La muerte ocurrió de una forma que antes no se había visto, o por que no había ocurrido, o no se había determinado que se usaba una bolsa de plástico.

También esta ocasión una vez más esta una maquila involucrada.

121) El martes **16 de febrero de 1999** se hallaron los restos de una mujer no identificada en un horno ladrillero a la altura de la carretera Ciudad Juárez-Casas Grandes. Los asesinos usaron ocho llantas para cubrir el cuerpo, para después rociarlo con algún líquido inflamable y prenderle fuego. A pesar de la total calcinación del cuerpo, se determinaron dos heridas con arma punzocortante en el tórax. La causa de la muerte fue por shock hipovolémico. La edad aproximada de la víctima era de 20 años.

El horno dónde la mujer fue hallada se encuentra cerca de una finca abandonada. El cuerpo aun mostraba un arete de broquel, tres argollas y varios trabajos dentales (tres coronas en dos premolares y un molar del lado derecho). Es el tercer cuerpo hallado en tres consecutivos días.

Un caso mas de calcinación, aun que en este se esmeraron para ponerle ocho llantas, mismas que probablemente transportaron junto con el cuerpo de forma premeditada y consciente. Una vez más surge la pregunta, para que quemar un cuerpo si no es para ocultar alguna característica física como la identidad o un embarazo. En este caso la mujer debió morir en otro lado y se transportó en algún vehículo que por el hecho de llevar ocho llantas debió ser algún tipo de camioneta donde ella y las llantas cupieran. Este asesino una vez mas se comprueba, no es un asesino serial irracional y despiadado que actúa en función a algún instinto primario, sino que por el contrario es alguien inteligente y capaz de pensar en las mejores maneras para deshacerse de un cuerpo y además una vez consumado el asesinato, llevar esos planes a cabo.

122) Dos semanas después el **3 de marzo de 1999** es hallada **Elena García Alvarado** de 33 o 35 años. Fue hallada en el un terreno baldío en el kilómetro veintinueve de la carretera a Casas Grandes. Murió acuchillada y posteriormente fue calcinada. Era un ama de casa que se sabe vivía en unión libre. Tres semanas después de hallarse, las autoridades aseverarán que esta, fue una mujer más muerta por la banda de "los Chóferes" o "los Ruteros", supuestamente conformados por Jesús Manuel Guardado "el Tolteca", Agustín Toribio Castillo "el Kiani" y Víctor Moreno Rivera; según las autoridades también pertenecían a esa

banda José Gaspar Ceballo (Cevallos) Chávez "el Gaspy" y Bernardo Hernández Fernández, quién fue absuelto por un juez.

A solo dos semanas; que es el tiempo promedio para lograr la hiperovulación y la extracción de los óvulos de una mujer, aparece el cuerpo de una mujer mayor (33 años) que refuerzan la hipótesis de que podrían están utilizando primero óvulos de mujer joven como donadora de material nuclear y de mujeres viejas como portador de ese núcleo y que quizás son más estables durante la duplicación celular. Este caso pese a la muerte de la portadora del posible producto, no se descarta la probabilidad de que sé este experimentando en clonación humana.

Es la segunda mujer calcinada de forma consecutiva, por lo que es factible que el cuerpo presentara algún rastro muy evidente, y que esta fuera la causa de que lo calcinaran, pero ¿Pero de qué rastro hablamos?. En un proceso tradicional la extracción de óvulos de distintas donadoras se podría realizar por separado y una vez logrado esto, se procedería a la transferencia del núcleo, misma que se realizaría fuera, en una caja de vidrio a la que se le aplica un impulso eléctrico para permear la membrana nuclear. Una vez hecho esto no se regresaría el óvulo a la donadora sino se fecundaría in vitro con el semen del donante, pero quizás en estos casos sí se regrese a la mujer donadora para que ese embrión cobre fuerza (el regresar el embrión al vientre materno, es la característica fundamental que separa la transferencia nuclear de la clonación). Pero para Células Madre no requiero esta etapa de fortalecimiento, a menos que como se menciona, lo que se este buscando sean embriones desarrollados en vez de blastocitos. Evidentemente es fundamental saber cuando fue raptada esta mujer, y si no es factible que el cuerpo presentara señales de una maternidad reciente que fortalezca la posibilidad de experimentos en clonación.

⇒ Quince días después, el **18 de marzo de 1999, Nancy Villalva González** de 14 años sobrevivió a un ataque donde fue violada y estrangulada. Nancy trabajaba en el turno nocturno de la maquila *Motores Eléctricos*. Nancy fue conducida por el chofer del autobús de pasajeros contratado por la planta maquiladora dónde ella trabajaba, a Granjas Santa Elena, en la misma zona de la carretera a Casas Grandes dónde se han descubierto una gran cantidad de mujeres muertas. Allí fue desnudada, violada, estrangulada y abandonada sin identificación alguna; sin embargo ella sobrevivió al ataque, caminó hacía un caserío y denuncio a su agresor; Jesús Manuel Guardado Márquez de 25 años y apodado "el Tolteca", a quien las autoridades acusarían de ser el líder de la banda denominada "los Chóferes" o "los Ruteros".

Una vez mas una niña de catorce años muy cerca de otra niña de trece (Irma Rosales), pero en este caso no murió en el ataque, que significa esto. Por que la dejaron viva, la gente que hace esto es sumamente profesional y no la abandonarían allí viva a menos que tuvieran que huir de prisa, pero que puede hacer huir a estos asesinos, a menos que alguien los viera, es sumamente necesario saber donde fue exactamente el ataque, probablemente alguien los vio y ellos a su vez lo vieron.

¿Realmente una niña de 14 años es capaz de realizar una identificación veraz de su agresor después de que este la violo, golpeo y ahorco, o solo repitió lo que las autoridades le dijeron que repitiera?

Nancy hubiera sido la octava víctima hallada desde el 31 de enero y que podría pertenecer a un mismo grupo experimental, que sería el quinto desde 1993. Si es que, es cierto que el caso de Nancy sí efectivamente se halla relacionado, esperaríamos que asesinaran a alguna otra mujer, de preferencia una niña inmediatamente después del fracaso de Nancy, y no hay reportes de que esto haya sucedido. *Una vez mas entra la duda si esto no fue armado esto por las autoridades, lo cual sería absolutamente maquiavélico.*

123) Tres días después, el **21 de marzo de 1999**, es hallada en la orilla de un arroyo seco cerca de la colonia las Huertas, en las inmediaciones de las vías férreas y la calle Barranco Azul, el cuerpo de una mujer que también había sido calcinada. En el arroyo dónde se encontró, también se hallaron trozos de tela. La causa de la muerte fue por estrangulamiento. Ante la prensa las autoridades insistieron que la mujer presentaba tanto golpes en el cráneo como fractura en el tabique nasal. La víctima tenía una edad aproximada de 18 años.

Este cuerpo una vez más había sido calcinada y como en el caso del 16 de febrero de este mismo año, había sido cubierto por llantas, rociada con un líquido inflamable y prendida. Esta mujer representa la tercer mujer que de formas seguida ha sido calcinada. La víctima era esbelta, morena, de cabello largo. Había sido desnudada, violada y estrangulada.

Al día siguiente el Kiani (Agustín Toribio Castillo) acepto el homicidio involucrando al Tolteca (Jesús Manuel Guardado), ambos de "los Ruteros". Tiempo después, también ambos aseguraran que declararon bajo tortura de las autoridades.

De este cuerpo no hay muchos datos, sin embargo una vez mas pasaron dos semanas desde el asesinato anterior, dónde también ocurrió calcinación y que concuerda con ese tiempo promedio del que ya se hablo, necesario para la parte experimental donde se requiere de las mujeres vivas. Así mismo y al igual que otros casos previos y en particular del inmediatamente anterior, el cuerpo, es el tercero en este año, que fue calcinado; como si tratarán de ocultar algo en el, algo que quizás pueda tener que ver con la forma como se extraen los óvulos. Creemos que esta sucediendo un quinto grupo experimental, dónde esta podría ser la cuarta mujer del mismo. Una vez mas "los Ruteros" son involucrados y los asesinatos anteriores dónde también se les involucro, es por que dicho involucramiento se realizo a posteriori.

124) El **7 de junio de 1999** es hallada **Elizabeth Flores Sánchez** de 20 años, cerca del Río Bravo. Había sido golpeada con un trozo de madera grande.

Este caso no muestra mayores datos, pero no lo descartamos por el hecho de que, la víctima fue hallada una vez más quince días después, aunque en esta ocasión cerca del río Bravo, lo cual es un lugar no usado comúnmente por los asesinos para dejar a sus víctimas, además de que fue golpeada con un trozo de madera, que tampoco es parte del *modus operandi* de este grupo. Uno de los motivos por el que no se usa esta parte de la ciudad para abandonar cuerpos puede ser debido a que es una zona muy transitada por inmigrantes, polleros y autoridades migratorias. Es altamente probable que este caso no tenga relación con los otros asesinatos.

125) Es hasta cuatro meses después, que sucede un caso posiblemente relacionada con los que nos atañen. El **15 de octubre de 1999** es hallado el cuerpo de una mujer en un lote baldío de *Pemex* en la carretera a Casas Grandes y la calle Barranco Azul, a muy poca distancia del *Centro de Readaptación Social para Adultos (CERESO).* La policía municipal aseguro que la edad aproximada de la mujer era de 15 años y que llevaba de dos a tres días de muerta. Al día siguiente la fiscal especial encargada de estos asesinatos, Sully Ponce (tiempo después acusada y encontrada culpable de negligencia en relación a estos casos) cambio su versión diciendo que el cuerpo era de una mujer de entre 40 y 50 años, con veinte a treinta días de haber fallecido. Murió por heridas producidas por un arma blanca. El cuerpo se hallo semidesnudo y al parecer fue violada y muerta a golpes. Se presume que la víctima era indigente.

Una víctima hallada una vez mas en la misma zona, y en donde las diferentes versiones oficiales generan confusión al analizar los hechos, sin embargo si consideramos que la mujer era indigente, quizás simplemente vio algo que no debía ver, o tal vez solo fue algún imitador. O simplemente no era indigente. Es muy difícil saber en este caso que versión debemos tomar.

⇒ Entre **noviembre de 1999** y **enero del 2000** hubo un operativo conjunto entre el *FBI* y la *PGR* en Ciudad Juárez en la búsqueda de fosas comunes. El operativo llamado Plaza Sweep, incluyo algunos ranchos que se sabía estaban relacionados con el narcotráfico, entre ellos estaban el rancho *Tiradores del Norte*, en el kilómetro cuatro y medio de la carretera a Casas Grandes, el rancho *la Campana* en el kilómetro veintisiete de la misma carretera, el rancho *Santa Elena* atrás de *Pemex* y por último el rancho *Santa Rosalía* en el municipio de Ascensión.

Aunque en el operativo se hallaron nueve cuerpos, no tuvo el éxito que la *PGR* y el *FBI* esperaban. Los cuerpos hallados se cree, son derivados de ajustes de cuentas y venganzas entre narcotraficantes, sin embargo cerca del rancho *la Campana* se han hallado cuerpos de mujeres asesinadas con *modus operandi* similar entre ellas.

126) El último caso reportado de este año ocurre desde **17 de noviembre,** donde es reportado el hallazgo del cuerpo de una mujer desconocida de entre 18 y 22 años de edad en el Cerro de la Bola. Se localizo el cráneo de la mujer y no se especifican las causas de la muerte. Lo que si se reporta, es que tenía dos años de muerta.

Este cráneo parece que llevaba mucho tiempo allí y por lo tanto es difícil saber a que grupo de experimental perteneció. Ni siquiera sabemos si lo tenían en otro lado y lo dejaron después de un tiempo allí, ya que no aparecieron mas huesos, y un cráneo no es el hueso que un perro carroñero traslade de un lado a otro, aunque si pudo llevarse todos los demás huesos.

El cuerpo llevaba mucho allí quizás desde 1998, por lo que en el año 1999 en particular hubo muy pocos casos, probablemente solo díez relacionados con experimentación. Pero ¿Por qué disminuyeron de esta forma los casos?. Tal vez no hubo disponibilidad de tiempo del asesino. O se obtuvieron resultados positivos. Quizás se estaba llevando a cabo una fase del estudio larga (clonación). O simplemente las autoridades ocultaron cuerpos. ¿O cual fue la razón?.

127) Este año se documenta la primera muerte de una mujer en la ciudad de Chihuahua, relacionada con los asesinatos de Ciudad Juárez según el *modus operandi* en que las mujeres de ambas ciudades mueren. La víctima se llamaba **Norma Luna Holguín** y tenía 16 años.

Debemos averiguar aunque sea una fecha de muerte y la mayor cantidad de datos sobre este caso.

-2000-

128) El **19 de enero del 2000** se halla en un paraje en Cerro Bola, el cuerpo de una mujer desconocida de edad aproximada entre 28 y 30 años. La mujer tenía sus ropas a un lado, como en muchos otros casos, al parecer arrojadas por los asesinos. Se presume que había sufrido violación. Fue hallada a solo dos kilómetros del cuartel de la policía montada ejido Adolfo López Mateos. Al parecer había sido estrangulada. Llevaba seis meses a la intemperie, tenía el cabello castaño claro y largo, llevaba puesto un anillo de plástico en el dedo pulgar izquierdo, otro más se encontró en su pantalón vaquero color negro, una playera blanca, así también presentaba desgaste de dientes que quizás indiqué padecimiento de epilepsia.

Es el primer caso del año, y es una mujer mayor una vez más. No hay muchos datos sobre el caso como para hacer deducciones. Un caso más en Cerro Bola. Hay que averiguar más datos de este caso. Lo que sí es que por segundo año consecutivo no se inicia con una niña, aunque esta mujer llevaba seis meses de muerta, por lo que no fue la primera del año sino que se añade a la lista de mujeres muertas en 1999, específicamente muerta en julio y fuera del probable grupo experimental de ese año, que sucedió entre febrero y marzo.

El anterior año disminuyeron en mucho los asesinatos, este año será muy parecido. La pregunta es ¿Si esto es debido a que han encontrado resultados alentadores?.

Pese a lo pobre de las autopsias realizadas a los cuerpos, el informe forense emite un juicio sobre posible padecimiento de epilepsia, cuestión que no debe ser tan directamente de concluir de una dentadura.

129) Una semana después el **27 de enero del 2000,** el cuerpo de 18 años de **María Isabel Nava Vázquez** es hallado en Loma Blanca, en un canal de irrigación a unos quinientos metros de la carretera Juárez-Porvenir. Fue degollada y posteriormente calcinada. Desapareció cuando se dirigía a la maquila *Avery de México,* que se halla cerca de la estación Aldama de la *Policía Judicial del Estado (PJE).* Fue asesinada a cuchilladas, y había desaparecido el día **4 de enero** (tres semanas antes). La autopsia revelo que probablemente había permanecido dos semanas en cautiverio antes de su muerte, por lo que llevaba una semana de muerta. El lugar dónde se hallo es el mismo dónde previamente se había hallado el cuerpo de Sagrario González Flores en 1998, caso que según las

autoridades esta resuelto y con culpables confesos. María Isabel tenía un hijo.

La raptaron camino a la maquila, aunque no dice en que turno de la maquila, es muy probable que no haya sido elegida azarosamente sino elegida desde tiempo antes. El *modus operandi* fue diferente, ya que esta mujer fue degollada y después se calcino el cuerpo, quizás tratando de ocultar alguna evidencia. Hay que averiguar la hora del rapto.

Esta mujer puede ser el inicio de nuevo grupo de investigación. Una calcinación mas; en un año han ocurrido cuatro calcinaciones y estas deben ocurrir por algún motivo, que puede ser desde el intento de ocultar evidencia en el cuerpo, un nuevo asesino con nuevo modus operandi, o más probable quizás, alguien estaba sospechando algo respecto a los cuerpos, había alguien cerca de la pista y había que cambiar el modus operandi.

Esto último sin embargo, no limito el que fuese secuestrada nuevamente durante dos semanas, tiempo promedio para conseguir la hiperovulación.

130) El **31 de enero del 2000**, solo cuatro días después, aparece una nueva víctima de nombre **Cecilia Sáenz Parra**. Había sido violada y las autoridades detienen, a quién según ellas es el presunto homicida, César Solís.

Los datos son muy escuetos y no permiten realizar mayores conclusiones, debemos averiguar más al respecto.

131) Dos semanas después, el **14 de febrero del 2000** hallan el cuerpo de **Inés Silva Merchant** de 23 (20) años de edad, fue encontrado en Lote Bravo, en pleno desierto en la colonia Fray García de San Francisco. El cuerpo desnudo de Inés presentaba sangrado nasal, un golpe en el ojo derecho y había sido desnucada. También había sufrido violación. Murió de asfixia por estrangulamiento. Se hallo desnuda de la cintura para abajo, y los zapatos se hallaron envueltos en el pantalón a un lado del cuerpo. Inés era originaria de Puebla y radicaba en Ciudad Juárez desde hacía dos años, además tenía dos hijos.

Es el tercer caso de este grupo experimental. Solo dos semanas después del caso anterior, cuestión que una vez mas afianza la hipótesis, aunque queda la pregunta de por que entre una y otra, dejan pasar dos semanas o un ciclo de ovulación completo y no todas las mujeres de un mismo experimento son raptadas de manera simultanea. Una de las razones para esto es que hasta este momento no tengan un lugar donde puedan mantener secuestradas a dos mujeres separadas una de la otra de forma simultanea, y ese sea el motivo por el que es una primero y otra después, lo cual de nuevo indicaría que no se trata de un rancho en las afueras sino un pequeño lugar dentro de la ciudad, que probablemente esta además cerca de los campos de algodón donde en el 2001 se abandonaron ocho cuerpos, y cerca también del lugar donde fue hallada ese mismo año, Lilia Alejandra García; o también quizás la experimentación se adapto para usar óvulos de una mujer y luego óvulos de otra y no de varias de forma simultanea.

Esta mujer fue golpeada antes de ser desnucada. No se uso cuchillo, quizás esta mujer opuso más resistencia que las otras, donde el asesino usaba estrangulamiento en vez de arma blanca, y tuvo que pegarle y después desnucarla. Valdría la pena averiguar la complexión física de esta mujer. Sin embargo también se habla de estrangulamiento, de manera que según esto, desnuco y luego estrangulo, o estrangulo y luego desnuco, y no entiendo para que realizo esto, es una vez más ilógico el matar dos veces a alguien, ¿Cual es la satisfacción o reto en ello?. No lo creo, una vez mas parece una escena armada.

Que motivación o impulso pudo llevar al asesino a quitarle los pantalones y los zapatos y luego envolver los zapatos con los pantalones y depositarlos a un lado de la mujer después de asesinarla; es más factible que el asesino consiguiera que la mujer obedeciera la orden de desnudarse, y de forma instintiva ella misma envolvió sus zapatos con el pantalón, pero que pudo hacer que ella obedeciera una orden así, si de cualquier forma ella sabía con mucha certeza que la iban a lastimar; aún es más factible que ella viniera en el coche y caminara del coche así, sin pantalón y sin zapatos y fueron envueltos por el asesino para poder transportarlos hasta donde iba a ser asesinada; sin embargo lo más probable es que esta mujer muriese en otro lado y el asesino la bajo del auto cargando y con el bulto de zapatos y pantalón quizás sobre de ella, de forma que al bajarla al suelo los zapatos y pantalón fueron depositados a un lado del cuerpo.

132) El **1° de abril del 2000**, solo mes y medio después aparece el cuerpo desnudo de **Amparo Guzmán Caixba**, de aproximadamente 17 años en Cerro Bola. Estaba semidesnuda, había sido violada y murió por desnucamiento (fractura de cervicales). Era originaria de Veracruz y trabajaba en la maquila *Elamex*.

Reaparece un caso de una mujer joven, también al igual que la mujer del 19 de enero el cuerpo fue hallado en Cerro Bola y también una vez más, al igual que Inés Silva, fue muerta por desnucamiento. Y también una vez más una maquila esta involucrada, en este caso *Elamex*.

Hay que averiguar cuando fue raptada Amparo y cuantos días llevaba de muerta.

133) El fenómeno de desapariciones y homicidios con violencia sexual similar, se extiende de Juárez a la ciudad de Chihuahua. El **4 de mayo** sus familiares denuncian la desaparición de **Myriam Cristina Gallegos Venegas.** Tenía 17 años y era obrera de la maquiladora *ACS*. El número otorgado a su expediente es el 144/00. Su cuerpo fue encontrada semidesnudo.

¿Por que se movieron de Juárez?. Quizás por que es cierto que había una pista cercana y decidieron alejarse un poco de la escena, aunque también pudo ser por necesidad de algo que no había en Juárez y sí en Chihuahua. O por que se quería probar con un grupo experimental ajeno a las variables que afectan a los grupos anteriores. Es la segunda mujer reportada en Chihuahua, dónde la otra fue probablemente reportada en diciembre de 1999, es decir cinco meses atrás.

134) En otro caso de la ciudad de Chihuahua, se reporta la desaparición de **Jacquelín Cristina Sánchez Hernández** de 14 años. Jacqueline es encontrada al día siguiente, semidesnuda y muerta entre los matorrales de un arroyo.

En el caso de Jacquelín fue retenida por solo un día por lo que parece que tomaron algo que debía usarse rápido. Tercer caso de Chihuahua.

135) El **28 de junio del 2000,** es hallado en Ciudad Juárez el cuerpo semidesnudo de 17 años de **Liliana Olguín de Santiago** en la colonia Pánfilo Najera en Cerro Bola. La causa de la muerte se determino como traumatismo craneoencefálico. Liliana trabajaba en un negocio de juegos de video. Esta mujer al igual que Silvia Elena Rivera (julio 11 de 1995) fue vista por última vez en la zapatería *"3 Hermanos"*, además era una mujer más que asistía a la escuela de computación *Ecco*. Estaba desnuda de la cintura para abajo y había muerto tres meses antes.

Una mujer joven una vez más. Este es el tercer caso del año donde el cuerpo es hallado en Cerro Bola. Una vez mas la pista lleva a adolescentes de secundaría o preparatoria, sin embargo los estudiantes que actuaron en 1995 ya crecieron y ya no pasan desapercibidos en los negocios de video juegos y en las secundarías, quizás entonces solo sean el gancho y no sean hombres sino mujeres que de alguna manera tienden la trampa y hasta allí llega su participación, y por eso las zapaterías.

Han pasado casi tres meses sin que aconteciera un caso en Ciudad Juárez. Murió a finales de marzo, por la misma época en que fue hallada Amparo. Todo empieza a indicar que estas mujeres forman parte de un nuevo grupo experimental, y quizás las mujeres de Chihuahua pertenezcan a otro grupo utilizado como comparativo.

136) Un día después, el **29 de junio del 2000** es hallado un cuerpo de edad entre 20 y 25 años flotando en el canal del Paso, Texas, el cuerpo presentaba visibles huellas de asesinato. Llevaba tres meses de muerta.

Pareciese que este caso no esta relacionado con los otros, sin embargo no podemos descartarlo hasta averiguar mas detalles del mismo.

137) El **26 de julio del 2000** se informó del hallazgo de **Irma Márquez** de 32 años, estrangulada en un paraje solitario. Era obrera de la maquiladora *Electromex*, había salido de su trabajo un día antes, pero nunca llego a su casa. El cuerpo fue hallado dentro de una bolsa de plástico en un terreno baldío con huellas de violación y cuatro puñaladas. Ese mismo día, la fiscalía presento a Antonio Sarmiento Ruvalcaba como su victimario.

La bolsa fue para transportarla, por lo que no murió allí. También recibió cuatro puñaladas y además se le estrangulo. Fue secuestrada el **25 de julio.** Estos comportamientos se hallan fuera de los comportamientos documentados en estados de locura y exaltación, así que una vez mas parece demasiado armado en una farsa.

La víctima fue secuestrada después de salir de la maquila, habría que averiguar a que hora dejo esta. Es demasiado rápido para cualquier autoridad, y más para las del Estado de Chihuahua que el mismo día tengan un detenido, no es creíble de ninguna manera tal eficiencia.

⇒ En **agosto del 2000** se descubrió en Cerro Bola un triángulo formado por piedras de cerca de tres metros de lado, justo en las inmediaciones en las que se hallaron los cuerpos de Amparo Guzmán Caixba y Liliana Holguín de Santiago. Según la reportera Rosa Isela Pérez del diario *el Norte* y quien fue la misma en narrar el evento de la cabaña de madera y la tabla; el triángulo tenía cuarenta y seis piedras por lado, pero con rocas más grandes en cuatro puntos y en su base tiene una abertura de menos de un metro. La punta del equilátero se orientaba hacía el sur, y la abertura de su base hacía el norte. El triángulo se hallo a unos cinco metros de donde se hallo el cuerpo de Amparo Guzmán, el 1º de abril del 2000, y a unos quinientos metros de donde fue hallado el de Liliana Holguín de Santiago tres meses después, el 28 de junio del 2000 (¿Cómo saben tiempo después las ubicaciones de forma tan exacta?, pensaría que solo por fotografías desde helicópteros podrían calcularse esos lugares, hubo fotos de helicópteros. -Difícilmente-. Entre los lugares de localización de ambas víctimas existen cuatrocientos noventa y un metros. La superficie interior del triángulo fue desyerbada y a un lado del triángulo se encontraron restos de una hoguera.

En otros casos como el de Elizabeth Castro, y también en otros mas adelante se presentan evidencias del símbolo triángulo, en estas ocasiones marcados en los cuerpos de algunas víctimas. La figura del triángulo tiene diferentes connotaciones artísticas, matemáticas y religiosas, entre ellas es usado para representar la fecundidad femenina. Un comportamiento frecuente en muchos asesinos seriales es el de dejar una marca en sus asesinatos, algo que los caracteriza y que usan de alguna forma consciente como una firma que los hace distintos a los demás, o inconsciente y que responde a impulsos no necesariamente racionales. Hemos dicho que los autores o el autor material de estos crímenes es un científico altamente orientado a resultados, que es un hombre no religioso y que cree firmemente en el sacrificio de unos pocos para el beneficio de los más. Esta personalidad no concuerda con la de alguien que deja una marca en el desierto, o en un cuerpo y que significa para quien lo sepa leer la clave de los asesinatos. Pero entonces, ¿Qué es el triángulo?, ¿Quién lo hizo?, ¿Si existió en realidad?. Descartamos que lo halla hecho una víctima que escapo o que sobrevivió al ataque, por que una víctima no se quedaría allí haciendo una fogata y acortando las horas de oscuridad donde puede huir, ni tampoco podría seguramente hacer una fogata ya que si escapo, lo hizo sin cerillos, ni encendedor y si sobrevivió, tampoco seguramente llevaba esos aditamentos. Siempre pudo ser realizado por los asesinos como una nueva forma de desorientar a la opinión pública en la búsqueda de significados menos tangibles y pragmáticos.

Sin embargo, si el triángulo significa fecundidad femenina, sí podría ser una pista tanto este triángulo, como los hallados en los cuerpos y está siendo dejada por alguien del grupo. Quizás no tanto por el o por los científicos, sino por uno de los asesinos, en un anhelo de dejar una pista. ¿Pero por qué querría esto?. ¿Un dejo de consciencia?, ¿Anhelo de sobrevivir al recuerdo?, se sabe que el motivo de que muchos asesinos seriales dejen pistas o marcas personales, no es tanto el descuido como un deseo profundo de ser descubiertos. Es sabido que el motivo oculto de muchos científicos al realizar sus investigaciones, no es tanto el objeto de la investigación en sí, sino un deseo profundo de trascendencia que se vea reflejado en fama y renombre.

⇒ El **19 de octubre del 2000** se reporta la desaparición de **Verónica Martínez** de 18 años y obrera de la maquiladora *Motores Fasco*.

138) Es hasta el **24 de octubre del 2000**, tres meses después que sucede el último caso del año relacionado con la cadena de homicidios, el cuerpo de **María Elena Chavéz Caldera** de 15 años es hallada en un terreno de Salbacar, en un paraje desértico de los suburbios, en la colonia

Villa Nueva. El cuerpo se hallo vestido y en plena descomposición. Presentaba hematomas en diferentes partes, y posibles lesiones internas. La estimación es que el cuerpo llevaba entre 15 y 18 semanas expuesto a la intemperie. Se reporto su desaparición el día **20 de junio** del mismo año. La fiscalía aventuro que los restos eran los de María Elena desaparecida cinco meses antes, aunque los familiares negaron que fuera ella. Medía 1.60 metros de altura, el cabello era de color largo teñido. Vestía pantalón vaquero color azul, sudadera gris con franjas verdes, playera rosa con dibujos de platillos voladores, tenis blancos, además utilizaba un broquel en el oído izquierdo, una cintilla con un dije en forma de corazón que lleva inscrita la palabra "*Amor*". Tenía de tres y medio a cuatro meses y medio de muerta.

María Elena al parecer desapareció a fines de mayo, por lo que o existe un error en las fechas, o se reporto su desaparición hasta mas de veinte días después, después de salir del domicilio donde trabajaba como empleada doméstica cerca de López Mateos y Triunfo de la República, y según las autoridades murió entre la primera y ultima semana de junio, por lo que estuvo secuestrada entre un quince días y un mes, lo cual concuerda con un ciclo entero de ovulación.

El último secuestro y asesinato documentado en este año, fue el de Irma Márquez del 25 y 26 de julio respectivamente, ya que el presente cuerpo murió a mas tardar el 28 de junio, así que desde julio de este año los asesinatos se detuvieron.

Hasta el momento no habían dejado un periodo tan grande de tiempo sin cometer un asesinato. Una vez mas, es factible que estén experimentando resultados positivos, o que esto sea por otras causas, como que quizás el investigador o el asesino no estaba en la ciudad en esa época, o por que era necesario retener a las mujeres por un mayor tiempo (clonación), o simplemente las autoridades están escondiendo cuerpos.

El cuerpo estuvo expuesto a la intemperie de 15 a 18 semanas, esto es de cuatro a cuatro y medio meses. Muy probablemente esto es el mayor tiempo en que un cuerpo ha estado expuesto sin ser hallado, de hecho en general, casi todos los cuerpos son hallados en fecha cercana al abandono de los mismos, como si estuviesen colocados de forma que fuesen hallados rápidamente, aunque no siempre ha sido así. En base a esto, pareciera que este lugar es el mejor lugar para abandonar un cuerpo, sin embargo solamente lo usaron esta vez y ni una mas. ¿Por que lo dejaron aquí?, ¿Sabían que iba a tardar mas en ser hallado?, ¿Querían ocultar una prueba en el cuerpo?, ¿Plantaron el cuerpo después y no estuvo allí cuatro meses, sino menos tiempo?, O simple casualidad.

Aunque fuese casualidad debe existir un motivo por el que probaron abandonar el cuerpo en este nuevo sitio.

Como una nota que debe ser mencionada, es el hecho que María era pariente de otra de las mujeres asesinadas, Olga Leticia Carrillo Pérez, que apareció asesinada el 10 de septiembre de 1995, cinco años atrás y a quién por cierto, sus familiares tampoco aceptarían que el cuerpo hallado vestido con las ropas de Olga, realmente fuera el cuerpo de ella. Volvemos a pensar que debe haber un vínculo entre las mujeres, que las vuelve blanco de los asesinos, y ese vínculo creemos tiene que ver con el hecho de que no las secuestren a plena luz del día en un lugar abierto, sino que ellas entran por su propio pie a un lugar cerrado donde son retenidas, en este caso un lugar que atrajo a ambas mujeres de la misma familia, quizás por el hecho de que en algún momento este lugar se comento dentro de su mismo círculo familiar.

Este año al igual que en 1999 fueron pocos los casos, solamente nueve en Ciudad Juárez, casi igual número que en el año anterior. Además esta fue la primera niña del año (hubo otra en Chihuahua), y es el primer año dónde no aparece una niña a principio del mismo. Este año también ocurrió el segundo, tercero y como veremos a continuación cuarto asesinato documentado en la ciudad de Chihuahua. *Este año no queda claro si existió un grupo experimental como tal, si lo hubo, este fue muy variado en tanto a edades y fechas de experimentación, aunque es factible que si halla existido y que en Chihuahua se hallan corroborado datos experimentales.*

139) El día **12 de diciembre del 2000**, desaparece **Erika Noemí Carrillo Enríquez** de 20 años en la ciudad de Chihuahua. Su cuerpo fue hallado semidesnudo. Fue clasificada por las autoridades con el expediente 384/00. Erika estudiaba en el *Tecnológico Plantel 2* y también en la escuela de computación *Ecco*.

Es el tercer caso documentado en la ciudad de Chihuahua en lo que va del año y el cuarto caso desde que iniciaron, en diciembre de 1999.

-2001-

140) Primer caso del año, donde **Susana Enríquez Enríquez** de 29 años fue hallada en un arroyo próximo al cerro Cristo Negro. El cuerpo se hallaba desnudo de la cintura hacia abajo, su ropa se hallaba al

lado del cuerpo. Al parecer había sido violada y estrangulada. El cuerpo se hallo el **14 de enero del 2001.**

Es el primer cuerpo hallado en Cristo Negro; en el 2003 aparecerá un nuevo grupo de mujeres, todas abandonadas allí. No olvidemos que también en el caso anterior se probo un nuevo lugar para abandonar los cuerpos, y este es el segundo lugar inusual para ello, al cual regresaran, sin embargo debe existir un motivo para estar probando lugares nuevos, llevaban ocho años dejándolos en los mismos sitios y ahora de repente cambian de ubicación, además de que desde el año pasado y varias veces durante el 2001 empezaron a actuar en la ciudad de Chihuahua. Pareciera que responde a nuevas directrices de un nuevo y más precavido jefe, o líder de estos asesinos, o a que las autoridades o algún reportero se han acercado a alguna pista.

Han pasado casi tres meses desde el último asesinato documentado en Juárez, y reinician con una mujer de edad superior a lo acostumbrado.

141) El segundo caso del **2001**, ocurre hasta el **20 de febrero**, cuando es hallado el cuerpo de 17 años de **Lilia Alejandra García Andrade**, en un terreno baldío frente al centro comercial *Plaza Juárez*, en Ejercito Nacional y Adolfo López Mateos (un lugar muy transitado y a pocos kilómetros de los campos de algodón dónde este mismo año se abandonaran ocho cuerpos de mujeres). Había sido violada, atada, mutilada y torturada. El cuerpo de Lilia se hallo desnudo y estaba envuelto en una cobija. Era empleada de una maquiladora, de la que salió el **14 de febrero del 2001** (día de San Valentin), y rumbo a su casa fue secuestrada. Las lesiones en la piel indicaban que estuvo maniatada durante días y que sufrió ataques sexuales. La causa de la muerte fue asfixia por estrangulamiento, y había ocurrido solo unas horas antes. Lilia tenía un hijo de tres años y uno de cinco meses, trabajaba en la maquila llamada *Servicios y Ensambles*, así también esta mujer, estudiaba computación en la escuela *Ecco*.

La autopsia revelo que murió el lunes **19 de febrero**, por lo que estuvo cinco días cautiva. Fue violada tumultuariamente, torturada, mutilada y estrangulada. La noche del 19 de febrero (el día que murió; no el día que fue secuestrada), una mujer alerto a varios vecinos de la calle Rancho el Becerro sobre la presencia de un automóvil blanco marca *Thunderbird* estacionado frente al negocio *Teleservicio Domínguez* propiedad de Jorge Domínguez, ex técnico de la maquila *Phillips*. La joven reporto que alguien trataba de meter a la fuerza a una mujer al vehículo. El vehículo estaba estacionado con el frente hacía el sur y en su interior había mucha actividad como si alguien estuviera peleando, o quizás como si una pareja estuviera teniendo relaciones sexuales. Más tarde un hombre que aparentemente vigilaba el vehículo, desapareció y al parecer se introdujo en el *Teleservicio Domínguez*. Las autoridades no hicieron caso al recibir la primera llamada al número de emergencia, alrededor de las díez quince de la noche, dónde se reportaba que la mujer estaba siendo golpeada y violada por al menos dos hombres dentro de dicho vehículo; y fue hasta las once y veinticinco de la noche, que se mando una patrulla al lugar. Se sabe que el segundo piso de ese establecimiento fue remodelado a los pocos días.

El martes 20 de febrero del 2001, se hallo en un lote baldío adyacente a la calle Rancho Aguascalientes (agua caliente), en el rumbo que había tomado el vehículo *Thunderbird* la noche del 19 de febrero, el cuerpo de una mujer. Era Lilia Alejandra, quien había estado desaparecida por varios días, mismos en que el *Teleservicio Domínguez* había sido remodelado. La policía hallo residuos en las calcetas de Lilia Alejandra de cierto pegamento, mismo que se utiliza en la instalación de alfombras. Además la víctima presentaba quemaduras del tipo que se generan al ser la piel arrastrada por una alfombra.

Oscar Máynes (sin parentesco con Alejandro Maníes, presunto responsable de los crímenes según Sharif Sharif y un informante ex madrina de la *Policía Judicial del Estado de Chihuahua* llamado Víctor Valenzuela) jefe de peritos de la *Subprocuraduría de la Zona Norte* de Chihuahua confirmo que algunos de los cuerpos de los campos de algodón, hallados ocho meses después, presentaban similitudes respecto a las lesiones infligidas a Lilia Alejandra, por ejemplo la mutilación de los senos. La mutilación de senos además ya se había visto en varios casos.

En este, como en otros casos, cierta información se contradice; en este caso en particular se muestra en distintos documentos, diferentes fechas de desaparición y muerte. La madre de Lilia había puesto una denuncia por desaparición desde el día 15 de febrero, un día después de la fecha que consideramos veraz como correspondiente a la desaparición.

Este caso probablemente sea el primero, donde dejan el cuerpo en un lugar sumamente céntrico y transitado, el archivo no dice si fue violada y torturada allí, o lo fue en otro lado y trasladaron el cuerpo ya muerto allí, lo cual podría pensarse es lo más probable, pero aún así, por primera vez tomaron un riesgo alto, y lo hicieron de forma consciente, ¿Por que hicieron esto? Esa es la pregunta a responder. Además una vez más eligieron un lugar nuevo y bastante transitado. La cobija índica que muy probablemente fue llevada allí en ella ya muerta, es decir que murió en otro lugar. La teoría de que las están reteniendo en la ciudad cobra mas fuerza, aunque nosotros esperaríamos una casa grande, y no un departamento y menos un local comercial. Había pasado un mes y una semana desde la aparición del último cuerpo, y en general ambos cuerpos fueron abandonados tres y cuatro meses –respectivamente- después del anterior cuerpo, quizás este distanciamiento fue lo que animo a los asesinos a abandonar allí a Lilia, ya que pese a ser un lugar muy transitado de día, no lo es tanto de noche. También es posible que el lugar donde las mujeres son retenidas es distinto al quirófano donde se extraen los óvulos. Las retienen en un lugar con vigilancia médica, quizás de una enfermera, esperando el momento justo de la ovulación; entonces son trasladadas al lugar donde esta el quirófano y donde además probablemente se harán los estudios con los blastocitos, o sea algún lugar que es igual, o muy similar a una clínica de infertilidad, y aquí es dónde el Teleservicio Domínguez pudo ser adaptado, aunque es un riesgo muy alto el moverlas del lugar del secuestro al lugar de la extracción, y mas aun si éstos no tienen estacionamientos cerrados dónde poder hacerlas subir y bajar del auto sin ser vistas. ¿Que clínicas de infertilidad existen o existían en el 2001 en Ciudad Juárez?. Y quizás después de extraer los óvulos son llevadas con los ojos vendados y con las manos atadas, al desierto donde se les pide caminar con la promesa de liberarlas y una vez allí son muertas con extrema violencia para que no se investiguen posibles consecuencias en sistema reproductor por el uso de la cánula de extracción y sobre todo, rastros de hormonas en sangre y orina, característicos de la hiperestimulación ovárica. Aunque todo lo anterior suena razonable, es más probable que en el lugar del secuestro se adapte como clínica o exista una mesa de exploración y que allí se extraigan los óvulos y estos sean llevados a una clínica de infertilidad o laboratorio puede estar en Juárez o en el Paso, si fuese cierto que estas instalaciones se hallan en el Paso, Texas, la situación cambio a partir del día 11 de septiembre de ese mismo año, cuando debido a los ataques terroristas en Estados Unidos, el transito por la frontera con embriones u otro producto biológico se convirtió en algo bastante complicado y riesgoso de realizar.

En el caso de Lilía Alejandra nos inclinamos a pensar que lo que paso, fue lo siguiente: Lilía fue secuestrada el día 14 de febrero y llevada desde ese día probablemente al Teleservicio Domínguez, que fue el lugar en dónde fue hiperestimulada ovaricamente y retenida hasta el día 19 del mismo mes, que seguramente fue el mismo día en que se le extrajeron los óvulos en el transcurso del día, una vez realizado esto y quizás narcotizada fue sacada de allí para ser llevada al lugar del desierto dónde se pensaba violarla, mutilarla y estrangularla, para actuar en la misma forma en que se había estando actuando; sin embargo algo debió haber salido mal, de forma que quizás Lilia despertó antes de ser subida al auto y actuó de forma violenta, dónde esto podría haber generado que el tercer hombre que normalmente debe ser el chofer tuvo que bajar del auto y vigilar desde afuera, mientras quizás los dos hombres de adentro, mutilaron y estrangularon a Lilia en ese mismo lugar, para ya con prisa, manejar y aventarla a solo unas cuadras de allí. Quizás cuando el vigilante del auto subió al Teleservicio Domínguez fue para traer consigo la cobija con la que envolvieron a Lilia, y quizás con la que evitaron un mayor derramamiento de sangre en el mismo automóvil.

El hecho de haberse vuelto tan cínicos, como se vera una vez mas, en unos meses al descubrirse los cuerpos en los campos de algodón puede deberse también a que simplemente ya dan por hecho que las autoridades buscan a uno o varios asesinos en serie, o culpan al narcotráfico de estos crímenes e imaginan que jamás pensarán en la presente hipótesis o en la qué en realidad sea la correcta, y por tanto no tiene sentido complicarse tanto abandonando un cuerpo.

Una ocasión mas que hablamos de una trabajadora de maquila, aunque no creemos que en este punto de los asesinatos, las maquilas sigan o tengan relación alguna, simplemente una alta proporción de mujeres en Ciudad Juárez y más las de escasos recursos (como las víctimas) son trabajadoras de maquila. Sin embargo, el que el propietario de este establecimiento haya sido ex técnico de la maquiladora Phillips merece investigarse, ya que este puede ser el vínculo entre los primeros asesinatos y las maquiladoras e incluso de algunos asesinatos posteriores.

⇒ Entre **febrero** y **marzo del 2001**, desaparecieron en la ciudad de Chihuahua las siguientes cuatro mujeres: **Rosalba Pizarro Ortega** de 16 años de edad y desaparecida el 22 de febrero, **Minerva Teresa Torres Abeldaño** desaparecida el 14 de marzo y de 18 años de edad, **Julieta Marleng González Valenzuela** de 17 años, desaparecida desde el 7 de marzo y por último **Yesenia Concepción Vega Márquez** de 16 años, quién desapareció el 26 de febrero. A ninguna de las cuatro se le ha vuelto a ver desde entonces.

Las cuatro chicas no se conocían entre sí, sin embargo según cierta información que aparece en los expedientes, existen distintos indicios y testimonios que parecen establecer nexos entre los cuatro casos y revelan varias pistas sobra la identidad de personas que podrían conocer su paradero y tener responsabilidad en los hechos. Las autoridades no han investigado a estas personas ni seguido esas pistas. Es fundamental conocer los testimonios o pruebas que establecen dichos nexos, en particular si alguno de ellos se refiere a las escuelas de computación *Ecco*, u algún otro establecimiento donde las mujeres entren por su propio pie.

Cuatro casos seguidos de desapariciones en Chihuahua, y las primeras desde las desapariciones y muerte en mayo del 2000 de Myriam y Jaquelín. Las presentes cuatro desapariciones hacen pensar una vez mas en un grupo experimental. Después de dejar el cuerpo de Lilia en un lugar tan céntrico, deciden emigrar a Chihuahua, como si tal vez las cosas estuvieran muy calientes en Juárez a partir del caso de Lilia, pero quizás la dejaron allí por necesidad y no por gusto. No es descabellado que se mudarán de plaza por el hecho de haber dejado tantas pistas durante la muerte de Lília, tampoco es extraño que hayan secuestrado cuatro mujeres en tan solo tres semanas, en un intento por acelerar el experimento.

142) Tres meses después del hallazgo en Ciudad Juárez del cuerpo de Lilia, el **12 de mayo del 2001** es hallada en un basurero en Hacienda las Palmas el cuerpo semidesnudo, violado y estrangulado de **Irma Rebeca Sifuentes Castro** de 18 años de edad. Presentaba quemaduras por fricción de neumáticos y tenía cinco semanas (meses) de embarazo. Había muerto solo ocho horas antes.

Si el dato que habla de cinco meses de embarazo es el verídico, significa que el embarazo ocurrió en la primera semana de abril; además a Irma le rodaron un vehículo encima en señal de extrema violencia. Una vez mas (sexta) se trata de una mujer de la misma edad de Lilia y de las cuatro mujeres desaparecidas en la ciudad de Chihuahua, y también una vez mas nos preguntamos por que tanto espaciamiento entre las mujeres halladas muertas; en unos meses más aparecerán ocho mujeres juntas en Ciudad Juárez, en esos cuerpos se hallaron indicios de que pudieron haber estado congelados antes de ser abandonados. Si consideramos ese hecho, así como el hecho de las mujeres desaparecidas en la ciudad de Chihuahua y por último el hecho de lo poco frecuente que ha sido el hallazgo de cadáveres en Ciudad Juárez en los últimos siete meses, podemos llegar a considerar que los asesinatos no han cesado ni disminuido, sino lo que se ha detenido es el hallazgo de los cuerpos, quizás por que estos fueron por alguna causa congelados, e incluso podemos llegar a pensar que algunas de las mujeres halladas en noviembre de este mismo año en Ciudad Juárez puedan ser mujeres desaparecidas en la Ciudad de Chihuahua y cuyos cuerpos quizás fueron transportados para ser abandonados allí, en los campos de algodón. O quizás tal vez, las mujeres congeladas fueron congeladas durante el viaje de Chihuahua a Ciudad Juárez. Las preguntas fundamentales que aquí surgen son las de ¿Por qué no las abandonaron inmediatamente después de su muerte?, ¿Por que las congelarían?, ¿Con que objeto? y obviamente ¿Para que transportarlas de Chihuahua a Juárez en vez de abandonarlas en Chihuahua?.

Ha habido periodos de alta frecuencia de casos, y esta es la primera temporada donde los hallazgos de cuerpos se dan a cuenta gotas, y aunque esto puede deberse a algún motivo experimental, es mas probable que se deba a algún motivo logístico o de seguridad, que les detuvo a seguir de forma continua abandonando cuerpos en la ciudad. Siempre es posible sin embargo, que se congelarán por que siguen siendo útiles, quizá por algún tejido en el que se este experimentando, u alguna otra causa que no alcanzamos a descifrar. Si es verdad que la cantidad de errores cometidos en el asesinato de Lilia Alejandra, motivo a los asesinos a mudarse en un inicio de plaza, también pudo haber generado la necesidad de una cámara fría para evitar seguir abandonando cuerpos, ya que quizás existía una pista sólida que hacia tambalear la operación, así que el uso de una cámara fría pudo ser apenas empleada por esa época ya sea que está estuviese situada en Ciudad Juárez, o en la ciudad de Chihuahua. Sin embargo el abandono del presente cuerpo de Irma Rebeca en Juárez podría indicar que la cámara, sí efectivamente se halla en Chihuahua.

Seria importante conocer la respuesta a las siguientes preguntas ¿Qué tiempo de raptadas llevaban las últimas mujeres halladas?, esto debido a que no descartamos que se este experimentando con algún embarazo, al fin y al cabo, Irma efectivamente estaba embarazada y de al menos cinco semanas, por lo que el conocer la fecha de su secuestro es fundamental. Como ejemplo, los experimentos en líneas celulares de Células Madre de Gearhart y su grupo del John Hopkins, en Estados Unidos (1998), reportan el uso de fetos de entre siete y nueve semanas. Mismos dos meses que coinciden con el tiempo en que algunas de las mujeres estuvieron cautivas.

A Irma le pasaron un auto encima, quizás para dañar al producto lo mas posible y evitar estudios forenses en el. ¿Había alguna señal de embarazo en los cuerpos de noviembre?, ¿Los médicos forenses buscaron esta señal?. Esta es la tercera mujer que a ciencia cierta se hallaba embarazada, dos de ellas llevaban un bebé de cinco meses y la otra de siete meses en el vientre, esta última fue también al igual que Irma; calcinada. El hecho de pasarle un auto encima pudo ser con el fin de una vez mas desviar la atención pública.

Independientemente de la posibilidad de un embarazo, o la creciente inseguridad que el grupo este viviendo, algo guiado por la fase experimental ha de alguna manera guiado también los asesinatos.

143) **María de Lourdes Gutiérrez Rosales** de 34 años es hallada muerta un mes después, el **12 de junio del 2001**. Estaba desnuda y había sido violada y estrangulada. Hay dudas en los reportes en lo referente a su verdadera edad, ya que un archivo dice que tenía 30, y otro 34 años. Medía 1.65 metros, era morena clara, tenia el cabello teñido de color castaño. Fue hallada atrás de la maquiladora *Coclisa* en las avenidas del Charro y Ribereño, cerca del parque *el Chamizal*. Había sido semienterrada y presentaba fractura del hueso hioides, a un lado se hallaron varias prendas, entre ellas un pantalón de licra unitalla con rayas verticales de color negro y blanco, una playera con el logotipo de *Nike*, una pantaleta negra y un sostén blanco, además sandalias blancas de plataforma. Las autoridades afirman que era alcohólica. Los expedientes dicen que tenía seis hijos de catorce, uno y gemelos de tres años.

Aunque por la edad, pareciese ser un caso aislado y no tener que ver con este grupo de asesinatos, ya habíamos tenido casos donde hay dos o tres víctimas jóvenes antes de la aparición de una de mayor edad. Esta mujer además apareció muerta en un lugar nuevo, un mes después de haber muerto, es decir murió cerca del 12 de mayo, que fue el mismo día que murió y se hallo a Irma Rebeca la mujer con cinco meses de embarazo.

Además de lo anterior Lourdes había sido semienterrada, cuestión que quizás sirvió para ser hallada hasta un mes después. Este podría ser el primer caso donde se toman la molestia de semienterrar un cadáver, y esto pudo deberse a un deseo de mantenerlo oculto por algún tiempo; lo que no encaja muy bien es que si mas adelante, este mismo año aparecerán mujeres que estuvieron en congelación, ¿Por que no haber congelado a Lourdes también?, a menos que, o ya no hubiera espacio en la cámara de congelación y que esa halla sido la causa por la que en noviembre las sacarán a todas de allí, o al hecho de que las mujeres congeladas lo fueron durante el trayecto de Chihuahua a Ciudad Juárez, el cual es un tramo bastante considerable de cerca de doscientos cuarenta y tres millas, es decir casi cuatrocientos kilómetros, que a la velocidad en la que una camioneta de carga, que no quiere ser detenida por las autoridades de caminos circula, y que es en promedio de setenta kilómetros por hora, significa entonces mas de cinco horas de camino, sin embargo también existe la posibilidad de que los cuerpos fueron dejados allí la noche anterior al 6 de noviembre, entre las tres y cuatro de la mañana que es la hora de menor actividad, esta camioneta pudo salir por tanto entre las nueve y la diez de la misma noche de Chihuahua, y debido al poco calor que existe a esa hora en esa época del año, que de hecho la temperatura mínima registrada ese día, en Chihuahua fue de catorce grados centígrados, y en Ciudad Juárez de trece grados centígrados; es entonces probable que las mujeres estuviesen en congelación previo al viaje, y durante el trayecto se descongelaron y por eso a la mañana siguiente en que fueron halladas estas, ya no había signos evidentes de dicho tratamiento térmico. Si esto último fuese cierto, la cámara de congelación se halla en Chihuahua y no en Juárez cerca de los campos de algodón como se había supuesto.

Entre otras imprecisiones halladas en este caso, se habla de seis hijos y se reportan cuatro, se dice que fue determinada como alcohólica, pero todos estos datos confusos hacen también dudar de ese hecho, por lo que debe corroborarse o desecharse lo anterior. Hay que ubicar entre sí a la Hacienda las Palmas respecto a las avenidas del Charro y Ribereño.

¿Que significa seis mujeres jóvenes incluidas las de Chihuahua y después una de mayor edad?.

144) El **29 de junio del 2001** es hallada en el panteón de la ciudad de Chihuahua, el cuerpo de la estudiante de secundaría de 16 años, **Erika Ivón Ruiz Zabala**, a la que le habían amputado tres dedos y

se encontró cabello regado por varios lados. Habían pasado seis días desde su desaparición. Su ropa se encontró regada en el panteón.

Un caso mas en Chihuahua; el primero de ellos sucedió en diciembre de 1999, seguido por la desaparición y muerte de las dos mujeres de mayo del 2000 y otra mas en diciembre también del 2000, y concluyendo hasta el momento con la desaparición de cuatro mujeres entre febrero y marzo del presente año. Siendo por tanto el presente caso el primer cuerpo hallado en esa ciudad en lo que va de este año. Haciendo un breve recuento, hemos tenido que los asesinatos han migrado a Chihuahua, y que además ha habido un periodo de descanso (o al menos de aparición de cadáveres) en Ciudad Juárez, y están apunto de aparecer los cuerpos de los campos de algodón. Esta falta de estacionalidad debe de estar siendo suscitada por alguna causa.

Una niña mas de secundaría, y en este caso le amputaron tres dedos, además el hecho de hallarse cabello por varios lados pudo deberse a que la arrastraron de los cabellos, es decir el *modus operandi* es diferente a los demás asesinatos, no digamos el que haya sido hallada en un panteón donde difícilmente entra un automóvil de forma libre, lo cual índica que Erika entro por su propio pie y un vez dentro la asesinaron y mutilaron. No descartamos el que otros estudiantes aislados a este caso hayan sido los responsables. Sin embargo, dice el reporte policíaco que llevaba seis días de desaparecida, cuestión que difícilmente significa que llevara tantos días de muerta, y menos aun tantos días de haber sido abandonada en ese lugar, por el simple hecho de que en esos lugares siempre hay cuidadores y jardineros en rondines, por lo que creemos que fue llevada allí para después ser atacada muy probablemente la noche anterior a la que fue hallada, es decir la noche del jueves 28. Aquí la estimación de la fecha de muerte, realizada en el estudio forense, daría con mucha confiabilidad la respuesta, aunque generaría la duda de cual fue el medio móvil usado para llevarla allí, además del ¿Por que de llevarla allí?. Si consideramos este caso como vinculado con los asesinatos, Erika seria la séptima mujer de este grupo experimental, conformado por al menos cinco mujeres de Chihuahua y dos de Ciudad Juárez.

145) Un mes y 12 días después del último caso ocurrido en Ciudad Juárez, el **24 de julio de 2001**, es hallada en la colonia Felipe Angeles el cuerpo de una mujer desconocida de edad entre 25 y 30 años. Fue hallada sin ropa interior, había sido atropellada y se hallo abierta del abdomen.

Una vez mas una mujer mayor, y a diferencia de los otros casos esta había sido brutalmente abierta del abdomen, como si le hubiesen extraído algún órgano que pudo ser genital o el producto de un embarazo. Además fue atropellada para cubrir huellas de esa extracción o de una cirugía y para que pareciese el ataque de un maniático.

Esta mujer quizás si estaba embarazada, y por eso le extrajeron el producto que quizás no llego a término. Al no llegar a término, incluso tal vez eso fue la causa de la muerte y lo demás fue solo cubrir evidencias. Se actúo en este caso de forma impulsiva y dejaron una huella muy importante, evidentemente existió un motivo para abrir el abdomen de esa forma y de no ocultar el cuerpo de forma adecuada para que no se supiera lo del abdomen abierto.

Es cuestión de alta importancia saber que se reporto en el informe del forense respecto a la posibilidad de que se le haya extraído algo, incluidos sus óvulos u ovarios. Esta fue la cuarta mujer atropellada desde 1995 y la segunda atropellada de las tres mujeres asesinadas en menos de tres meses, y desde la muerte de Lilia Alejandra.

Esta mujer pudo ser la última mujer de un grupo experimental compuesto por cuatro mujeres de Ciudad Juárez y hasta cinco mujeres de la Ciudad de Chihuahua.

⇒ El **29 de Octubre Brenda Esmeralda Herrera Monreal** de 15 años, es vista por última vez.

Según las autoridades Brenda será una de las mujeres halladas unos días después en los campos de algodón, aunque también según las autoridades la víctima mas recientemente asesinada de ese grupo de mujeres lo había sido tres semana antes, y Brenda desapareció solamente una semana antes del hallazgo de los cuerpos, por lo que difícilmente podría ser una de ellas. El caso no dice nada mas y es importante conocer detalles de la desaparición.

146) Tres y medio meses después, el martes **6 de noviembre del 2001** es hallado el cuerpo de la jovencita **Claudia Ivette González Banda** de aproximadamente 15 (20) años. Fue hallada en un canal de riego en un plantío de algodón ubicado en la Prolongación de la avenida Ejercito Nacional y Paseo de la Victoria y había sido asesinada probablemente dos meses antes y seguramente al menos de diez a quince días atrás. El cuerpo se hallo a flor de tierra, en el medio de una geografía dominada por hierbas secas. Tenía las manos atadas por la espalda y se hallaba en avanzado estado de descomposición. El cuerpo se hallo desnudo y se presume violencia sexual. Lo único que vestía eran unas calcetas blancas que se hallaban rotas. También trabajaba en una maquila.

Es la primera de ocho mujeres halladas en el mismo lugar en dos días consecutivos y asesinadas al parecer en dos fechas diferentes, donde tres de ellas fueron muertas dos meses atrás y las otras cinco, años antes. El informe de los médicos legistas asevera que la víctima cuya muerte había sido mas reciente, ocurrió solo tres semanas atrás, mientras que otra de ellas tenía ocho meses de muerta, así mismo apuntaban que la menor de las víctimas tenía solo 14 años de edad. Es muy importante conocer las fechas reales de las muertes, ya que esa información corregiría de forma importante las conclusiones hechas aquí sobre este caso. Los tres primeros cuerpos fueron hallados en la zanja que corre paralela al campo de algodón.

Frente a los campos de algodón donde fueron halladas, se encuentra la sede de la *Asociación de Maquiladoras (AMAC)*, alrededor de los campos se halla una unidad habitacional, un rancho propiedad de Jaime Bermúdez y un fraccionamiento de lujo llamado Misión de los Lagos. Este caso quizás es el mas representativo de las muertes de mujeres en Ciudad Juárez y una vez mas dio la vuelta al mundo; entre otras peculiaridades se añadió la de los reportes e informes de distintas autoridades de Chihuahua; en dichos reportes se hallaron diferentes datos muchos de los cuales una vez mas y de forma garrafal se contradicen entre ellos, sobre todo en lo referente a los nombres de las víctimas y a los tiempos de desaparición, así mismo información crucial fue omitida o simplemente no investigada a fondo, de aquí que este experimento grupal (el octavo) pueda llegar a ser confuso, como en el presente caso; en un reporte se dice que esta mujer, Claudia murió dos meses atrás y en otro dice que de 10 a 15 días.

A las nueve de la mañana un albañil que cruzaba por el lugar rumbo a su trabajo, hallo el primero de los cuerpos. El lugar es usado por algunas personas para cruzar por él y seguramente por el mismo albañil el día anterior que era lunes, por eso creemos que los cuerpos fueron abandonados allí, la madrugada de ese mismo martes. Han pasado solamente seis días desde el festejo del *Halloween* y cuatro días del *Día de Muertos*, esto junto al hecho de dejarlas en un lugar tan céntrico y frente a la asociación de maquiladoras parecería maquiavélico o pura coincidencia, pero quizás no fue ni una ni otra, sino había que deshacerse de los cuerpos ya que el experimento concluyo, era muy arriesgado mantenerlos, o la cámara frigorífica se llenó y al abandonarlos allí cumplieron con el objetivo alterno de generar confusión.

A Claudia le negaron el acceso a la maquila *Lear,* el **10 de octubre** (un mes antes) por que se retraso dos minutos en su horario de entrada, saliendo de allí fue que desapareció.

El 24 de febrero del 2002, es decir dos y medio meses después, un rastreo en esa zona llevado a cabo por asociaciones civiles llevo al descubrimiento en un canal de concreto debajo del camino, en el que se hallaron prendas de vestir, zapatos, mechones de cabello, ropa interior y un overol beige propiedad de Claudia Ivette, esto dentro de una bolsa de plástico de la tienda de autoservicio *Soriana*. Al día siguiente las autoridades rastrearon una vez más el lugar y reportaron que habían hallado un gafete de la maquiladora *Lear*. Según el forense Oscar Máynes no existe la posibilidad de que cuando las autoridades realizaron el primer rastreo en la zona, es decir en el mes de noviembre, se halla omitido buscar en ese lugar, es decir que según él, las evidencias mencionadas fueron plantadas allí tiempo después, y la identidad de esa mujer identificada como Claudia podría ser entonces falsa.

Este nuevo caso es insólito, en lo referente a todos los demás, el descaro y lo masivo de los asesinatos hicieron llegar la noticia a aquellos lugares del mundo en donde aun no había llegado; *y sin embargo a los asesinos no pareció importarles; en este momento parece ser mucho más importante para ellos, el experimento con este grupo, que la actuación de las autoridades y la prensa.* Según las fechas estimadas de las muertes, los asesinatos de las tres primeras mujeres debieron suceder cerca del 6 de septiembre, mes y medio después de la mujer abierta en el abdomen. No olvidemos que Claudia desapareció hasta el 10 de octubre.

En estos casos es factible que pasara una de las siguientes dos cosas, siendo la primera que estas ocho mujeres pertenecieran al mismo experimento, por lo que entonces sería poco creíble, que unas llevasen dos meses de muertas, mientras otras llevaran dos años, ya que además en el caso mas fantasioso presentado aquí, el máximo tiempo que requieren de una mujer, es de un mes adicional a los nueve de un embarazo. La segunda opción, que además es por la que nos inclinamos, es que estas mujeres estaban almacenadas en un mismo lugar y un motivo técnico hizo que tuviesen que ser sacadas de allí y abandonadas juntas en un solo lugar, pero aún en ese caso, no creemos que unas llevasen dos años y otras dos meses de muertas, ya que eso significaría -sí sucedió en Ciudad Juárez-, que las mujeres asesinadas en un tiempo intermedio no fueron almacenadas y las últimas si lo fueron, y esto no tendría lógica, a menos que las ocho mujeres hubiesen sido almacenadas, muertas y raptadas en la ciudad de Chihuahua, y que ahora por una causa debieran ser sacadas de esa cámara fría y abandonadas, y si esto fue y se molestaron y arriesgaron en llevarlas hasta Juárez debió ser por una buena causa, quizás dejarlas en Chihuahua hubiese llevado alguna pista hacia el lugar del almacenamiento, ¿Cual podría ser esa pista?.

El caso anterior parecía mostrar la extracción de un producto del vientre de una mujer, caso que creemos esta muy relacionado con estos, así mismo el hecho que desde el año de 1999 los asesinatos hallan disminuido en frecuencia hasta este momento, pareciera indicar que durante dos años y medio fue menor la necesidad de experimentación en laboratorio con nuevos óvulos fecundados, y quizás se llevo la experimentación a una segunda fase, donde el uso de mujeres es mas esporádico pero necesario, y quizás lo mas importante es que se podría estar trabajando ya con productos o con tejidos generados ya con Células Madre.

Una vez más la maquila esta directamente involucrada. ¿Quizás alguien de esta supo que le habían negado el acceso y dio algún aviso?

¿En que parte estaban rotas las calcetas? Por debajo quizás, por caminar descalza en algún suelo agreste. Estas calcetas pueden ser una pista muy importante de sí camino descalza y en donde camino descalza, o si quizás el lugar dónde se hallo secuestrada antes de ser asesinada fue un lugar dónde ella se encontraba sin zapatos, con las manos atadas a la espalda y que además tenía el piso con una superficie no lisa.

147) Segunda mujer de este grupo. El **6 de noviembre** fue hallada en el mismo plantío de algodón que la mujer anterior. Había sido asesinada aproximadamente dos meses y medio antes. Era una mujer joven de aproximadamente 25 años, estaba desnuda y se presume que había sufrido violencia sexual.

Minutos después del primer cuerpo hallado por el albañil, la policía hallo otros dos cadáveres a una distancia aproximada de 25 metros uno del otro. Este cuerpo fue hallado entre 20 y 25 metros del anterior, ya estaba convertida en osamenta y se le podía apreciar el cabello largo.

148) La tercera mujer, hallada fue identificada según las autoridades como **Brenda Esmeralda Herrera Monreal** y tenía 15 años de edad. Fue hallada en el mismo plantío de algodón, también el día **6 de noviembre**. Se encontraba desnuda y se estimo que había sido asesinada aproximadamente dos meses antes. Sin embargo había desaparecido solo una semana antes. También se presumió que había sufrido violencia sexual. Era trabajadora doméstica de medio tiempo y es el único de los ocho casos de los campos de algodón donde todos los estudios y pruebas periciales ratifican su identidad. Se hallo a veinticinco metros de la anterior mujer.

También se reporta que al parecer estas tres víctimas fueron asesinadas en distintas fechas y en el lapso de los seis meses previos. Los cuerpos tenían señales de haber estado en una cámara de refrigeración. Quizás los primeros tres cuerpos que por cierto fueron hallados el 6 de noviembre fueron los únicos refrigerados y pese a los estudios periciales si puedan corresponder a tres de las cuatro niñas secuestradas de Chihuahua entre febrero y marzo, y los otros cinco cuerpos hallados al día siguiente hallan sido desenterrados de algún lugar de Chihuahua por parte de los asesinos, para ser traídos aquí y de una vez por todas, deshacerse de ellos.

Se sabe que estos campos de algodón son propiedad de la familia Barrio (parientes del ex Gobernador del Estado, Francisco Barrio Terrazas, del Partido Acción Nacional), además colindan con un fraccionamiento y un rancho privado y apuntan a la esquina de dos avenidas muy transitadas, Paseo de la Victoria y Prolongación Ejército Nacional.

Una duda que surge de estos dos cuerpos es sobre cual es la razón para separar un cuerpo de otro en una distancia de veinticinco metros. Una respuesta podría ser que las mujeres caminaran por su propia cuenta, cuestión que explicaría él por que de los calcetines rotos y la ausencia de zapatos, sin embargo esto no concuerda con los dos meses estimados de muerte, ya que es una zona transitada y no es factible que estos cuerpos llevarán dos o dos y medio meses allí abandonados. La otra opción lógica es que hayan sido aventados desde una camioneta, quizás una pick up en movimiento por un hombre apostado en la caja trasera, sin embargo no hay ningún reporte de huellas de vehículo en el suelo, que según la forma en que las autoridades realizan su labor, es posible que se les halla pasado ese gran detalle, pero aun así no hay lógica en aventar cuerpos desde un auto en movimiento, si pudieron estacionarse y dejar todos en un mismo lugar. Sin embargo si lo anteriormente expuesto no fue así, no hallo lógico que el o los asesinos cargaran desde un vehículo estacionado a la segunda mujer de peso promedio cincuenta a sesenta kilogramos, durante al menos veinticinco metros de donde estaban estacionados y de donde quizás se deposito a la primer mujer y a la tercera otros veinticinco metros en otra dirección. Por que motivo harían algo así, siendo mucho mas simple aventarlas todas juntas. Sin embargo hay que hacer notar que estos tres cuerpos debieron formar una línea recta o un triángulo que pudo ser equilátero, siendo que una vez mas hay un triángulo formado, que como ya mencionamos entre otras representaciones, se incluye la de ser el símbolo de fecundidad.

Existe una posibilidad más respecto a la ubicación de estos cuerpos, los hallados al día siguiente y los restos hallados tiempo después por civiles y que explicaría muchas cosas por inverosímil que parezca; que los cuerpos hallan sido depositados allí desde el aire, desde un helicóptero a baja altura de dónde se fueron aventando los cuerpos uno a uno y que por la misma estabilidad de esos vehículos una distancia de veinticinco metros es normal, así como el que hasta el día siguiente se hallarán los otros cinco cuerpos, ya que el helicóptero quizás por ser pequeño y tener un limite de carga, regreso al día siguiente con los restos de las otras cinco mujeres y quizás también regreso a los pocos días y aventó los últimos restos. Esto explicaría muchas cosas incluso el traslado de los cuerpos desde Chihuahua. Si esto fuese cierto hablamos de al menos dos personas, una con entrenamiento para volar estos vehículos, tal y como un asesino entrenado, experto en nudos y capacitado en la milicia estadounidense podría hacerlo.

En El Paso, Texas esta situado un organismo llamado *EPIC (El Paso Intelligence Center)*, mismo que aglutina a veintitrés agencias de inteligencia de Estados Unidos, la pregunta es, ¿Si una de esas agencias es la *CIA*?, ¿U alguna otra de esas agencias pueda estar involucrada?. De este mismo centro (*EPIC*) surge la teoría de que los asesinatos son obra de narcotraficantes y personajes importantes de la industria y los negocios de Juárez, cuestión que directamente desvía la atención de los probables verdaderos culpables, es decir agencias de inteligencia de Estados Unidos, trabajando para algún organismo o centro de *Reproducción Asistida* en investigación en *Células Madre*.

No olvidemos que después del hallazgo de los cuerpos surgió en la ciudad la versión de que quizás las autoridades habían sido quienes habían plantado allí los cuerpos, incluso que eran ellos quienes los tenían almacenados. Entre las versiones se dijo que los cuerpos habían sido originalmente hallados detrás de una tienda de autoservicio llamada "del Río", propiedad de una familia acomodada de esa ciudad (familia de la Vega). Esta versión por supuesto explicaría muchas cosas, sin embargo no debemos, en vista de esta línea de investigación, olvidar mencionar que los campos de algodón donde estos fueron abandonados era propiedad de Andrés Barrio, familiar del ex gobernador Francisco Barrio.

149) Un día después el **7 de noviembre del 2001** se halla la primera de cinco mujeres mas, abandonadas en el mismo campo de algodón. Según los reportes de las autoridades, estas cinco mujeres habían sido asesinadas años atrás. La primera de ellas había sido abandonada en un plantío de algodón y se presume que cubierta por piedras desde años antes. Las cinco se hallaron en un canal de drenaje. Este grupo como habíamos mencionado reporta diferentes identidades de las víctimas, todas aportadas por distintas autoridades en diferente tiempo. Estas cinco mujeres aparecieron en una zanja diferente a donde se hallaron las primeras tres, al parecer se hallaron bajo montones de basura, de hecho uno de los cuerpos se reporta que fue hallado dentro de un árbol de muérdago dentro del canal, cuestión que de entrada si es verídico, elimina la posibilidad del helicóptero.

Años antes estas cinco mujeres, probablemente del mismo grupo, fueron asesinadas y almacenadas en algún lugar que según algunas pistas pudo ser alguna cámara fría, tiempo después son muertas las tres mujeres halladas el día anterior, y entonces ahora si se decide sacar a las cinco y a las nuevas tres y deshacerse de los cuerpos, sin embargo lo hicieron en un lugar muy transitado y público y esto debió ser por algún motivo, quizás como aquí sugerimos el lugar dónde están siendo secuestradas es en la ciudad y quizás todo fue tan simple como que la cámara frigorífica dejo de enfriar por una avería, por falta de luz, etc.

Algunas de las mujeres halladas el segundo día se reporto que habían sido cubiertas por piedras, cuestión que por un lado no concuerda con la hipótesis del helicóptero y que además es extraño si pensamos que estos campos para empezar son lugares muy transitados o al menos parcialmente transitados, donde mas temprano que tarde alguien iba a hallar los cuerpos, además de ser campos de cultivo dónde eventualmente son transitados por trabajadores del algodón. Sin embargo, ¿Por qué molestarse en cubrirlas de piedras y en pretender que llevaban allí años?. Simplemente por que no querían que se supiera que estaban enterradas en algún otro lugar, pero eso no me dice nada, no me dice sobretodo donde era ese lugar, o por que los cuerpos no estaban allí el 6 de noviembre y al dejarlos allí la madrugada del 7 debían hacer creer que si estaban allí el 6, quizás por que efectivamente sí dejaron esa primera madrugada alguna pista. Pero para empezar, ¿Sí podemos creerle a las autoridades que estaban cubiertos por piedras?. ¿Podemos creer que fueron plantados por las autoridades y almacenados en alguna cámara fría propiedad de ellos?.

150) Segunda de cinco mujeres halladas el **7 de noviembre del 2001.** Las cinco mujeres fueron halladas en el mismo campo de algodón. Estas cinco mujeres posiblemente pertenecientes al mismo grupo experimental, habían sido asesinadas años atrás, abandonadas en un plantío de algodón y algunas de ellas cubierta por piedras. Esta mujer tenía 15 años y posiblemente se llamaba **Norma Herrera**.

151) Tercera de las cinco mujeres halladas el mismo **7 de noviembre del 2001,** dónde las cinco fueron halladas en el mismo plantío. También se reporto que las cinco mujeres habían sido asesinadas años atrás, abandonada allí y cubiertas por piedras.

Quizás el hecho de reportar que se hallaban cubiertas, se debió a que las autoridades no encontraron como alguien pudo dejarlas allí en la madrugada del 7, cuando ellos se aseguraron de peinar el área el 6 de noviembre durante el día y así justificaban ante sus superiores y la prensa él hallarlas, ya que quizás sí fueron depositadas allí desde un helicóptero.

No creemos que en realidad hayan estado cubiertas por piedras, pienso que esto fue inventado por las autoridades por algún motivo, pero no descartamos el hecho de que al los asesinos abandonarlas allí la madrugada siguiente debían aparentar a su vez, que estas ya estaban allí el día anterior y por tanto debían cubrirlas con piedras y escombros.

152) Cuarta de cinco mujeres halladas el **7 de noviembre del 2001**. Las cinco mujeres fueron halladas en el mismo campo de algodón. Estas cinco mujeres aparentaban que habían sido asesinadas años atrás, abandonada en un plantío de algodón y cubierta por piedras desde entonces.

Pese a lo extenso de otro tipo de información relacionada con este grupo, son muy pobres las descripciones de las víctimas, edades, el cronotanatodiagnóstico y los lugares específicos donde cada una de ellas fue depositada.

153) Ultima de las cinco mujeres halladas el día **7 de noviembre del 2001,** en dónde las cinco mujeres fueron encontradas en el mismo campo de algodón y donde es reportado que las cinco habían sido asesinadas años atrás, luego abandonada allí para por último cubrirlas con piedras.

Según un ex jefe de peritos de la *Procuraduría de Chihuahua* que estuvo presente en el lugar del hallazgo de los ocho cuerpos, existe la posibilidad de que los cuerpos hayan sido congelados antes de ser abandonados en este lugar. Esto lo asevera después de examinar los cuerpos y hallar marcas en la piel en al menos un par de víctimas, de quemaduras por congelación. El abogado Mario Escobedo Salazar acuso en febrero del 2002 a las autoridades, de haber asesinado a su hijo del mismo nombre, por haber sido el primero en denunciar públicamente la posibilidad de la congelación de los cadáveres, las pruebas y testimonios indican que agentes judiciales hicieron volcar el automóvil de Mario, y una vez hecho eso, le dieron un tiro de gracia en la cabeza. Mario era el abogado defensor de uno de los dos inculpado por estos crímenes.

Las autoridades no guardaron muestras de tejido de las víctimas supuestamente congeladas para verificar o corroborar el daño típico causado por congelación. Según la última identificación reportada de forma oficial por las autoridades, se extrae que las ocho mujeres desaparecieron en diferentes fechas y en diferentes lugares, lo cual soporta la teoría de la congelación, o al menos del almacenamiento en conjunto de los cuerpos. La hipótesis surge cuando el criminólogo Oscar Máynes Grijalva, jefe de *Servicios Periciales de Chihuahua*, acepta que en las primera horas del hallazgo, encontró ciertas irregularidades del tejido en el proceso de descomposición de una de las víctimas, supuestamente muerta meses atrás, Claudia Ivette Herrera, cuerpo que a primera vista no indicaba que hubiese sido congelada, después de esas conclusiones no se le permitió investigar las irregularidades en el proceso de descomposición. Como nota adicional, Oscar Maníes, ex jefe de servicios periciales, renunció el 2 de enero del 2002 por estar en desacuerdo con la investigación tal y como la llevaba la *Procuraduría Judicial del Estado de Chihuahua*; actualmente es catedrático de la *Universidad Autónoma de Chihuahua*.

El 10 de noviembre del 2001, a solo tres días del hallazgo de las últimas mujeres, el procurador en turno Arturo González Rascón, declaro que en cinco de los cuerpos se había observado que él o los asesinos habían arrancado un mechón de pelo en la parte trasera de la cabeza. Todas las víctimas así mismo murieron de asfixia por estrangulamiento.

Las autoridades culparon de estos crímenes a una nueva banda formada por dos conductores de transporte urbano (rutera) y cuyos nombres eran, Víctor Javier García Uribe, alias "el Cerillo", y Gustavo González Meza, alias "la Foca". También según las autoridades ambos confesaron los 8 crímenes y dieron los nombres completos de las víctimas: Guadalupe Luna de la Rosa de 20 años, Verónica Martínez Hernández de 19 años, Claudia Ivette González Banda de 20 años, Mayra Juliana Reyes Solís de 17 años, Laura Berenice Ramos Monárrez de 17 años, Bárbara Aracelí Martínez Ramos de 20 años, Brenda Esmeralda Herrera Monreal de 15 años y María de los Angeles Acosta Ramírez de 19 años. Además confesaban que había otras tres víctimas en los campos de algodón. Tiempo después los presuntos asesinos asegurarían que habían confesado bajo tortura, siendo que por tanto los nombres de las víctimas fueron producto de la fantasía de las autoridades. En febrero del 2003 Gustavo González Meza "la Foca" fue encontrado muerto en su celda de la prisión de máxima seguridad de Chihuahua, en circunstancias no aclaradas después de una intervención médica de una hernia, su abogado era Mario Escobedo quien también había sido asesinado un año antes por la policía, y quien aseguraba que algunas de las mujeres habían sido congeladas. En julio del 2005 un juez declarara a Víctor Javier García Uribe "el Cerillo", inocente de los cargos imputados.

El martes 13 de noviembre, solo una semana después del hallazgo de los ocho cuerpos, las autoridades ratificaron el cese de la investigación, incluido el rastreo en los campos de algodón, y tres meses mas tarde un nuevo rastreo de la zona por grupos civiles, descubrió ropa y objetos que pertenecían a las víctimas, la pregunta entonces fue, y es, sí la policía realizo negligentemente el rastreo en la zona, o fueron sembrados después, tal vez también desde un helicóptero.

De las ocho víctimas en noviembre del 2001 y según un estudio antropométrico de la *PGJE* se identifico a Brenda Esmeralda (osamenta 188/01) y Claudia Ivette (189/01); sus familiares reconocieron además prendas que vestían cuando desaparecieron. En enero del 2002, un segundo estudio identifico las osamentas de Laura Berenice Ramos Monárrez (190/01), María de los Angeles Acosta Ramírez (192/01) y Mayra Juliana Reyes Solís (193/01). Durante el 2002 fue la *PGR* la encargada de pruebas de ADN, reconociendo solamente el cuerpo de Brenda Esmeralda Herrera con parecido genético con su familia. Las pruebas genéticas mostraban parentesco genético de la osamenta de Verónica Martínez Hernández (191/01) con la de su familia, sin embargo en noviembre del 2001 esta osamenta no coincidió con la de Verónica, y otro cuerpo había sido entregado a la familia. La *PGJE* realizo un tercer estudio antropométrico con resultados igualmente confusos, donde se identifico como positiva la identidad de las osamentas pertenecientes a María de los Angeles Acosta Ramírez (192/01) y Mayra Juliana Reyes Solís (193/01), los otros tres correspondían a Guadalupe Luna de la Rosa (191/01) antes identificado como Verónica Martínez Hernández, (ahora identificada en la osamenta 194/01) y Bárbara Aracelí Martínez Ramos (195/01).

Oscar Máynes confirmo la validez de este último estudio y afirmo la identidad de estas cinco víctimas: Mayra Reyes Solís, Claudia Ivette González, Verónica Martínez Hernández, Bárbara Martínez Ramos y Laura Berenice Ramos Monárrez. A mediados de diciembre la fiscalía entrega solo dos cuerpos a los familiares, los otros seis quedan en espera de mas pruebas: Claudia Ivette González y Esmeralda Herrera Monreal, esta última no confirmada por Máynes. Una prueba privada de ADN confirmo la identidad de Laura Berenice Ramos Monárrez como una de las ocho mujeres abandonadas en ese campo.

La invención de pruebas y las afirmaciones infundadas por parte de las autoridades, se vieron presentes desde el principio de estos asesinatos; como ejemplo, el 15 de septiembre de 1995, el Dr. David Trejo Silecio, adscrito al *Departamento de Patología* del *Hospital de Xoco* en la ciudad de México, es invitado a Ciudad Juárez por las autoridades; en esta invitación también estaba incluido el Dr. H. Gill-King, antropólogo forense de la *Universidad de North Texas,* quien había colaborado seis o siete años atrás en una serie de asesinatos similares en Texas. Desde entonces ambas personas reportan que; -*en algunos casos donde las autoridades asientan en las actas, que las mujeres fueron violadas o desnucadas, no presentan pruebas de estas afirmaciones. Las mismas autoridades afirmaron violaciones en cuerpos en plena descomposición, o en restos de huesos y jirones de piel en los que nada podía sugerir elementos probatorios al respecto-.* Así mismo, el Dr. Trejo Jiménez aseguraba, que el hecho de que los zapatos estuviesen acomodados a un lado de la víctima no tenía nada que ver con un elemento fetichista, sino que más bien era la posición natural de quien carga un cuerpo con ambos brazos y lleva en los dedos índice y anular el par de zapatos antes de dejar todo en el suelo.

De la presente acusación de congelamiento, seguramente se afianzo la hipótesis del tráfico de órganos, sin embargo seguramente no hallaron evidencia de que faltaran órganos, pero no buscaron si faltaban ovarios y seguramente tampoco buscaron ausencia de óvulos. Pero aun así, para que congelar, solo que en esta etapa del experimento se estuviesen regenerando tejidos y los cuerpos de estas mujeres fueran la fuente del mismo, o tal vez por que al congelar un embrión es factible que al descongelarlo se afecte el proceso de división celular, cuestión que no ocurre al descongelar un ovario o una célula germinal como un óvulo, y aun así, sería mas factible extraer los óvulos y congelarlos individualmente que congelar el cuerpo, los ovarios y los óvulos. El verdadero motivo de la congelación de los cuerpos es un misterio.

Quizás también las irregularidades en los tejidos, en su proceso de descomposición no eran por congelamiento, sino por procesos de regeneración con Células Madre. Hay que averiguar que tejidos eran y hay que entrevistarse con Oscar Máynes.

Para que cortar un mechón de cabello y para que hacerlo en solo cinco cuerpos y no en los ocho. Los mechones de cabello son muestras de ADN para identificar y rastrear en un futuro la información genética contenida en los óvulos. El cabello es muy estable, y puede almacenarse por largos periodos sin perder confiabilidad en su composición. Las dos víctimas que no se les corto el cabello, es quizás por que no hay óvulos que rastrear, es decir no se les extrajeron, por que las mujeres se hallaban menstruando o por que presentaban alguna infección vaginal, u algún otro motivo.

María de los Ángeles Acosta Ramírez es una víctima más que estudiaba en la escuela *Ecco* de computación en este caso en Ciudad Juárez. Tenía 19 años y fue vista por última vez ocho meses atrás, es decir en **marzo del 2001** en las avenidas 16 de Septiembre y Francisco Villa, cuando se dirigía a dicha escuela de computación donde estudiaba en las tardes. María por su parte trabajaba en la maquila *Phillips* ubicada sobre el eje vial Juan Gabriel. En esta misma empresa trabajaban otras tres mujeres asesinadas, Martha Esmeralda Muñoz (enero, 1998), Rosario García Leal (abril, 1996) y Mireya Hernández Méndez (octubre, 1993). También allí trabajo el dueño del local dónde posiblemente fue mantenida secuestrada Lilia Alejandra en febrero de este mismo año.

Es necesario conocer mayores detalles de los casos. Estos hallazgos de mujeres se dan a menos de una semana de las celebraciones de "Día de Muertos" y "Halloween".

⇒ *El **7 de noviembre del 2001**, mismo día que se hallaron los cinco cadáveres restantes de los campos de algodón, desaparecen dos adolescentes* *de 14 años, junto a ellas en los últimos meses la lista de mujeres desaparecidas era larga: Yadira Elizabeth Sotelo, Silvia Elena Reveles Morales, Irma Angélica Rosales Lozano, Guadalupe Luna de la Rosa, Elena Arellano Prieto, Miriam Yolanda Guerrero Castañeda, Verónica Martínez Hernández, Rosa Velia Cordero Hernández, Minerva Teresa Albeado, Mayra Juliana Reyes Solís, María de los Angeles Acosta Ramírez, Claudia Ivette González.*

154) Doce días después, el **19 de noviembre del 2001** se hallo el cuerpo semidesnudo, estrangulado y golpeado de una mujer de 21 años, **Alma Nelly Osorio Bejarano**, en una callé periférica de Ciudad Juárez; en calle de Plata esquina con Venustiano Carranza. Vestía pantalón vaquero de mezclilla de color azul y un sostén de color rojo.

Al ser hallada en una callé en la ciudad significa que debió ser dejada allí poco tiempo antes de ser encontrada, y muy probablemente poco tiempo después de ser muerta. Una vez más la abandonan en un lugar céntrico de la ciudad, sin molestarse como antes en dejarla en el desierto, lejos de posibles testigos, ¿Por qué están actuando así?. ¿O este fue un caso aislado?.

Si no consideramos que los cuerpos de los campos de algodón, la muerte de Alma es la primera registrada desde la de la mujer hallada el 24 de julio, cuatro meses antes; y si creemos que las tres primera mujeres halladas en los campos de algodón murieron de dos a dos y medio meses antes, la mas cercana murió alrededor del 6 de septiembre, es decir dos y medio meses antes que Alma Nelly y un mes y medio después que la mujer del 24 de julio.

155) Hacía finales de **diciembre del 2001**, específicamente el día **23** se informo del asesinato de una prostituta que quizás pudiese tener relación con los casos; "La Guatemalteca" o la "Chilindrina" de 25 años de edad, cuyo cuerpo se hallo en las aguas de un canal de riego en la colonia Bellavista. Según las autoridades murió por sobredosis.

No creemos realmente que exista relación alguna, entre esta mujer y los casos que estamos investigando.

156) En el **2001** después del **24 de diciembre**, es hallado en Camino Viejo a San José, un cráneo aparentemente de una mujer de edad aproximada 44 años. Había sido calcinado. Al parecer pertenecía a **Leticia Armendáriz Chavira**.

No hay razón para creer que este caso este relacionado, excepto por el hecho de la calcinación. La edad no corresponde, además de ser confuso el hecho de que duden de sí el cráneo es de mujer o no, que duden sobre la edad, pero que sí cuenten con el nombre de Leticia Armendariz Chavira (Chavira igual que la primera víctima, Alma). Sin embargo no podemos descartarlo sin averiguar más.

Este año una vez mas se caracterizo por lo diferente en que ocurrieron los hechos; hubo desapariciones de mujeres de igual edad, pero en la ciudad de Chihuahua, además hubo una mujer mutilada en los senos, una mujer abierta en el abdomen, una embarazada, una semienterrada, una abandonada en una calle de la ciudad y los ocho cuerpos de los campos de algodón, donde aparentemente tres habían muerto recientemente y cinco mas, años atrás. La estacionalidad, la forma de cometer los crímenes y la falta de homogeneidad en todos los casos, confunde en mucho el análisis de este año en particular, sin embargo creemos que hubo dos grupos diferentes de mujeres en los que se experimento, a inicios de año sucedió el que sería el séptimo y que incluyo a mujeres de la ciudad de Chihuahua, y en noviembre en los campos de algodón, se evidenció el que sería el octavo y que pudo ocurrir tiempo atrás, y quizás incluso en una ciudad diferente.

-2002-

157) El sábado **19 de enero del 2002** es hallado un cuerpo flotando en un canal de irrigación paralelo a la carretera Juárez-Porvenir, a la altura del poblado *el Millón*, el cuerpo era el de **Lourdes Ivette Lucero Campos** de 26 años, quién era nutrióloga de la maquiladora *Motores Eléctricos*. Había sido muerta a golpes. Las autoridades inculparon al esposo, José Luís Cid González, aunque las marcas de mordeduras halladas en el cuerpo no coincidieron con las de su dentadura. Él declara que ella había desaparecido desde el viernes, pero no la había reportado como desaparecida hasta el día anterior, en que al hallar el vehículo llamo a la policía. El cuerpo fue hallado por un poblador del lugar que lo vio flotando.

Este es el primer caso de este año, y una vez mas no comienza con una niña, de hecho comienza con un asesinato, que por lo distinto del *modus operandi*, no creemos tenga que ver con los otros, desde la forma de morir, como el lugar donde fue hallado el cuerpo. Aquí si es factible que el esposo haya sido culpable, sobre todo por el hecho de que según el reporte, ella había desaparecido ocho días atrás y el no había dado aviso. Sin embargo no omitimos que aunque era trabajadora de maquila, era de un rango mucho mayor que las otras mujeres asesinadas, además la dentadura de él no coincide con las marcas en el cuerpo de ella.

158) El **28 (25) de enero del 2002** es hallado en las faldas de Cerro Bola, el cuerpo de 35 años de **Mercedes Ramírez Morales**, era trabajadora de la maquila *Ademco*. Había sido violada y golpeada con una piedra. Fue hallada por unos niños

Desde los cuerpos de mujeres hallados en noviembre del año anterior en los campos de algodón, donde tres de ellas habían sido asesinadas entre dos, y dos meses y medio antes (murieron entre a tercera semana de agosto y la primera de septiembre) no había habido asesinatos, que mostraran evidencia de estar relacionados con el grueso de los casos presentados en este documento; por lo que los cuatro que desde esa fecha hemos registrado; y que incluyen el de Alma el 19 de noviembre, la prostituta conocida como "la Chilindrina y el de la mujer de 44 años, así como el de la última mujer muerta a golpes, siendo que en los cuatro tenemos dudas que hayan sido obra de los mismos asesinos. Una vez mas hablamos de mucho tiempo, en este caso de cuatro o cinco meses sin experimentación y regresan con una mujer bastante mayor. También trabajaba en maquila y por novena ocasión el cuerpo se deja en Cerro Bola. Esta era una mujer de muy alta edad, completamente fuera del rango de edades usado por los asesinos, por lo que es factible que tampoco sea parte de este grupo, además fue muerta por golpes con una piedra, cuestión inusual es estos asesinos.

Es probable que sé este trabajando ya con líneas celulares estables, y que la necesidad esporádica de nuevos óvulos quizás este relacionado con la necesidad de un óvulo estable y probado que cargue con la información genética de una célula joven que no haya sido expuesta aún a gran número de mutaciones.

159, 160) El **20 de marzo del 2002**, dos meses después son halladas en su vivienda los cuerpos amordazados y quemados de **Alicia y Carolina Carrera** de 15 y 30 años de edad. No habían sido atacadas sexualmente pero habían sido amordazadas, quemadas y asfixiadas con una bolsa de plástico en la cabeza. Los vecinos alertaron del humo que salía de la casa, cuando llegaron los paramédicos, Carolina aun tenía signos vitales.

Una vez mas pareciese que no hay relación con los otros casos, sin embargo este caso merece ser evaluado debido a que no hubo violencia sexual y los cuerpos fueron quemados y amordazados. ¿Por que este par de hermanas fueron muertas y quemadas?. Esto sucedió en Ciudad Juárez.

Tal vez requerirían óvulos de hermanas por contener una secuencia de ADN muy parecida, de hecho la más parecida entre familiares. Pudieron extraer

los óvulos y después quemarlas para ocultar evidencia. El hecho de que fuesen amordazadas podría indicar que esta es la manera en que normalmente son sometidas para la extracción de óvulos, quizás antes de que surta efecto la anestesia, que seguramente utilizan para evitar que ellas forcejeen durante un procedimiento tan preciso. La compatibilidad genética entre ambos óvulos permite evitar el rechazo inmunológico de la portadora sin necesidad de la técnica de transferencia nuclear. Sin embargo y pese a todo lo anterior y principalmente por lo diferente del modus operandi, creemos que es más probable que este caso sea un ajuste del narcotráfico o una venganza.

161) El **3 de marzo del 2002**, es reportada como desaparecida en la ciudad de Chihuahua, a **Paloma Angélica Escobar Ledesma** de 17 años y obrera del turno matutino de la maquiladora *Aerotec*, además de estudiante. Casi un mes después, el viernes **29 de marzo** es hallado su cadáver en las afueras de la ciudad, entre matorrales y con signos de violencia sexual y estrangulamiento, en un canal de irrigación en él kilómetro cuatro y medio (o siete y medio) de la carretera Chihuahua-Aldama. El cuerpo se encontraba boca abajo y estaba en estado de descomposición, y según la autopsia había fallecido desnucada tres semanas atrás. Paloma salió de su casa el **2 de marzo** a las tres de la tarde, y fue vista ese mismo día, quince minutos después en la escuela *Ecco* de computación ubicada en la calle Libertad y Tercera, entre los edificios del palacio de gobierno y la presidencia municipal, una vez mas, en la zona del centro de esa ciudad. Esta es la misma escuela que ha sido nombrada varias veces a lo largo de 13 años de asesinatos e investigación periodística. Al parecer, se le vio por última vez con un promotor de dicha escuela de nombre Francisco Ramírez. Según la autopsia Paloma portaba varias prendas íntimas, una de las cuales no fue reconocida por su familia. Llevaba más de 20 días muerta y pudo rescatarse vello pubico de uno de los asesinos en su mano.

En este caso sé probo que el expediente fue incrementado con pruebas falsas por parte de las autoridades. El 30 de marzo las autoridades dijeron haber hallado una foto del supuesto asesino en el lugar de los hechos, ese mismo día fue detenido Vicente Cárdenas Anchondo, ex-novio de Paloma. Testigos aseguraron que la fotografía fue entregada a la comandante de la *Policía Judicial del Estado* a cargo del caso, Gloria Cobos Ximello, por otra ex-novia del inculpado.

En noviembre del 2001, fueron los ocho cuerpos expuestos al mundo en los campos algodoneros. En marzo del 2002, los asesinos se mudaran de forma mas recurrente a la ciudad de Chihuahua, eso podría indicar que los campos de algodón fueron una despedida de escena.

Paloma era trabajadora de una maquila en Chihuahua y estudiante de la escuela *Ecco*, también nombrada en repetidas ocasiones. Pese a cambiar de locación, los asesinatos vuelven a ser como solían ser hasta 1999, es decir las mismas edades de las mujeres, abandonadas en el desierto en medio de una carretera, sufriendo violación y estrangulamiento, en ocasiones vistiendo ropas que no eran de ellas. Todo representando la misma escenografía, excepto que movida a un teatro a cuatrocientos kilómetros de allí. Lo que más resalta de este caso es que al parecer se acaban de mudar pero ya hay ropa de otra u otras mujeres que este cadáver porta, es decir pruebas del posible secuestro de otra u otras mujeres, quizás de las cuatro mujeres de la misma edad (17 años) raptadas entre febrero y marzo del año anterior en esa misma ciudad, y que creemos quizás, son las mismas halladas en Ciudad Juárez a fines del año anterior.

Sería el primer caso directamente relacionado en mucho tiempo, donde la víctima es joven. En este caso, uno más en la ciudad de Chihuahua se regresa a la edad preferida por los victimarios, es decir entre 15 y 18 años.

⇒ Existieron otras víctimas reportadas como desaparecidas en la ciudad de Chihuahua, y a las que las autoridades decidieron no investigar, entre ellas se encuentra **Yesenia Vega Márquez** de 16 años, **Minerva Torres Alvedaño** de 18, **Julieta González Valenzuela** de 17 y **Rosalba Pizarro Ortega** de 16 años.

Tres nuevas mujeres de la edad en la que se esta trabajando, las tres una vez mas en la ciudad de Chihuahua, así que van cuatro casos relacionados en lo que va del año.

⇒ Por segunda vez consecutiva, los eventos suceden en la ciudad de Chihuahua, y a solo tres días del hallazgo de Paloma, una vez mas se reportan como desaparecidas a **Bianca Socorro Quezada Pérez** de 17 años y **Yesenia Barranza** de 15 años, esto sucede el **1° de abril del 2002.**

Dos mujeres más de las edades buscadas, y ambas desaparecidas en Chihuahua. Podríamos considerar que un nuevo grupo esta siendo utilizado y en esta ocasión es en Chihuahua, aunque creemos que las desapariciones del año anterior en esta misma ciudad correspondieron al primer grupo experimental en Chihuahua y al sexto en total. El actual grupo sería por tanto el noveno grupo experimental e inicio con la muerte de Paloma.

162) El **6 de mayo**, cinco semanas después, es hallado el cuerpo de una mujer joven llamada **Dora Lilia Lozano Anchando**, en la colonia

Quinta Carolinas. Había sido plagiada la noche anterior, por un grupo de sujetos que se la llevaron con rumbo desconocido. Fue muerta a golpes con botellas de cerveza.

Aunque pudo ser un rapto de delincuentes comunes, es importante notar que por segunda vez alguien reporta algo, ¿Y sin embargo la policía por segunda vez no sigue la pista?, ¿Por que?. Solo fue raptada una noche, probablemente un par de horas, dónde dos horas no son tiempo suficiente para una hiperestimulación ovárica. Difícilmente este caso tuvo algo que ver.

A reserva de confirmarlo la colonia Quinta Carolinas se halla en la ciudad de Chihuahua. Esta manera de matar a través de golpearla con botellas de cerveza podría ser debido a que no es un asesinato relacionado, o a que al darse cuenta que hubo testigos que los vieron al subir a la mujer al auto, decidieron como consecuencia, desviar totalmente la atención para que no se pensara en algún grupo organizado y capacitado actuando también en la ciudad de Chihuahua. Hay que saber más de la narración del testigo, y de los testigos que hallaron el cuerpo.

⇒ El **10 de mayo del 2002** desaparece **María Isabel Mejía Sapien** de 18 años. Tiempo después, en enero del 2003 las autoridades reconocerán su muerte y hallazgo del cuerpo en Cristo Negro, Ciudad Juárez.

No hay más datos, excepto que será la segunda mujer hallada en Cristo Negro antes de las seis más que se hallarán en los próximos meses.

163) Diez días después, el **20 de mayo del 2002** es hallada **Zulema Olivia Alvarado Torres** de 13 años. Fue hallada en una parcela del ejido colonia Esperanza en el Valle de Juárez, a la altura del poblado de Guadalupe, murió de asfixia por estrangulamiento y no mostraba huellas de violencia externa. Fue encontrada estrangulada y vestida, y tenía ocho días de haber desaparecido, desde el 12 de mayo cuando salio rumbo a la casa de uno de sus diez hermanos. Zulema cursaba el primer año de secundaría. La policía inculpó a su hermana Isela Alvarado Torres de 20 años, después que ella misma confesara el crimen.

Lo más importante de este caso es la parte de los ocho días de desaparición, los suficientes una vez más para conseguir la hiperestimulación ovárico, y de una niña con óvulos jóvenes. Por otro lado se regresa a Ciudad Juárez desde al parecer algunos meses antes, donde sucede el último caso reportado con seguridad.

Una vez mas a principios de año una niña, en este caso hasta mayo y después de varios casos intermedios, algunos en Chihuahua. Este sin embargo podría ser a ciencia cierta el primer o segundo caso del año en Ciudad Juárez, siendo que entonces el patrón de que cada año empiece con una niña se mantenga. Cada cierto tiempo se usan a niñas y a sus óvulos, hasta el momento se ha reportado con cierta certeza, la muerte de veintisiete niñas de 15 o menos años, muertas con un espaciamiento de entre uno a díez meses máximo. Debemos con ese dato suponer él por qué de estos óvulos, en relación al experimento.

Zulema desapareció muy cerca del día en que María Isabel la anterior mujer, es decir fue secuestrada el 10 de mayo.

164) El **2 de junio del 2002**, una vez mas dos semanas después, es hallada **Lucila Dávalos Silva** de 30 años, era mesera del bar *Ritz*. El lugar del hallazgo fue la Plaza Cervantina, en el cruce de las calles Ramón Corona y callejón de la Mancha en la zona centro. Tenía entre cuatro y cinco horas de haber fallecido. La autopsia revelo que falleció a consecuencia de shock medular, o separación de vértebras cervicales. Lucila fue hallada desnuda de la cintura para abajo y con el sostén por arriba de los senos. Era de complexión regular, media 1.60 metros de altura, su tez era morena clara, vestía sólo sostén de color beige que estaba levantado, tenis y calcetas de color blanco, a un lado se hallo un pantalón de mezclilla azul y una blusa con flores de color azul y gris.

Una vez mas Ciudad Juárez. Por otra parte la víctima fue dejada en un lugar céntrico y además ella tenía 30 años y era mesera de un bar, por lo que es factible que el caso no tenga que ver con los demás casos reportados; sin embargo no podemos descartar completamente que sea una víctima relacionada, debido principalmente al hecho de que una vez mas el sostén se hallo levantado y su físico era similar al tipo de mujeres buscados en estos asesinatos.

165) El **22 de septiembre del 2002**, es hallada **Erika Pérez Escobedo** de entre 25 y 30 años, fue encontrada a un costado de un camino de terracería entre los arbustos, a partir del crucero de las calles Paseo del Río y Camino San Lorenzo en Ciudad Juárez. El cuerpo se hallaba semidesnudo y presentaba señales de abuso sexual. Tenía el pantalón y las pantaletas abajo de las rodillas y la correa de una bolsa de mano alrededor del cuello. Se sabe que tenía el cabello color castaño y vestía una blusa estampada con flores.

Pareciese que este es un caso mas, sin embargo no es evidente que esto sea así, desde la edad hasta la forma como fue estrangulada, ya que el uso de la correa de una bolsa ya había sido visto en una de las mujeres halladas el 5 de septiembre de 1995, solo que en aquella ocasión se utilizo dicha correa para atarle las manos. Sería importante saber algo más del caso.

166)   Un día después, el **23 de septiembre del 2002**, es hallada una osamenta femenina con una bata de la maquiladora *Fasco* en la entrada del parque industrial Juárez. Los informes señalaron que llevaba muerta alrededor de doce meses.

Una vez mas el cadáver fue sembrado allí, ya que es ilógico que lleve un año de muerta, y en ese lugar por dónde tanta gente transita. Pero, ¿Cual es el motivo de sembrar estos cuerpos?. Murió en septiembre del 2001, por las mismas fechas que las tres primeras mujeres de los campos de algodón, pero a esta mujer la almacenaron en algún lado durante un año, o quizás si la dejaron allí, pero lo mas importante sería saber por que sí murieron juntas, a unas las dejaron en los campos de algodón mientras a esta la almacenaron en otro lugar durante un año, o aunque las hubieran abandonaron allí desde entonces, por que no las dejaron a todas juntas en los campos de algodón. Quizás sí es cierto que esas mujeres venían desde Chihuahua y esta no. Aun así queda la duda del por que sembrarlo allí, o de si realmente llevaba un año de muerta o si tal vez quien lo planto allí y lo tenía almacenado fueron las autoridades.

167)   Ese mismo día, el **23 de septiembre del 2002**, es hallada una osamenta con aproximadamente once meses de antigüedad. A un lado se hallo una pantaleta, una camisa obscura, unos pantalones color naranja, calcetas blancas y once broches para el cabello. Fue hallada atrás de la maquiladora *BRK*, cerca de las vías férreas y el eje Juan Gabriel.

Están secuestradas por días, en este caso y el anterior llevaban meses de muertas, pero cuando son encontradas llevan su ropa puesta, o esta al lado de ellas, en este caso llevaba once broches para el cabello, la razón mas lógica de hallar a un lado sus ropas se debe al hecho de que en realidad sí fue muerta once meses atrás y dejada desde entonces allí. Sin embargo y si consideramos también a la otra mujer plantada el mismo día en la entrada de otra maquiladora, esto parecería que esta también fue plantada allí y los asesinos llevaron de una vez su ropa. A menos que las estén almacenando en una cámara fría también, no podrán evitar la descomposición natural de los cuerpos después de tanto tiempo y el que sus ropas se hallen así mismo contaminadas con bacterias de alto riesgo a la salud, por eso quizás se deshacen también de las ropas.

Debe existir un motivo para que estén plantando los cuerpos donde los están plantando, los dos en lugares similares el mismo día.

Quieren dejar una pista o desviar una vez más la atención. No descartamos que sean las autoridades quienes se estén deshaciendo de cuerpos que en un momento dado ocultaron de la prensa y de la opinión pública por alguna razón, y además siempre existe la posibilidad de que ambos casos, este y el anterior, sean el mismo, por lo que debemos verificarlo de primera fuente.

168-169) En **octubre 26 del 2002** se descubren en Cristo Negro en Lomas de Poleo una osamenta y un cadáver semidesnudo, ambos de entre 18 y 20 años. Meses después, las autoridades dirían que pertenecen a **Teresita López** y a **Gloria Rivas Martínez.**

Estos son el tercer y cuarto caso de mujeres halladas en el cerro Cristo Negro; tres meses mas adelante aparecerán varios cuerpos juntos en ese mismo lugar.

Este año se caracterizo una vez mas por que no fue evidente la existencia de un grupo experimental. La variación entre las edades de las mujeres y el hecho de que ya se dividieron mas equitativamente los asesinatos entre Ciudad Juárez y la ciudad de Chihuahua, también genera bastante confusión.

-2003-

170) En **enero del 2003** testigos reportan del hallazgo de tres mujeres en Cristo Negro, cerca de un rancho perteneciente a Boone Menchaca, dueño de estaciones de radio en ese Estado. Las autoridades ocultan el hallazgo y se contradicen en la información que manejan, y nunca hacen oficial el hallazgo de dichos cuerpos. Posiblemente una de ellas se llame **María Isabel Mejía Sarpien**, y en realidad hallan sido cuatro en total, siendo que las mujeres halladas unos días después, el 17 de febrero sean los mismos cuerpos que las autoridades por alguna razón re-plantaron, ahora sí para ser vistos por la prensa y la población. María Isabel había desaparecido el 10 de mayo del 2002 y tenía 18 años.

Acaban de reportarse dos cuerpos en Cristo Negro y en un solo día aparecen tres (o cuatro) mas, las autoridades están ansiosas y preocupadas de que sea otro caso igual al de los campos de algodón de solo un año y dos meses atrás, saben que es un nuevo grupo y saben que deben ocultarlo a la prensa y a las asociaciones y organizaciones no solo nacionales, sino internacionales también, como Amnistía Internacional.

⇒ **Karen Avila Herrera** desapareció de la ciudad de Chihuahua el **4 de febrero del 2003**. Solo tenía 14 años. Karen apareció en Ciudad Juárez después de según ella, huir de una mujer de nombre Yaritza que la tenía secuestrada supuestamente con el fin de prostituirla.

171, 172, 173) El **17 de febrero del 2003** es hallada muerta **Esmeralda Juárez Alarcon** de 16 años y trabajadora de la maquila *Venusa*. Había sido vista por última vez el **8 de enero** (cinco semanas antes). Su cadáver es hallado junto a los de **Violeta Mabel Alvídrez Barrios** de 18 años y **Juana Sandoval Reyna** de 17 años, reportadas como desaparecidas el **4 de febrero del 2003** (trece días antes) y el **23 de septiembre del 2002** (cinco meses antes), respectivamente. Un reportero asegura que había un cuerpo mas. Las mujeres fueron halladas a tres kilómetros al poniente de Lomas de Poleo, en un lugar conocido como Cristo Negro.

Estas tres víctimas junto a las otras tres halladas en Cristo Negro; Gloria Rivas Martínez, Teresita López y María Isabel Mejía Sarpien trabajaban o estudiaban en la misma área, ubicada en el centro de la ciudad: Juana Sandoval trabajaba en la escuela de belleza *Glamour* ubicada en avenida Juárez, Gloría Rivas trabajaba en la tienda *Estrella* en la avenida 16 de Septiembre (muy cerca de la catedral), María Isabel Mejía Sarpien (caso anterior) trabajaba en otra tienda *Estrella* sobre la misma calle a dos cuadras, Violeta Alvídrez estudiaba en la preparatoria *Ignacio Allende* en la avenida Vicente Guerrero y Esmeralda Juárez trabajaba en el *mercado Carranza* vendiendo ropa de mujer, y además estudiaba en la escuela de computación *Ecco*, a media cuadra del mercado. Cerca de una de las tienda de manualidades *Estrella*, en avenida 16 de Septiembre había otra escuela *Ecco*. Una de las supuestas víctimas de los campos de algodón del 2001, Berenice Ramos también estudiaba en la misma preparatoria que Violeta; en la *Ignacio Allende*.

Todo indica un nuevo caso grupal, el décimo. Las tres mujeres comparten edades similares, fueron halladas juntas y dos de ellas fueron secuestradas en fechas cercanas. Juana fue la primera de ellas secuestrada y lo fue cinco meses antes, en las mismas fechas en que se hallo estrangulada por la correa de una bolsa de mano a Erika Pérez. Esmeralda desapareció tres y medio meses después que Juana, y Violeta un mes después que Esmeralda. Las tres se hallaron juntas, así que pudieron morir al mismo tiempo o ser almacenadas y depositadas allí juntas (hay que conocer exactamente dónde las depositaron, es decir la ubicación precisa en ese terreno). Recordemos que quizás en noviembre del 2001 limpiaron la cámara fría y ya existía lugar para almacenar el cuerpo de Juana una vez que la dejaran de necesitar. Quizás el secuestro de las tres fue llevado a cabo manteniendo a las otras vivas, es decir Juana requirió que estuviese viva por cinco meses (quizás un embarazo mal logrado), y mientras mantuvieron a Esmeralda y a Violeta también, ambas por un lote de óvulos. Es probable que el gancho una vez mas, o nunca ha dejado de serlo son jóvenes de preparatoria o secundaría, pero no descartamos que quizás el gancho no sea un hombre sino una mujer de esa edad. Además pensamos que hay un lugar dentro de ese cuadrante, al que las víctimas entraron por su propio pie, pero ¿Qué lugar?.

Entre las conclusiones llevadas a cabo por las autoridades al estudiar los seis casos de Cristo Negro y los ocho de los campos de algodón se resalto que algunas de estas mujeres además de compartir características socioeconómicas muy similares, también compartían muchas características físicas como las que ya hemos mencionado, pero además una en particular muy difícil de describir en un informe policiaco, esto es, algunas mujeres se parecían demasiado entre una y otra.

174) El mismo **17 de febrero del 2003**, es hallado el cuerpo de una niña de cinco años llamada **Brenda Berenice Delgado Rodríguez**. El cuerpo se hallo por un guardia de *Ferrocarriles Mexicanos*, cuando recorría las vías del tren *Ferromex* y muy cerca de las instalaciones de la *Subprocuraduría Federal de Justicia de Chihuahua*, en Ciudad Juárez. Había sido secuestrada muy cerca de su casa cuando salió a la tienda. Fue violada y acuchillada en cinco ocasiones, una de las cuales, en el corazón, fue la causa de su muerte, también presentaba múltiples golpes en diferentes partes del cuerpo.

Una niña de nuevo. *No podemos asegurar que los casos de las niñas no sean producto de un segundo asesino, con móviles directamente sexuales, sin embargo los casos si parecen estar relacionados.* Esta es la niña número veintiocho y han pasado nueve meses desde el asesinato de Zulema la anterior niña, manteniéndose el patrón de no rebasar el tiempo de 10 meses entre niña y niña.

⇒ El **9 de marzo del 2003** desaparece de la ciudad de Chihuahua, la niña de 14 años, **Claudia Judith Urías Berthaud**, quien era estudiante de secundaría y que desapareció en el trayecto entre su casa y la de su abuela.

⇒ A la edad de 18 años desaparece también de la ciudad de Chihuahua, **Diana Yasmín García Medrano**, el **27 de mayo del 2003**. Su desaparición sucedió antes de llegar a la escuela de computación donde estaba inscrita, en el centro de la ciudad. En **septiembre** de ese mismo año, son hallados los restos de una mujer en la carretera a Ciudad Juárez, cuyas ropas son reconocidas por la familia de Diana como suyos. Existió una prueba de ADN de ese cuerpo sin embargo no contamos con el informe de los resultados.

175) El **28 de mayo del 2003, Marcela Viviana Rayas Arellanes** de 16 años es encontrada muerta en un lugar solitario en las afueras de la ciudad de Chihuahua, sus familiares había denunciado su desaparición el 16 de marzo (díez semanas antes). Marcela había sido violada y torturada y murió por estrangulamiento. Son detenidos dos personas acusados de ser los responsables; Ulises Ricardo Perzábal Ibañez y su esposa, una mujer de 44 años de origen estadounidense de nombre Cynthia Louise Kiecker (Kicker), quienes denunciaron torturas de las autoridades para lograr que sé autoinculparan. El 17 de diciembre del 2004 un juez los declaró inocentes y los puso en libertad.

Después del anterior grupo de mujeres en Cristo Negro, se regresa a la ciudad de Chihuahua. ¿Por qué?. Un experimento bien diseñado, debe de comparar dos grupos experimentales diferentes y la logística de un experimento, lo debe hacer realizable, sin la necesidad de recursos exorbitantes, por lo que llevarlo a cabo en las ciudades de Chihuahua y de Juárez hace que las víctimas compartan constantes en común y al mismo tiempo los vuelvan grupos distintos y por tanto estadísticamente válidos.

Aparentemente Marcela es la cuarta víctima de este grupo experimental. Marcela fue secuestrada un mes después de hallarse los tres cuerpos anteriores, y hallada dos meses y medio después, es decir que pudo estar secuestrada hasta dos ciclos reproductivos completos. Entre los últimos dos secuestros de Cristo Negro, es decir entre el de Violeta y el de Esmeralda, también había transcurrido un mes, y fueron retenidas antes de morir durante dos y cinco semanas respectivamente.

Antes de Marcela se reporto la desaparición de Claudia de 14 años, el 9 de marzo, y poco tiempo después la de Diana de 18 años, el 27 de mayo, ambas en la ciudad de Chihuahua, por lo que esta muerte puede corresponder a la tercera mujer de este nuevo y onceavo grupo experimental. Una vez mas las autoridades buscaron unos nuevos chivos expiatorios.

176) Son hallados en la ciudad de Chihuahua los restos de otra mujer, el **14 de julio del 2003**. Los informes indican que el cuerpo podría corresponder a **Neyra Azucena Cervantes** de 19 años, sin embargo la identidad no ha sido totalmente confirmada por la familia. Habría muerto en mayo de ese mismo año. En este caso el sheriff del condado de Alameda en el Estado de California en Estados Unidos, realizo la prueba de ADN al cráneo, encontrando que este no

correspondía al de Neyra, ya que era de un hombre, aunque la prueba al esqueleto sí dio positiva la identidad de Neyra. Neyra había desaparecido el **13 de mayo del 2003**, es decir exactamente dos meses antes de ser hallada. Las autoridades una vez más, arrestaron a un hombre que en este caso era el primo de ella, de nombre **Miguel David Meza** quien asegura también que fue torturado para firmar su confesión.

Neyra fue secuestrada después de la desaparición de Claudia y de Marcela en marzo, y antes de la de Diana ocurrida dos semanas después, por lo que este onceavo grupo experimental ya cuenta con al menos cuatro mujeres. En este momento ya son muchos los casos que suceden en la ciudad de Chihuahua desde el año 2000. Al parecer si requieren de este segundo experimento control para descartar la variable medio ambiente, y corroborar la validez de sus experimentos. Pero si ya se esta buscando validar el experimento, es por que los resultados han sido alentadores o por que se debe justificar el trabajo con la persona o grupo que esta invirtiendo en esto.

Neyra apareció mes y medio después de la aparición de la anterior mujer, en este caso existió una peculiaridad que debemos tomar en consideración; el cadáver de Neyra había sido dejado junto al de algún hombre ¿Quién era ese hombre?, y ¿Por qué actuaron así?.

177) A finales de **agosto del 2003**, es hallado el cuerpo de una mujer Hondureña de aproximadamente 27 años y de nombre **Jennifer Carolina Albino**. Apareció una vez mas en la carretera, que va de Chihuahua a Ciudad Juárez. La mujer había sido golpeada, violada y muerta por asfixia. Las autoridades detuvieron y responsabilizaron a un hombre de 20 años.

Este caso podría representar a la quinta mujer de ese grupo experimental. Desde que empezaron los asesinatos en Chihuahua, disminuyo a la par el reporte de casos donde ocurrió estrangulamiento, sin embargo tampoco se reporta cual fue el nuevo método de asesinato utilizado. Estos casos deben ampliarse mas a fondo, a partir de hallar mas detalles de los mismos.

178) En **septiembre**, son hallados los restos de una mujer en la carretera a Ciudad Juárez. La familia reconoce la ropa como de **Diana Yasmín García Medrano** desaparecida el **27 de mayo del 2003**, en este caso además se contó con una prueba de ADN. Diana de 18 años había desaparecido en la ciudad de Chihuahua, antes de llegar a la escuela de computación donde estaba inscrita en el centro de esa ciudad.

El probable onceavo grupo experimental ocurrido en la ciudad de Chihuahua, contó con al menos cinco mujeres en las que se trabajo y después asesino.

-2004-

179) El **29 de febrero del 2004**, alrededor de las nueve de la mañana, fue hallada en la ciudad de Chihuahua, en una bodega en construcción cercana a la central de abastos, en las calles cincuenta y tres y Sierra Puente Santa María en la colonia Juan Pablo II, el cuerpo de una mujer que había sido calcinada. El cuerpo de aproximadamente 35 años, al parecer había muerto varios días antes. Fue hallado junto a los restos de una fogata y de botellas de aguardiente de baja calidad, por lo que se presume que en dicha bodega se reúnen indigentes de la zona, y que quizás la misma mujer halla sido también indigente.

Difícilmente este cuerpo lleva relación con los que nos ocupan, sin embargo no podemos descartarlo tan tajantemente sin saber mas de el, sobre todo considerando el hecho de que una vez mas fue calcinada.

180) Un cuerpo mas hallado en Cristo Negro, en esta ocasión las mujer de edad entre 24 y 26 años fue hallada cerca de las ocho y quince de la mañana por un chofer de transporte, el miércoles **10 de marzo del 2004**. La mujer se hallo en un camino de terracería que lleva a un banco de material de construcción, propiedad de *Pimsa* en el arroyo del *Mimbre*, y se encontraba boca abajo con la blusa y el sostén levantados por arriba de los senos, y el pantalón y las pantaletas por debajo de las rodillas. Al parecer había muerto en otro lugar la madrugada del mismo día miércoles, por asfixia causada por estrangulamiento. Fue identificada como **Rebeca Contreras Mancha** de 24 años. Se detuvo a dos lugartenientes del narcotraficante al menudeo de la zona, Osvaldo García Aguirre.

Esta mujer represento la novena víctima hallada en Cristo Negro y la primera desde las seis mujeres del año anterior.

181) El domingo **9 de mayo del 2004** fue abandonado el cuerpo de una mujer de aproximadamente 40 años, quién se cree murió en otro lugar desde el viernes **7 de mayo**. La mujer identificada como **Flor Lozano Pompa**, presentaba cinco heridas con arma blanca en el cuerpo, aunque estas marcas no se hallaban en la camiseta que vestía. Así

también se hallo un calcetín hecho rollo dentro de uno de los tubos del pantalón, como si alguien lo hubiese metido allí en vez de ponérselo a la mujer. Flor, fue abandonada en un camino de terracería ubicado rumbo al *rancho Piñon* al nororiente de la ciudad, en el municipio de Ascensión. Testigos dicen haberla visto en la ciudad durante el mes que paso, cargando bolsas con ropa, ya que al parecer debido a que había sido desalojada de su hogar.

El hecho de que los calcetines fuesen hallados así, si pareciese indicar que fue muerta en otro lado, y su cuerpo y pertenencias puestos juntos para ser abandonados, sin embargo no es lógico el acuchillar a alguien vestido o desvestido cinco veces, y después cambiar su ropa o vestirla para depositarla en un camino de terracería donde tarde o temprano sería hallada; y esto es, por que no encaja el hecho de que la camiseta no se hallara también acuchillada. Si además la versión de los testigos es cierta, no pertenece esta mujer al grupo sobre el que se esta experimentando. Aunque una vez mas, esta mujer pudo haber visto algo, que le ocasiono el ser muerta. ¿Queda la duda de la razón de falta de los agujeros de cuchillo en la camiseta?.

182)   La mañana del lunes **24 de mayo del 2004**, alrededor de las cinco y cuarenta de la mañana, se reporta el hallazgo de una mujer de entre 18 y 22 años, en un baldío ubicado en las calles de Francisco R. Almada y Jesús García, cerca de un barranco en la colonia Nuevo México, en Ciudad Juárez. La mujer murió de asfixia por estrangulamiento. Era de complexión delgada y de piel morena. Fue hallada semidesnuda, con la mitad inferior del cuerpo desnuda y la superior vestía una blusa azul. Según los vecinos, la mujer no se hallaba allí a la una de la mañana, por lo que fue depositada en ese lapso de cuatro horas y media. Así mismo, alrededor de la una de la madrugada, los perros ladraron en respuesta al paso de un vehículo, que se cree fue del que se arrojo el cuerpo.

No sabemos si este caso pueda o no estar vinculado, ya que el lugar y la forma de abandonarla no fue la habitual, así mismo solamente la estrangularon, o al menos es el único daño reportado al cuerpo.

183)   El viernes **28 de mayo** es hallada en la ciudad de Chihuahua, alrededor de las doce treinta, el cuerpo de una niña de 14 años, al final de una callé del fraccionamiento aun en construcción residencial *Misión del Bosque*, a un costado de la prolongación de la avenida la Cantera, a un kilómetro al norte del Periférico de la Juventud, la mujer llevaba aproximadamente treinta y dos horas de haber muerto y fue hallada por el chofer de un camión materialista al pasar por allí. Se encontraba boca arriba, con la parte inferior del cuerpo desnuda. Había

muerto por estrangulamiento y había sido violada y golpeada en el rostro. Aunque no se da el nombre de la menor, si se da el de la madre, Gloría Chávez quien atestigua que el jueves **27 de mayo**, después de esta acompañarla a un cajero automático, le pidió regresara a casa a cuidar de sus hermanos de 10 y 15 años, en la colonia Unidad Popular. Según testimonios de una vecina, al parecer a tres cuadras de su casa fue abordada por unos malvivientes de la zona.

No podemos asegurar que se trate de un caso relacionado, y menos por las pocas horas de muerta, es decir que pareciese que fue muerta en un tiempo muy cercano al secuestro, sin embargo con esta niña ya son tres mujeres abandonadas en lugares no frecuentes y de edades dispares, además los relatos sobre que Flor era una mujer que andaba deambulando por la calle, así como el de esta niña que fue raptada en el trayecto a su casa, podría hacer pensar que se trate de algún otro grupo que circula en un auto por la ciudad, en este caso en Chihuahua y rapta a las mujeres por pura diversión, o en su defecto por un motivo ajeno a la experimentación.

⇒ En **julio del 2004**, tres mujeres son reportadas desparecidas en Ciudad Juárez, a una la encontraron sin vida, otra de ellas de nombre **Fabiola Chacón Arreola** de 18 años no se le ha vuelto a ver. Se dedicaba a cuidar a su hermano discapacitado y estudiaba en una escuela de computación en la zona centro de la ciudad.

184) El lunes **26 de julio del 2004**, aparece el cuerpo de **Alma Brisa Molina Baca** obrera de la maquila *Controles de Temperatura*, ubicada en la avenida Ramón Rivera Lara y el eje Juan Gabriel. Alma tenía 34 años de edad y apareció exactamente a los dos meses del hallazgo del anterior cuerpo. Se hallo entre matorrales, en un terreno baldío en el centro de Ciudad Juárez, junto a las vías del ferrocarril, en la esquina del eje vial Juan Gabriel y Municipio Libre, frente al centro comercial *Soriana Sander´s*, y a un lado de la vieja central de abastos. Murió de asfixia por estrangulamiento y había sido golpeada y violada, llevaba aproximadamente veinte horas de haber fallecido, por lo que el crimen ocurrió aproximadamente a la una de la madrugada. El cuerpo se hallo boca abajo semidesnudo. Se hallaron diversas prendas como una blusa tipo oriental con flores de varios colores, una falda negra y pantaletas y sostén también negros, así también se hallaron zapatillas rojo brillante y una bolsa del mismo color, en su mano y dedo llevaba una pulsera de plástico color naranja. Alma tenía la piel morena clara, las cejas semipobladas, la nariz abultada, los labios gruesos, el cabello castaño oscuro rojizo, de estatura 1.67 metros, tenía un lunar tipo verruga en la mejilla derecha, además de acné en ambas mejillas. Según las autoridades, el albañil José Rodrigo Ramos Valencia de 28 años, confeso

el crimen, y acepto haberla matado en ese mismo lugar después de haber discutido con ella.

En febrero del 2003, en ese mismo lugar se había hallado el cuerpo de la niña de cicno años, Brenda Berenice Delgado Rodríguez.

Una vez más, debido al poco tiempo entre el rapto y la muerte no creemos que se trate del mismo grupo, sino de algún grupo de asesinos oportunistas que lo hacen por diversión, para violarlas y luego simplemente las asesinan.

185) El **6 de octubre** se halla el cuerpo de una mujer de entre 25 y 30 años que había sido violada de forma tumultuaria y después estrangulada, fue hallada en la orilla de la acequia madre, en las calles Argón y Ortíz

No hay mas datos que permitan realizar mayores deducciones, aunque parece un caso mas, de este último grupo de asesinos que está imitando y que lo esta realizando por diversión. Sería importante conocer de estas mujeres si están siendo raptadas en la noche, es decir que este grupo son asesinos de parranda. Todo parece indicar que esto ocurrió en Ciudad Juárez aunque debe verificarse.

186) Se descubre una mujer de edad desconocida, en un canal de irrigación en el boulevard fronterizo en el mes de **octubre.**

Requerimos más datos, incluido una vez más, si hablamos de Juárez o Chihuahua.

187) Se encuentra el cuerpo de una niña de 3 años, flotando en las aguas negras del Valle de Juárez, en el poblado del *Mimbre*, el día **14 de noviembre del 2004.** Había sido asesinada a golpes y aunque estaba totalmente desnuda, los exámenes del forense no detectaron que hubiese sido violada.

No parece haber conexión con los otros asesinatos. Sin embargo el año 2005, se horrorizará por otros dos casos de niñas muertas en circunstancias atroces. Además el 10 de marzo de este mismo año se hallo también en el *Mimbre* a Rebeca Contreras Mancha de 24 años, lugar que por cierto, se halla en Cristo Negro, por lo que esta niña es la décima víctima hallada en Cristo Negro, así que quizás si este caso este bastante relacionado con los otros experimentales.

La última niña asesinada lo había sido en febrero del 2003, es decir un año y nueve meses antes y fue de la niña de 5 años Brenda

Berenice Delgado quien fue abandonada en las vías del ferrocarril Ferromex después de ser acuchillada en cinco ocasiones.

188) **Martha Cecilia Vargas Jiménez** es hallada muerta en un campo algodonero en el Valle de Juárez, a finales de **noviembre del 2004**.

Se regresa a un campo de algodón en Ciudad Juárez. La información sobre este caso es muy pobre, por lo que debemos saber más. Conforme los años son mas cercanos a la actualidad, pareciese que la información pública que existe se vuelve cada vez más escasa. Entre la información que sería muy útil saber, seria la edad de la mujer.

189) El viernes **3 de diciembre del 2004**, fue hallado el cuerpo de una mujer de nombre **Cynthia Irasema** de 23 años. La mujer había sido violada y estrangulada y fue hallada sobre la banqueta afuera de un negocio de pintura y herrería ubicado en la esquina de avenida Hermanos Escobar y calle Argentina en la colonia Hidalgo, a un costado de una bodega comercial.

Un caso mas que parece responsabilidad de los imitadores que están actuando.

Este año hubo asesinatos en Chihuahua y cuerpos abandonados en Cristo Negro, Valle de Juárez y en calles céntricas del centro de Chihuahua. No existieron, o no se reportaron mutilaciones ni violencia excesiva; el rango de edades fluctuó entre los 3 y los 40 años, no apareció jamás un mismo *modus operandi*, ni se mostró mayor profesionalismo en los asesinatos. Las muertes del 2004 pareció que fueron obra de un grupo cualquiera de malvivientes sin ningún fin, ni objetivo, tal y como las autoridades siempre aseguraron, es decir una banda tipo "los Rebeldes", que se hallan en el lado contrario a la Ley pero sin los recursos y la impunidad de una organización criminal. Las posibilidades de esto, pueden ser que, efectivamente sí este actuando un grupo de imitadores o de asesinos completamente desligados de los otros asesinatos, o que siga actuando el mismo grupo y que las evidencias no nos permiten ver claramente un *modus operandi* similar, o que simplemente dicho grupo decidió de forma conciente y planeada, empezar a actuar como una banda mas dentro de la delincuencia de estas ciudades del Estado de Chihuahua. Esto último, evidentemente respondería a un objetivo mayor y que desconocemos.

-2005-

190) El **lunes 24 de enero del 2005**, alrededor de las cinco y treinta, fue hallado el cuerpo de una mujer junto a una banqueta, frente al numero 400 de la calle Plomo, a la altura de la segunda de Ugarte, en la colonia Arroyo Colorado en una zona del centro de Juárez, donde al menos se han encontrado ocho cadáveres de 1993 a la fecha. La víctima murió de asfixia por estrangulamiento entre diez y doce horas antes, y presentaba tres (cuatro) heridas producidas por arma punzopenetrante en el pecho. Fue identificada como **Alejandra Medrano Chavarría** de 25 años. Dejo tres hijos de ocho, seis y cuatro años. Se cree fue asesinada en otro lado y abandonada allí. Era de tez morena, delgada, con aproximadamente 1.65 metros de altura, su cabello era negro y a la altura de los hombros. Vestía un suéter verde sin marca, pantalón de mezclilla azul, dos pares de calcetas y no portaba calzado (una vez mas los zapatos, ¿Por que?).

En este momento es confusa la forma como están siendo asesinadas las mujeres, para empezar ya no son retenidas, sino asesinadas de forma inmediata o casi inmediata sin tiempo para hiperestimular y extraer óvulos, es por esto que nos inclinamos a creer que es un grupo de imitadores los que están actuando, y cuyo objeto no tiene ninguna vinculación con un experimento ni con *Células Madre*.

Sería poco factible y muy imaginativo especular que ya tienen los resultados que querían de grupos de mujeres y ahora solo están tomando ovocitos de niñas para experimentos específicos, y las otras mujeres solamente son para seguir el teatro o para despedirse gradualmente de escena.

191) El sábado **12 de marzo del 2005**, alrededor de las siete y quince de la mañana fue hallado el cuerpo de una mujer de 33 años identificada como **Patricia Montelongo de la O**. Fue hallada en un lote baldío, frente al parque industrial Juárez, muy cerca del eje vial Juan Gabriel y la calle Miñaca. La víctima era empleada doméstica y fue hallada envuelta en una cobija y había sido acuchillada cuarenta veces. Fue vista por última vez el miércoles **9 de marzo**, cuando salió de su casa rumbo al centro comercial *Smart* en la colonia Cementera. Patricia vivía en la colonia Santa María. Miguel Angel Rodríguez Delgado "el Diablo" fue arrestado el martes 15 de marzo, en Vinton, Texas en relación a este crimen, donde según las autoridades, el confesó el crimen como una deuda debida al narcomenudeo.

El hecho de que halla sido envuelta en una cobija, parece indicar que fue muerta en otro lado y llevada allí para abandonarla. En esa zona existen diversos informes de ser una zona frecuentada para raptar mujeres o depositar cuerpos, en particular en el perímetro del eje vial Juan Gabriel en el cruce de las avenidas Ramón Rivera Lara y las maquiladoras del kilómetro cinco.

Por primera vez desde hace mucho, la víctima pudo haber sido secuestrada antes de ser muerta, sin embargo una vez mas parece ser producto de este nuevo *modus operandi* que esta ocurriendo en la ciudad.

192) **Coral Arrieta Medina** de 17 años, fue hallada el lunes **14 de marzo del 2005** al medio día, en un lote baldío ubicado en Lote Bravo a la entrada del fraccionamiento Parajes del Sur (entre las calles de Paseo Sur y Refugio de la Libertad), a unos pocos metros del boulevard Libramiento Aeropuerto. Había sido violada y muerta por asfixia causada por estrangulamiento. Coral había sido reportada como desaparecida tres días antes, y según su madre había salido de su casa el viernes **11 de marzo** a la una de la tarde, con rumbo a la escuela de computo donde estudiaba, y de la que al parecer aprovecho un receso entre clases, de hora y media, para ir a visitar a una amiga a su trabajo, sin embargo ya no regreso a su casa. El día que fue hallada, vestía un pantalón de mezclilla azul en una sola pierna y bajado a la rodilla, también vestía una blusa clara y una chamarra de la misma tela y color, calcetas blancas y un solo tenis y no se hallo la pantaleta. Coral vivía en la colonia División del Norte. Trabajaba en la maquiladora *Autoeléctronicos de Juárez* y estudiaba en el *Centro Nacional de Computo e Ingles* (CNCI), ubicado en la avenida López Mateos y boulevard Oscar Flores.

Aunque por segunda vez consecutiva y a solo dos días de hallarse el anterior cuerpo, pudo esta mujer también haber sido mantenida en cautiverio, debemos así mismo hacer notar que se regreso a dejar un cuerpo a Lote Bravo.

Basados en testimonios de varios testigos, las autoridades han clasificado dos zonas de Ciudad Juárez, mismas que han considerado como de alto riesgo, y donde varias víctimas han desaparecido, estas son: el área ubicada en el kilómetro cicnco del boulevard Oscar Flores y el parque industrial Juárez, siendo la segunda en el centro de la ciudad, en el perímetro formado por la avenida 5 de Mayo, la calle 16 de Septiembre, Juárez y Vicente Guerrero. Según testimonios de testigos y familiares se cree que algunas mujeres han desaparecido en los últimos doce años en esas zonas, como es tal vez, el caso de Angélica Márquez Ledezma, Rosa Isela Tena, Mireya Hernández Méndez, Rosario García

Leal, quienes se creé fueron subidas por su voluntad o a la fuerza a algún auto mientras esperaban el camión o se hallaban fuera de la maquila, o el caso de Esmeralda Leyva al parecer llevada afuera de una secundaría, ubicada en Camino Viejo a San José y Oscar Flores, y el caso de María del Rocío Cordero raptada afuera de la primaria *Gabino Barreda*; todas estas mujeres presumiblemente fueron raptadas en un radio de cuatro kilómetros ubicado en la intersección del kilómetro cinco de la carretera a Casas Grandes, el eje vial Juan Gabriel y el perimetral Carlos Amaya, esto respecto al parqué industrial Juárez.

193) El lunes **21 de marzo del 2005**, por la noche son hallados los restos de una mujer de entre 17 y 21 años, estos fueron encontrados en una zona desértica conocida como "los Arenales", a cuatro kilómetros de la carretera Juárez-Porvenir, y al sur del pueblo de San Agustín. El cuerpo fue hallado por un ranchero que cabalgaba en la zona. La osamenta, hallada incompleta en un radio de cien metros, incluía restos de ropa femenina.

Un segundo caso este año, y desde hace mucho tiempo, que parece ser parte del mismo grupo que ha asesinado desde hace 13 años.

194) El día sábado **26 de marzo del 2005**, fue encontrado el cuerpo de **Roció Paola Marín Avila** de 19 años, flotando en un canal de aguas negras en la etapa siete del fraccionamiento Riberas del Bravo. Presentaba cuarenta y cuatro heridas con arma blanca. Había sido reportada como desaparecida un día antes, el viernes 25 de marzo, y desaparecida desde el jueves 24 de marzo. La cabellera de la mujer fue vista flotando por una pareja, que atravesaba a través de un puente, el canal en su coche, ese día a las tres y media de la tarde, en las calles de Riveras del Salado y Siglo veintiuno; el cuerpo se hallaba atorado entre las hierbas y un tubo de desemboque. Roció tenía el cabello café largo hasta abajo de los hombros, la piel clara y complexión delgada. Vestía una blusa obscura a rayas, pantalón azul de mezclilla y un cinturón negro. Era trabajadora de la maquila *Westron* en la zona industrial de *Waterfill (Waterfield)*, y tenía dos niños, uno de cuatro años y otro de 9 meses; además según sus familiares estaba embarazada. Vivía en el fraccionamiento Hacienda de las Torres. Las autoridades arrestaron el sábado 26 de marzo, a quien se dijo era el presunto responsable, Guadalupe Reyes Gándara Chávez de 23 años, quien era el padre de los niños y pareja de Roció, también según las autoridades, el confesó libremente y sin coerción el crimen.

Esta mujer representa la cuarta mujer asesinada en lo que va del 2005, que una vez mas, parece estar relacionada con los crímenes que nos atañen. Fue raptada dos días antes de ser hallada, así que una vez mas es factible que haya sido mantenida en secuestro parte de ese tiempo, y en este grupo pareciese que sí es que el secuestro ocurre, sucede de forma muy breve, por lo que no sabemos sí realmente mantienen la extracción de óvulos, o en este momento ya cuentan con suficiente número de líneas celulares estables, y los experimentos se hallan direccionado a otra parte, a algo mas que estas mujeres puedan aportar, y que no requiere mantenerlas cautivas todo un ciclo reproductivo completo. No descartamos el embarazo de Roció como posiblemente relacionado de alguna forma.

195) Al amanecer del día jueves **5 de mayo del 2005**, alrededor de las cinco de la mañana, es hallada muerta una mujer joven en la colonia Aldama, específicamente en el cruce de las calle Ramón Aranda y Cromo. La mujer de nombre **María Estrella Cuevas Cuevas**, fue hallada en posición fetal por unos vecinos. Presentaba huellas de golpes en espalda y caja torácica, sangraba de nariz y boca, y tenía una cortada en la frente, y aparentemente había sido violada. Murió desangrada por varias cuchilladas en el tórax. La mujer tenía una edad de 20 años, de complexión delgada, nariz recta, boca mediana, labios medianos y ojos grandes, así también tenía la piel morena clara, estatura regular y cabello castaño claro teñido de negro y a la altura de los hombros. Vestía un overol de mezclilla con los tirantes desabrochados, playera blanca con mangas azules y no llevaba zapatos. Era madre soltera de un niño de un año, y otro de dos y en ese momento era desempleada, vivía con sus hermanos en la colonia Chaveña, el padre de sus hijos fue el último en verla con vida, la noche anterior cuando ella fue a casa de el, a dejar a uno de los hijos.

Una vez mas una mujer sin zapatos, aunque en esta ocasión la abandonaron dentro de la ciudad. El hecho de hallarse en posición fetal pudo deberse quizás a que fue atacada allí, y esta fue la posición de protección que todos adoptamos cuando estamos siendo golpeados principalmente en la espalda, así también pudo deberse a que adopto esa posición, aun estando viva y después de que los asesinos pararon de golpearla. Todo indica que la abandonaron y asesinaron esa misma noche. No podemos asegurar que este caso este relacionado a los otros.

196) El sábado **14 de mayo del 2005** en uno de los peores casos de violencia de mujeres en Ciudad Juárez, es hallada la niña de siete años **Airis Estrella**, quien había desaparecido dos semanas antes, el lunes **2 de mayo** en la calle Átomo y Zafra en la colonia Universidad, cuando un hombre de pelo entrecano la subió a un auto oscuro con vidrios polarizados, esto sucedió cuando ella había ido en compañía de unos amiguitos, a la tienda. Fue hallada la tarde del sábado dentro de un tambo de plástico que había sido rellenado con cemento y que se

encontraba a su vez dentro de una casa de cartón y madera en las afueras de la ciudad, en el kilómetro treinta de la carretera a Casas Grandes, en la colonia Minas de Saldaña, cerca del cerro del Caballo. Según las autoridades Airis había muerto de díez a catorce días antes por traumatismo craneoencefálico. Había sido abusada sexualmente.

Fue hallada por los propietarios de la cabaña, los hermanos Mauricio y Efrén Burciaga Azueta de 33 y 30 años respectivamente, quienes hallaron el tambo de doscientos litros dentro de su cabaña, y en el interior y boca abajo encontraran a la niña. Cuando los hermanos Burciaga sacaron el tambo de la casa, fue cuando se percataron que había sangre en el interior del mismo. Una vez que la *Fiscalía de Homicidios de Mujeres* llego al lugar, se removió la parte superior de cemento y apareció el pequeño pie de Airis.

Una vez mas una niña, en este caso de siete años, siendo que la anterior niña era de cinco años y fue hallada solo seis meses atrás, pero este es el primer caso dónde la extrema violencia es usada en una niña. Es muy difícil hallar una lógica donde encajar este asesinato. Podemos decir que fue una mujer mas del grupo, a la que debió muy probablemente extraérsele algo que quizás la simple calcinación no ocultaría, o que por algún motivo como pudo ser el climático, no pudo realizarse dicha calcinación (hay que averiguar si ese día llovió en la zona). Airis pudo ser la quinta o sexta mujer de un doceavo grupo experimental poco común, y difícil de caracterizar como tal.

.

IV. CONCLUSIONES.

Dice Laura Segato que, "en Ciudad Juárez se perciben todos los crímenes contra las mujeres como un smoke-screen, una cortina de humo cuya consecuencia es impedir ver claro un núcleo central que presenta características particulares y semejantes. Es como si círculos concéntricos formados por una variedad de agresiones ocultasen en su interior un tipo de crimen particular, no necesariamente el más numeroso pero sí el mas enigmático por sus característica precisas, casi burocráticas: secuestro de mujeres jóvenes con un tipo físico definido y en su mayoría trabajadoras o estudiantes, privación de la libertad por algunos días, torturas, violación 'tumultuaria',....mutilación, estrangulamiento, muerte segura, mezcla o extravió de pistas y evidencias por parte de las fuerzas de la ley, amenazas contra abogados y periodistas, presión deliberada de las autoridades para culpabilizar a chivos expiatorios a las claras inocentes, y continuidad ininterrumpida de los crímenes de 1993 hasta hoy".

Hemos documentado una serie de asesinatos, cuantificados en el presente escrito como cercanos a los doscientos, mismos que fueron tomados de distintas fuentes periodísticas, reportes de asociaciones civiles, organismos internacionales y nacionales, archivos policíacos, y que, en su totalidad mostraban cifras varias y en repetidas ocasiones cercanas a las cuatrocientas mujeres asesinadas. En esta recopilación delimitamos claramente ese gran grupo, reduciéndolo principalmente a grupos de asesinatos múltiples, que a nuestro parecer fueron efectuados por los mismos asesinos. Entre estos grupos de asesinatos, resaltan las doce víctimas halladas en 1995, principalmente en las inmediaciones de la carretera a Casas Grandes y Lote Bravo, otras nueve el siguiente año en Lomas de Poleo, las ocho mujeres abandonadas en el 2001 en los campos de algodón, y las seis halladas en cerro Cristo Negro en el año 2003. El grueso de las mujeres halladas muertas en Ciudad Juárez, fueron abandonadas en ocho lugares diferentes, y donde la mayoría de estos, se encuentran cercanos entre sí, estos lugares son: Lomas de Poleo, Casas Grandes (Granja Santa Elena), el Sauzal, atrás de campos de *Pemex*, Lote Bravo, Cerro Bola, Cristo Negro y los campos de algodón donde se depositaron en uno, o dos días ocho cuerpos. Hay que aclarar que en la carretera a Casas Grandes, y en los alrededores de la misma, se hallan varios de esos lugares, así como lugares donde se depositaron de forma esparcida, varios cuerpos mas. Como puede observarse, los asesinos regresan de forma reiterativa a los mismos lugares, omitiendo así la posibilidad de que sean asesinos seriales, tal y como tradicionalmente se les conoce según su forma de actuar.

En los trece años de asesinatos, al menos se hallaron nueve mujeres en Cerro Bola, quince mujeres en Anapra y Lomas de Poleo, veinticuatro más en las inmediaciones de la carretera a Casas Grandes (Granja Santa Elena), siete en el Sauzal, diez mujeres en Lote Bravo, seis cercanas a *Pemex*, diez en cristo Negro y las ocho mujeres de los campos de algodón. Por otra parte, al menos doce mujeres asesinadas con un *modus operandi* similar, fueron halladas en la ciudad de Chihuahua del año 2000 al 2005, y otras trece desaparecieron en esa misma ciudad en esos años.

Creemos que un gran número de las muertes de mujeres, en las ciudades de Ciudad Juárez y Chihuahua, de 1993 a la fecha, fue realizada como parte de un experimento relacionado con sus órganos reproductivos. La experimentación a que estas mujeres fueron sometidas, se enfoco básicamente al uso de los óvulos de estas mujeres, y donde muy probablemente, fueron la materia prima para generar líneas celulares de *Células Madre*. Durante la experimentación realizada, se han utilizado grupos experimentales, compuestos por varias mujeres. Además se han usado óvulos de mujeres de forma intermedia a esos grupos, posiblemente como ensayos de verificación o control.

Las mujeres en su mayoría son raptadas de forma independiente una de otra, y nos son retenidas generalmente por los mismos periodos de tiempo, debido quizás a que, la experimentación se adecuo, a usar primero óvulos de una mujer, y luego óvulos de otra. Sin embargo algunas mujeres sí pudieron compartir tiempos de retención, y haber por tanto compartido un espacio físico durante un mismo periodo de tiempo. En los grupos experimentales, primero (verano de 1995) y segundo (primavera de 1996), es muy factible que algunas mujeres hallan sido secuestradas y mantenidas juntas por el mismo periodo de tiempo. Es recurrente que las mujeres sean secuestradas al menos por un periodo cercano a las dos semanas, y sabemos que este es el tiempo mínimo promedio, para conseguir hiperestimulación ovárica por tratamiento hormonal. Si consideramos los tiempos estimados de muerte documentados, obtenemos que el promedio del tiempo de retención de las mujeres, es de quince días, y donde además en 62% de los casos ellas fueron retenidas por un periodo menor o igual a dos semanas, mientras que en un 77% de los casos esto fue en el periodo menor a un mes.

Los asesinatos y la experimentación con las mujeres, fueron realizados a través de una metodología que incluía grupos experimentales, que compartían características fenotípicas y de edad similar, mismos que pensamos estaban seleccionados como grupos experimentales por varios motivos. Adicionalmente pensamos que hubo varios casos de mujeres aislados a estos grupos experimentales, y cuyo asesinato se realizó en los tiempos intermedios entre los distintos grupos, siendo que estas últimas muertes fueron probablemente impulsadas por necesidades experimentales, que surgieron como requerimientos adicionales a los experimentos grupales, es decir como experimentos de complementación, quizás con el objeto de reforzar, confirmar o validar resultados.

Los años de 1993 a 1999, se caracterizaron por que al principio de cada año, o finales del anterior, se asesino una niña; en el transcurso de los trece años de asesinatos, al menos treinta y nueve niñas menores a quince años fueron asesinadas. El asesinato de niñas puede deberse a diferentes causas, como a que, cada año los investigadores renueve su línea o líneas celulares, y esto puede realizarse utilizando óvulos de niñas. Es sabido que *Células Madre* embrionarias presentan cromosomas estables y complementarios aún después de dos años de cultivo, sin embargo también, en promedio, sucede una mutación en algún cromosoma durante cada ciclo de división celular, así también se sabe que las anormalidades cromosómicas en óvulos, aumentan conforme aumenta la edad de las mujeres. Debe existir algún motivo para el uso de *Células Madre* de niñas en relación al uso de *Células Madre* de mujeres mayores, y quizás se hallé relacionado con la estabilidad o integridad de los óvulos entre ambos grupos de mujeres. Quizás los óvulos de niñas son usados para la creación de líneas celulares, los obtenidos de grupos son para experimentación con variables específicas y los de las mujeres asesinadas entre grupos sean para corroborar datos experimentales. O quizás también con los óvulos de las niñas se regeneran tejidos de seres humanos vivos, donde las niñas representan el experimento final, la ciencia aplicada a una terapia celular específica. El uso de óvulos de niñas en edad reproductiva, también puede deberse, a que estos generan mejores resultados durante la experimentación, que los de mujeres mas viejas. Afirmamos que los óvulos de niñas deben servir para un propósito diferente al de mujeres de mayor edad, y donde ese propósito debe estar relacionado a alguna necesidad experimental.

A lo largo de trece años sucedieron al menos trece calcinaciones en los cuerpos, incrementándose estas en los años 1998 y 1999, y esto pudo suceder quizás, debido a un intento por ocultar evidencia en el cuerpo, probablemente de un embarazo, u alguna otra pista en los órganos reproductivos de estas mujeres. Así mismo durante los mismos trece años, al menos cinco de las mujeres asesinadas se hallaban embarazadas. Por otra parte, en cuatro mujeres entre 1993 y 1995, se hallo en su vagina la presencia de un líquido blanco similar al semen, pero que no lo era.

Cinco de las mujeres asesinadas durante los trece años de asesinatos, eran estudiantes de nivel preparatoria, y dónde dos de ellas pertenecían a la preparatoria *Ignacio Allende*. Siete niñas asesinadas eran estudiantes de nivel secundaría, y una, mas de nivel primaría, se hallaba adscrita a la primaria *Gabino Barreda*, misma primaria a la que años antes de ser asesinada, se hallo inscrita otra diferente niña. Así también al menos ocho de las mujeres asesinadas, se hallaban inscritas a una escuela de computación, donde cinco de ellas pertenecían a una de nombre *ECCO*, así mismo al menos otras tres mujeres desaparecidas también estudiaban en una escuela de computación. Por otra parte, dos mujeres trabajaban en la mercería *Estrella*, y cinco mas tuvieron relación con una zapatería, donde en cuatro de esos casos, fue con la zapatería "*3 Hermanos*".

Al menos veinte ocho mujeres sufrieron mutilación, en algunos de los casos estando aun vivas. Por lo menos doce de ellas fueron mutiladas en los senos o en los pezones, repitiéndose el hecho de que el pezón izquierdo fuese arrancado principalmente a mordidas y el seno derecho cercenado.

En trece años sucedieron al menos cincuenta y un asesinatos, donde se utilizo arma blanca para cometerlos, y en al menos setenta y cinco casos, se hizo uso del estrangulamiento. La mayoría de los asesinatos con arma blanca se realizaron de 1993 a 1999; y en por lo menos diecinueve de los asesinatos con arma blanca se apuñalo de manera múltiple, en la mayoría de esas veces, de forma excesiva. Así mismo en por lo menos treinta y dos de los casos, se reporta que se utilizaron dos o mas métodos para causar la muerte, es decir, el apuñalamiento, el estrangulamiento, los golpes, la asfixia, etc., fueron usados de forma simultanea; una vez más siendo excesiva la impartición de la violencia; demasiado excesiva, aun para una mente enferma. Solamente en tres casos se reporta el uso de un arma de fuego. En al menos ochenta y cinco de los casos, se reporta que es muy probable que haya existido violación.

Al menos al inicio de los asesinatos, algunas empresas maquiladoras de esas ciudades muy probablemente estuvieron involucradas. Sabemos que en algunas de estas maquilas, el departamento de personal conoce los periodos del ciclo reproductivo y ovulatorio en que se encuentran sus empleadas.

Después del análisis de la distinta información de este caso, consideramos que estos asesinatos fueron planeados y diseñados por un grupo de gente poderosa y con un fin estrictamente científico, sin embargo la ejecución de los raptos, la tortura, la mutilación y la muerte de estas mujeres fue llevada a cabo por personas diferentes, aunque pertenecientes a la misma organización. Durante la investigación que llevo a la elaboración de este documento, detectamos que es factible que en trece años de asesinatos, hayan actuado tres grupos diferentes de asesinos, estos tres grupos han actuado de forma alternada y con excepción de unos pocos meses, nunca de forma simultánea. En este trabajo han sido denominados, basados en la cronología de su aparición, como *A*, *B* y *C*. Así mismo determinamos que los asesinos son hombres, ya que en muchas ocasiones se requirió de fuerza física considerable para realizar el daño hecho a los cuerpos.

El grupo *A* fue el grupo inicial, y actuó aproximadamente de inicios de 1993 a agosto de 1995. Estaba compuesto por al menos dos asesinos, donde asesinaban principalmente a través de estrangulamiento, aunque quizás uno de ellos prefería el uso de un arma punzocortante. Los asesinos eran muy jóvenes, adolescentes o post-adolescentes, con una edad menor o cercana a los 18 años, y quizás estudiantes de preparatoria, o inclusive de secundaría. Por su misma edad, eran un excelente anzuelo para mujeres también jóvenes. Así mismo, no descartamos que estos hombres, fueran físicamente atractivos y cautivadores en su forma de hablar.

En el año de 1993 se documentaron once asesinatos de mujeres entre 5 y 30 años, que fueron abandonadas en diversos lugares de Ciudad Juárez, y muertas básicamente por estrangulamiento.

Poco mas de un año después, y a la par del primer grupo, y por poco tiempo -aproximadamente de abril de 1994 a abril de 1995-, actuó un segundo grupo (grupo *B*), el cual es factible que estuviese formado por hombres de mayor edad, quizás entre 25 y 45 años, y que actuaba de forma desorganizada y poco planeada, además de ser poco profesionales y descuidados. Durante el breve periodo de tiempo en que este grupo actúo, asesinaron de forma simultanea al grupo *A*, siendo la única ocasión donde dos grupos actúan a la par.

Durante el año 1994, se registraron ocho asesinatos de mujeres entre 11 y 28 años, muertas principalmente por estrangulamiento y abandonadas varías de ellas en las inmediaciones de la carretera a Casas Grandes.

Después de el anterior grupo, que estuvo poco tiempo en escena, comenzó la actuación de un tercer grupo (grupo *C*) altamente calificado y profesional, y que probablemente comenzó a actuar con el asesinato de Elizabeth Castro y las otras mujeres de ese grupo experimental, en el verano de 1995, mismo grupo el que creemos a la fecha de hoy, sigue actuando. Con ellos se inician también los grupos experimentales, que seguirán ocurriendo hasta el día de hoy. Así mismo este grupo presenta un alto nivel de organización, capacitación y profesionalismo, y es el grupo que mas asesinatos y secuestros ha cometido. Al menos durante la actuación de este grupo, es probable que una gran parte de las mujeres asesinadas, entren por su propio pie a un lugar del que ya no se les permite salir, y no sean por tanto, generalmente subidas por la fuerza a un automóvil. Existe la posibilidad también de durante la actuación de este tercer grupo de asesinos, la carnada que atrae a las mujeres, sea también una mujer y no un hombre como siempre se ha pensado, esto debido a la facilidad con que, a pesar del exceso de temor que con el transcurso de los años, existe en las calles de estas ciudades, se continúen ganando su confianza.

Al entrar a esos lugares, las mujeres lo hacen solas, y nunca acompañadas. Entre los establecimientos que creemos pueden estar involucrados y a donde las mujeres quizás entran por su propio pie, se pueden hallar; escuelas de computación, zapaterías, negocios de videojuegos, baños públicos, o baños de alguno de estos establecimientos, lugar publicitado a través de un anuncio de empleo.

Así mismo y al menos durante la actuación del grupo C, las mujeres no son asesinadas en el lugar en el que son retenidas, esto debido a varias razones, como por ejemplo; por que ese lugar, es un lugar donde se realiza un trabajo científico (laboratorio o clínica), también por que en ciertas ocasiones, hay otras mujeres retenidas al mismo tiempo, que no deben ser sujetas al estrés que generaría la muerte de una de ellas, sino que por el contrario, debe buscarse que su situación sea relajada, para que no haya problemas al extraer óvulos o hiperestimular, etc., por otro lado al no asesinarlas allí, se evita dejar en ese lugar, las huellas o pistas normalmente generadas por actos de violencia, además, al ser un lugar donde se trabaja con óvulos y embriones, las condiciones sanitarias deben ser las mejores, y no debe haber rastros biológicos en el piso, paredes, etc., por último, el investigador o investigadores, seguramente ven a las mujeres como sujetos de experimentación, y aunque no hay una moral implícita, no tienen tampoco por que haber las vivencias y carácter necesarios, que se requiere para matar y torturar, y lo más probable es que ellos no quieren saber que pasa con las mujeres después de extraer sus óvulos, evitándose así un conflicto moral, que no es práctico, y preferirán que los asesinatos y la eliminación de los cuerpos ocurran lejos de su vista y de su mente.

En la gran mayoría de los casos, el lugar de la retención de las mujeres, es el mismo que el de la experimentación. Las mujeres son retenidas y se experimenta en ellas, en una casa, o quizás, aunque menos probable en un departamento, dentro de la ciudad (al menos en el caso de Ciudad Juárez), y no en las afueras, ni en un rancho. El lugar de la retención, -al menos uno de ellos- es en una zona céntrica de Ciudad Juárez.

Por otra parte, el lugar del hallazgo de los cuerpos, en la mayoría de los casos, es el mismo lugar que donde ocurre el asesinato; aunque detectamos algunos casos donde el cuerpo ya sin vida, fue depositado en el lugar donde después sería hallado. También es factible que el proceso del asesinato suceda cuando ellas son convencidas de que van a ser liberadas, y debido a esto, es que ellas usen ropas que no son de ellas, ya que quizás sea por que ellas solas se visten y con la prisa, toman la ropa de un lugar donde se halla la ropa de varias mujeres; también es factible que esa sea la causa de la falta de evidencia de lucha, así como el hecho de portar zapatos que pareciera indicar que antes de morir ellas caminan y se los ponen, pensando en que serán liberadas, y por último, debido al hecho de que algunas de ellas, han sido halladas cerca, pero no a un lado de otras.

Los tiempos de retención de las mujeres, antes de ser asesinadas, dependerán de su ciclo ovulatorio, y quizás también en varios de los casos, de los ciclos de hiperestimulación ovárica a los que son sometidas. Siendo que cuando son asesinadas de inmediato, o al poco tiempo de retención, es por que se hallan en el momento óptimo para extraer los óvulos, o por que estos por alguna causa no son útiles, o por que estos no pueden ser extraídos, tal vez por hallarse en ese momento menstruando o por que las mujeres son muy jóvenes y aun no ovulan.

Hemos detectado al menos durante trece años de asesinatos, doce grupos experimentales, siendo el *primero* de ellos hallado en el verano de 1995, entre los meses de agosto y noviembre, y que al menos incluyo a doce mujeres abandonadas en la zona de la carretera a Casas Grandes y Lote Bravo principalmente. Estas mujeres presentaban edades entre 13 y 20 años, y fueron muertas al parecer entre mayo y agosto de ese mismo año. Este primer grupo se caracterizo por la incursión de un grupo de asesinos (grupo C) altamente profesionales y entrenados, por lo que no creemos que haya sido coincidencia, que la formación de grupos experimentales definidos, haya sido realizado a la par de la inclusión de un grupo de asesinos, con un nivel mayor de organización y profesionalismo, tal y como se requiere en un nivel organizacional superior, es decir, quizás también él, o los líderes de este proyecto, fueron sustituidos, o comenzaron a acatar ordenes nuevas, de un nivel jerárquico aún superior. Hablamos de un grupo poderoso, organizado y efectivo, con intereses económicos muy fuertes, capaces de controlar a ciertas autoridades de Chihuahua.

Durante el año de 1995 se registraron en total, veinticuatro asesinatos de mujeres entre 13 y 33 años, principalmente abandonadas en la carretera a Casas Grandes y en Lote Bravo, y en donde el empleo del estrangulamiento y el uso de un arma blanca fue ya más equitativo. Así mismo en ese año se empieza a actuar con violencia extrema, incluyéndose varios casos donde el seno izquierdo fue arrancado a mordidas y el seno derecho cercenado, así también, en ese año surge la primera marca triangular en el cuerpo de una mujer.

En la primavera de 1996, detectamos un *segundo grupo* de mujeres, abandonadas básicamente en Lomas de Poleo, y conformado por al menos nueve mujeres, los nueve cuerpos fueron abandonados en esa zona, en un periodo cercano a un mes, y es altamente probable que los hayan abandonado allí a todos, al menos en dos fechas diferentes dentro de esos cuarenta días, es decir que se regreso a la escena del crimen con el consabido riesgo que esto genera. Las edades de este grupo de mujeres fluctuaron entre los 9 y 18 años. Creemos que las nueve mujeres fueron parte del mismo grupo experimental, donde debieron haber sido secuestradas quizás de forma simultánea, y donde su muerte pudo ocurrir de forma dependiente a la fecha de ovulación de cada una de ellas.

Durante el año de 1996 se documentaron en total, veinticinco casos de mujeres entre 9 y 28 años, abandonadas varías de ellas en Lomas de Poleo y donde se mantuvo el exceso de violencia y la mutilación de los senos, así como el uso alternado de estrangulamiento y acuchillamiento.

El año de 1997, se distinguió por no distinguirse en nada, es decir, la ola de crímenes, parecían ser los crímenes habituales de una urbe como esa; poblada, pobre y con prevalecía del narcotráfico; por algún motivo se hizo una mezcolanza amplia en la forma de actuar de este grupo de asesinos, y donde solo hubo dos peculiaridades, la primera de la adopción de un nuevo lugar para abandonar los cuerpos, llamado el Sauzal, y la segunda que durante el mes de octubre aparecieron tres cuerpos de edades similares (15-20 años) en los campos deportivos situados detrás de *Pemex*, que hacen pensar en un pequeño, pero *tercer grupo* experimental. Durante este año se registraron en total veintitrés asesinatos de mujeres entre 10 y 35 años.

Es factible que en 1998, entre los meses de abril a agosto, haya ocurrido un *cuarto grupo* experimental que, aunque fueron las mujeres de ese grupo abandonadas en lugares diversos, presentaban características similares, como la edad (15 a 25 años), que hacen pensar que las ocho mujeres halladas en ese periodo de tiempo, pertenecen al mismo grupo experimental.

En febrero de 1998 aparecen las osamentas de tres mujeres, una de las cuales parece ser de una de las mujeres que desapareció en diciembre de 1995, es factible también que estas tres mujeres, hallan sido asesinadas como parte de un *grupo experimental* que actúo intermedio entre el primer grupo de agosto-septiembre de 1995 y el de marzo de 1996. En total en este año se documentó la muerte de veinticinco mujeres con edades entre 13 y 51 años.

El año de 1999 se caracterizo por muy poca actividad criminal en relación con estos asesinatos, ya que solo se documentaron siete de ellos, y de los que creemos al menos cuatro sí pertenecieron a un nuevo y *quinto grupo* experimental, básicamente con edades entre 13 y 20 años. También el siguiente año, en el 2000 se caracterizo por la misma baja, en el número de asesinatos relacionados, siendo que solo se documentaron en Ciudad Juárez, nueve de ellos y donde solo cinco, creemos conformaron un *sexto grupo* experimental como tal, aunque hay que hacer notar, que en este año comienzan los asesinatos con *modus operandi* similar, en la ciudad de Chihuahua, donde se documentaron tres de ellos, de los cuales, al menos dos, creemos son parte del mismo *sexto grupo* experimental, quizás para confirmar los resultados de Ciudad Juárez.

En total durante 1999 se documentaron solamente once asesinatos de mujeres entre 13 y 33 años, mientras que para el año 2000 se registraron también solamente doce casos de mujeres con edades entre 14 y 32 años.

El año 2001 fue un año de bastante actividad con diecisiete asesinatos posiblemente relacionados, aunque de características diferentes a los anteriores años, es posible que en este año, hayan ocurrido dos grupos experimentales, o uno solo muy amplio, y es posible también, que parte de la experimentación se halla llevado a la par, en la ciudad de Chihuahua. El *séptimo grupo* estaba conformado por al menos cinco mujeres de entre 16 y 25 años, que fueron halladas entre febrero y julio, casi todas en Ciudad Juárez -aunque una de ellas en la ciudad de Chihuahua-. En febrero, y como parte de este *séptimo grupo*, sucedió el único caso en trece años donde no solo hubo testigos, sino además una denuncia a la que las autoridades no hicieron caso, y que, quizás fue determinante para el subsecuente transcurso de los hechos, que incluyeron la aparición de un grupo experimental mas ese año (*octavo grupo*), culminado con el abandono de ocho cuerpos de forma conjunta, en una zona sumamente transitada de la ciudad, y la posibilidad de que al menos algunos de esos cuerpos, hallan sido congelados antes de ser abandonados allí. En este *octavo grupo* -hallado en noviembre y que fue depositado en unos campos de algodón-, existen diversas inconsistencias en tanto a los tiempos estimados de muerte, edades de las víctimas, además de haberse reportado pocos detalles de el caso. Sin embargo, existe la posibilidad de que al menos, algunas de esas mujeres hallan sido muertas, tiempo atrás y almacenadas en congelación. Incluso existe la posibilidad de que hallan sido congeladas en una ciudad diferente (posiblemente Chihuahua), y descongeladas durante el trayecto de aproximadamente cinco horas a Ciudad Juárez – a este tiempo hay que adicionarle las horas transcurridas hasta que los cuerpos fueron hallados-. En relación a este caso, también es factible que los cuerpos hallan sido depositados allí en helicóptero, ya sea en la madrugada del 5 al 6 de noviembre, o los últimos cinco cuerpos, en la madrugada del 6 al 7 de noviembre. Es también importante hacer notar, que dichos campos de algodón, se hallan muy cerca del aeropuerto internacional de Ciudad Juárez y de un campo de golf de considerable tamaño. El total de casos relacionados documentados en el 2001, fue de diecisiete mujeres con edades entre 15 y 44 años.

Durante el año 2002, pese a que hubo trece asesinatos posiblemente relacionados (entre 13 y 35 años de edad), no hubo un grupo de casos que permitieran identificar un nuevo grupo experimental, sin embargo, el hallazgo de un cuerpo, y la desaparición de otras seis mujeres entre marzo y mayo, todas con edades similares (entre 15 y 18 años), en la ciudad de Chihuahua, nos lleva a pensar que en esa ciudad, sí existió lo que sería el *noveno grupo* experimental. A finales de este año, y a principios del siguiente, se establece una de las evidencias mas claras de un grupo de mujeres, en esta ocasión halladas en Ciudad Juárez, en una zona cercana a Lomas de Poleo, conocida como Cristo Negro, son depositados seis cuerpos mas, que formarían un *décimo grupo* experimental, con edades entre 16 y 20 años y abandonadas entre octubre del 2002 y febrero del 2003.

Durante el año 2003, se reportan solamente nueve casos relacionados (entre 5 y 27 años), y en donde identificamos un *onceavo grupo* experimental, compuesto por al menos cuatro mujeres halladas entre mayo y septiembre, con edades entre 16 y 19 años, mismo que ocurrió en la ciudad de Chihuahua, y cuyo objeto no descartamos, haya sido el de ser un grupo experimental comparativo contra el experimento de las mujeres de Cristo Negro de Ciudad Juárez.

Los años del 2004 y 2005 se caracterizaron por dejar a un lado el *modus operandi* que había venido ocurriendo, siendo entonces la nueva manera en que los asesinatos ocurrieron, mucho mas común, menos profesional y con menos constantes; de forma que solo hasta los meses de marzo a mayo del 2005, hallamos indicios de lo que pudiese conformar un *doceavo grupo* experimental, esta vez en Ciudad Juárez, mismo qué, de efectivamente existir, aún mostraría cambios en el modo de actuar de los asesinos. Durante el 2004 se reportaron once asesinatos de mujeres, posiblemente relacionados en las ciudades de Ciudad Juárez y Chihuahua, con edades entre 3 y 35 años, y hasta mayo del 2005 se habían reportado siete casos también posiblemente relacionados en Ciudad Juárez, con edades entre 7 y 33 años.

El número total de asesinatos documentados en estos trece años, y que creemos se hallan relacionados, presento variaciones entre año y año; siendo que en el año de 1993 hubo once asesinatos, en 1994 sucedieron solamente ocho, sin embargo en los siguientes cuatro años, fueron donde se presento el mayor número de asesinatos, con veinticuatro asesinatos en 1995, veinticinco en 1996, otra vez veintitrés en 1997 y veinticinco en 1998. Para el año de 1999, hubo una disminución a once asesinatos, que casi se mantuvo el siguiente año, en el 2000, con doce de ellos. Para el 2001 estos aumentaron a diecisiete, volviendo a disminuir a trece para el 2002. Los siguientes dos años presentaron poco número de asesinatos, con nueve para el 2003 y once para el 2004. Hasta julio del 2005, se habían reportado ya siete asesinatos.

Durante los trece años de asesinatos, al menos hubo treinta y nueve casos de niñas menores a 15 años, veinticuatro casos de mujeres entre 20 y 24 años, veintinueve mujeres asesinadas de entre 25 y 30 años, quince mujeres mayores a 30 años, y donde con al menos, sesenta y cuatro casos, el grupo de mujeres de entre, 16 y 19 años se posiciono como el grupo de edades donde mayor número de asesinatos ocurrieron. La frecuencia con que se usaba una niña menor de quince años, fue muy variada desde unos días hasta un año, y en la mayoría de los casos, la frecuencia entre mujeres de esta edad, fue menor a seis meses.

Las evidencias indican que además del grupo que está actuando contra mujeres cuyo objetivo creemos es experimental, también haya o actualmente se encuentre actuando al menos otro asesino, muy probablemente de forma individual, y que sí cae dentro de la forma de actuar de un asesino serial, quizás un asesino por imitación. Es factible que este asesino solitario, sea el responsable de los asesinatos de Hester y Perla Patricia en dos hoteles de Ciudad Juárez en 1998, así como de las niñas muertas y torturadas en 1996 en *Infonavit Tecnológico*. Así mismo hay al menos un grupo de asesinos, a partir del año 2003, actuando de forma aislada al grupo que nos concierne, y motivados por un objetivo totalmente diferente, que puede ser simplemente el de divertirse con las mujeres; por lo que algunos de los crímenes aquí documentados, son responsabilidad de al menos otra persona ajena al grupo principal de asesinos que mata con un fin científico.

Robert K. Ressler, ex agente del *FBI*, después de su breve investigación del caso, opinaría que los asesinatos son obra de tres psicópatas sexuales de índole sádica. Al menos eran dos homicidas organizados y uno desorganizado. Negaba que fueran mexicanos, tal vez estadounidenses hispanos o México-estadounidenses que residieran en El Paso, Texas y que atravesaban la frontera para asesinar mujeres. Una de las hipótesis que sonaron bastante después de los cuerpos hallados en los campos de algodón, fue la de tráfico de órganos, misma que es la base de a la hipótesis que en el presente documentos se sustenta.

El narcotraficante posee características distintivas, siendo una de ellas que asesinan personas generalmente de forma efectiva, siendo estas personas aquellas que por una u otra causa se han entrometido en su camino, o entorpecen su negocio y siendo tan efectivos en la forma de asesinar, debido a que generalmente no actúan solos, sino al menos en grupos de dos, y además generalmente utilizan armas de fuego para cometer sus crímenes. Los asesinatos aquí documentados no han sido efectuados con armas de fuego (con excepción de los de Brenda, Susana y otra mujer en 1996).

En la gran mayoría de los casos, afirmamos que los asesinatos no tienen relación alguna con narcotraficantes. Entre otras razones que tenemos para afirmar lo anterior, es por el hecho de que estas personas por definición, utilizan armas de fuego, cuestión que no sucede en estos asesinatos. La no utilización de armas de fuego en estos asesinatos -que evidentemente sería mas efectiva, y requeriría menor grado de capacitación por parte de los asesinos-, puede deberse a diferentes causas, tal como son: una bala genera ruido, lo cual además hace reforzar la idea de que, sí estén siendo capturadas y asesinadas en un lugar cercano a la ciudad, y además no pueden asesinarse con este método en ese mismo lugar, ya que esta generaría sangre, que posteriores víctimas podrían percatar, estresarse y alterar significativamente el experimento, además si hay otra mujer presente es probable que automáticamente responda de igual forma. Sin embargo y aunque en algunos casos, sí es posible que mueran en el lugar del secuestro, todo indica que en realidad la gran mayoría, son muertas en el lugar donde son halladas, y que no se usan balas tampoco en esos lugares, por varios motivos; uno de ellos es por el ruido que esta generaría, que pese a ser lugares aislados, siempre existe la posibilidad de que alguien pueda escuchar, y además, es que al hacerse eso, se pensaría en ejecuciones del narcotráfico o en otra cosa que no sea un asesino serial, y por tanto las autoridades podrían llegar a presionar mas a los narcotraficantes, impulsados a su vez por la presión gubernamental, y de esa forma los narcotraficantes podría intervenir para detener estos asesinatos, por último el objetivo al mutilar los cuerpos es causar el mayor daño posible, y las armas de fuego no son la mejor herramienta para eso. Por todo lo anterior, descartamos que el narcotráfico se encuentre involucrado en la mayor parte de de estos asesinatos.

Los asesinatos aquí presentados han sido efectuados en su casi totalidad por estrangulamiento, acuchillamiento y unos pocos casos de desnucamiento, modos de actuar efectuados con el fin de no generar ruido y atraer la atención, y que requieren cierto grado de aprendizaje, mismo que es impartido principalmente en la milicia, aunque ciertas dependencias policiales mexicanas se sabe han sido entrenadas para estos fines. El alto grado de dominio de estas formas de asesinato y de secuestro, que independientemente a la corrupción e ineptitud del sistema de justicia mexicano ha logrado que no existan pistas ni testigos, hace pensar que quien realiza estos asesinatos es uno o varios grupos de asesinos profesionales, como los entrenados por el ejercito o la marina norteamericanos, o por ciertos grupos de inteligencia de ese país.

V. PROLOGO.

.....No puede haber crímenes de este tipo por un tiempo tan prolongado y con ese grado de impunidad si no hay un segundo Estado, un poder paralelo de magnitud mayor que el propio Estado y detrás.

Rita Laura Segato

El contexto histórico en el que se han desenvuelto los crímenes de Ciudad Juárez y la ciudad de Chihuahua incluyen en México, dos periodos presidenciales completos uno del Partido Revolucionario Institucional (PRI) y otro del Partido Acción Nacional (PAN), y uno parcial del PRI, así mismo hasta el momento cuatros gubernaturas repartidas entre el PRI y el PAN, así también dentro de la estructura del poder han estado al frente al menos doce presidentes municipales, siete procuradores estatales, siete subprocuradores, un fiscal federal especial, un comisionado federal de la *Secretaría de Gobernación*, siete fiscales especiales y un *Instituto Chihuahueño de la Mujer*. Por otra parte, los asesinatos han sucedido en medio de la firma del Tratado de Libre Comercio en 1994 con Canadá y Estados Unidos, el levantamiento armado en Chiapas por el *Ejercito Zapatista de Liberación Nacional (EZLN)* a inicios de ese mismo año, por su parte a nivel mundial ocurrieron, los atentados terroristas del 11 de septiembre del 2001 en Estados Unidos que tuvieron efectos enormes a nivel mundial y que modificaron sustancialmente entre otras cosas, el paso por la frontera con ese país, así mismo la invasión a Afganistán y la guerra contra Irak, ambas desatadas a partir de los anteriores atentados. Se incluye también el paso de dos Presidentes estadounidenses, uno Demócrata y otro Republicano, cada uno cumpliendo dos periodos presidenciales en total. No olvidamos mencionar, que uno de los hechos mas determinante en tanto al impacto que ha ocasionado en la zona, ha sido la guerra por el poder de la misma, entre grupos de narcotraficantes, siendo el grupo de los hermanos Carrillo Fuentes los actuales poseedores de la plaza.

Ciudad Juárez es una de las fronteras con Estados Unidos, siendo uno de los sesenta y siete municipios de Chihuahua, que a su vez es el Estado más grande del país. La ciudad se halla en el desierto y esta separada de El Paso, Texas por el río Bravo. Su población cercana a los uno punto dos millones de personas la hacen la mas poblada del estado, y a donde a diario llegan en promedio, mil personas con el objetivo de cruzar la frontera y llegar a Estados Unidos, y siendo que la mayoría de esta personas fracasa en el intento, siendo así entonces, que se genera que muchas de ellas se queden a residir en la ciudad. Al menos el 43% de los habitantes de esta ciudad llegaron allí como inmigrantes, de forma que hubo que crear espacios en la ciudad para dar albergue a esta población, espacios que caracterizados por la pobreza, con pocos servicios urbanos, decorados por viviendas deterioradas y en dónde existe un elevado grado de criminalidad.

Gracias a su ubicación, la ciudad ha tenido un importante desarrollo económico y también una alta concentración de crimen organizado, encabezado por el narcotráfico. En los años 60`s y gracias al Programa de Industrialización de la Frontera Norte, el Estado Mexicano creo las condiciones para la instalación de maquiladoras en esta zona, muchas de las cuales de origen estadounidenses, y contando con el apoyo mexicano en tanto a mano de obra barata, impuestos reducidos o inexistentes, patrocinio político y con mínimas normas de regulación. Cerca de doscientos mil personas (una sexta parte de la población) trabaja en una de las casi cuatro mil cien maquiladoras que allí operan. Así también por si sola, Ciudad Juárez atrajo en los dos anteriores sexenios el 57.7% de la inversión nacional y extranjera y se establecieron doscientos cuarenta y cinco maquiladoras.

Durante muchos años las mujeres han representado la mayoría de la fuerza de trabajo en las maquilas, con cerca del 60% de participación, convirtiendo a la fuerza de trabajo femenina como superior a la masculina, cuestión que es infrecuente no solo en México sino en el resto de América Latina. Una de las cosas que hay que hacer notar, es que las empresas maquiladoras abiertamente violan las Leyes Laborales, al emplear a mujeres menores de edad. La situación de las mujeres en esta ciudad las vuelven un blanco fácil para la violencia, la agresión y la segregación; en una ciudad donde hay mas bares y discotecas, que escuelas, donde las calles son manejadas por el narcotráfico, y la corrupción se encuentra en los distintos niveles de justicia, y a donde confluye gente de todas partes de la República Mexicana y Centroamérica con el fin de cruzar la frontera y perseguir él sueño estadounidense, es dentro de ese contexto que la mujer ha pasado a ocupar un estatus de muy bajo nivel y ha sido sujeta a violencia de genero de considerable nivel.

Aunque la violencia contra la mujer en Ciudad Juárez, ha existido desde hace mucho tiempo, la violencia tiene distintos matices, donde generalmente la intrafamiliar domina el panorama y surge como consecuencia, principalmente de la situación social que se vive en el Estado; dicha violencia ha sido excluida totalmente del objeto de esta investigación. El asesinato en serie de mujeres que sucede hoy en Ciudad Juárez y en la ciudad de Chihuahua no es un crimen de genero, sino un crimen ocasionado por un grupo de personas entre las que no descartamos se encuentren mujeres, y cuyo objetivo esta alejado totalmente del odio y la discriminación hacía la mujer.

Desde el siglo XIX y en nombre del progreso, las atrocidades que se han realizado contra los seres humanos más vulnerables han sido numerosas. Aún en ese siglo uno podía comprar esclavos en muchas partes del mundo, y durante el siglo XX fue por todos conocidos la experimentación en humanos efectuada en Auschwitz y Dachau. En los Estados Unidos en el mismo siglo XX en Tuskegee, Alabama hombres de color fueron sujetos de un experimento financiado por el mismo gobierno para estudiar los efectos de la sífilis. Hoy en día, se conoce del abuso que sufre gran número de pacientes mentales en clínicas, al ser sujetos de experimentación.

Dentro del contexto científico y económico en el que se fundamenta el estudio en *Células Madre*, encontramos su posible inicio en 1978 cuando nace en Inglaterra, Louise Brown, el primer bebé generado a través de *IVF*, el exitoso procedimiento fue llevado a cabo por los científicos Patrick Steptoe y Robert Edwards. Ocho años después, en 1984 el científico danés, Willads reporta la sustitución del núcleo de un óvulo de cordero por una célula de embrión también de cordero, lográndose el desarrollo de clones de estos animales utilizando células embrionarias y óvulos.

Trece años después, en febrero de 1997 la revista *Nature*, público el artículo dónde se reportaba la clonación y nacimiento del primer mamífero logrado en todo el mundo a través de la utilización de células adultas, el mamífero era una oveja, a la que se llamo Dolly, misma que fue clonada exitosamente por un grupo escocés, encabezado por Ian Wilmut. A partir de aquí los reportes de clonaciones exitosas de mamíferos, aumentaron e incluían especies como ratón, cabra, monos y cerdos.

En 1999, un año después que *Advanced Cell Technology*, anunciara el éxito de su procedimiento de *Transferencia Nuclear de Células Somáticas (SCNT)*, se reporta que el investigador japonés, Setsuo Iwasaki de la *Universidad de Agricultura y Tecnología de Tokio*, había retirado el núcleo de veintisiete óvulos de vaca y los había sustituido por núcleos de células somáticas humanas. Dos años después en el 2001 una compañía australiana, llamada *Stem Cell Sciences* reporta la creación de un embrión clonado a partir de un óvulo de cerdo y una célula somática humana.

Una cuestión muy importante acerca de este último procedimientos, es que la mitocondria del cerdo aporta hasta el 1% del ADN total del embrión formado, cuestión que por un lado ha permitido a las autoridades australianas y de otros países refutar el hecho de que se trate de un clon humano como tal, y por otro lado y mucho mas importante, es que si esta técnica se llevará hasta el punto de dar a luz a un humano, no es posible al día de hoy predecir las aberraciones genéticas que este pequeño porcentaje de ADN exógeno, podría causar en un bebé de humano.

También en el 2001, la compañía *Clonaid*, cuya sede se encuentra en las Bahámas y dirigida por Claude Vorilhon y Brigitte Boisselier, anunciaron que antes de fin de ese mismo año, habrían clonado el primer bebé humano. Vorilhon además, encabeza una secta religiosa conocida como "los Raelianos", fundamentada en la creencia de que el ser humano es producto de un experimento llevado a cabo por entidades de un planeta diferente. El gobierno de los Estados Unidos afirma que esta compañía tiene un laboratorio escondido en alguna parte de ese mismo país, con el objeto de llevar a cabo los experimentos de clonación humana. El precio que en el año 2001 cobraba esa compañía para clonar un ser humano, era de doscientos mil dólares.

En el 2004, científicos de la *Universidad Nacional de Seúl,* en Corea del Sur, anunciaron la clonación exitosa de un embrión humano, mientras que en mayo del 2005, un grupo ubicado en el Reino Unido y dirigido por Miodrag Stojkovic anuncia la clonación efectiva de un embrión humano, siendo de esta forma los primeros dos grupos en anunciar dicho logro.

Estados Unidos es el único lugar del mundo donde el mercado dicta la compra y la venta de material genético, ya sea a través de genes individuales o de gametos humanos. Como contraparte en varios países de Europa, así como en Sudáfrica, la donación de óvulos es ilegal.

VI. LÍNEAS DE INVESTIGACIÓN.

Evidentemente será muy difícil hallar a los autores materiales de los asesinatos, al menos no sin antes dar con los autores intelectuales de la experimentación. La, o las personas responsables, evidentemente son personas muy inteligentes y con un coeficiente intelectual que esta por arriba del promedio, además de esto, estamos hablando de personas preparadas en medicina y ciencias biológicas, y que son por un lado, capaces de realizar tratamientos de *reproducción asistida,* y por el otro, realizar la investigación genética, inmunológica, histológica y bioquímica en las *Células Madre* obtenidas.

Muy probablemente al menos una de las personas responsables, conoce a fondo las técnicas de *reproducción asistida,* quizás por el hecho de haberlas practicado de forma rutinaria en una clínica de infertilidad, misma que con alta probabilidad se halla dentro de los Estados Unidos y también probablemente dicha clínica y/o dicha persona posean un nivel de reconocimiento alto, o al menos bastante considerable dentro de ese medio. En tanto a las técnicas relativas a las *Células Madre,* debemos estar hablando de uno o mas personas probablemente con doctorado (*PhD*), realizado quizás dentro de los Estados Unidos, en algún programa en ciencias de la vida, quizás biología molecular, genética, genética del desarrollo, bioquímica, histología, etc. Existe también la posibilidad de que uno de estos integrantes, sea de nacionalidad mexicana y con reconocimiento dentro del medio científico y/o médico Nacional.

Creemos que es posible que en un inicio, los experimentos se centraran en células obtenidas de fetos, y de allí los casos de mujeres embarazadas y quemadas, sin embargo los experimentos fracasaron, posiblemente por las impurezas presentes en estas células, o por la respuesta inmune generada por el receptor, y debido a este hecho, decidieron continuar la investigación con embriones.

El elemento fundamental que creemos debe ser investigado de inmediato, en relación a estos asesinatos y que podría descartar o apoyar la presente hipótesis, se fundamenta en la búsqueda de ciertos elementos probatorios en víctimas futuras; esto es, buscar en sangre y orina, restos de algunas de las hormonas usadas en los procedimientos de hiperestimulación, tales como: LH *(Hormona Luteinizante),* FSH *(Hormona Folículo Estimulante),* hCG.*(Gonadotropina Coriónica Humana).* Es factible así mismo, si el estado de los cuerpos lo permite, buscar evidencia de *Síndrome de Hiperestimulación Ovárica (OHS),* caracterizado por el alargamiento de los ovarios. Así también se debe buscar en los próximos cuerpos que aparezcan, posible evidencia de laparoscopia, misma que puede observarse como una punción por debajo del ombligo.

Otras acciones puntuales que sugerimos, y que creemos podrían dar indicios valiosos sobre estos asesinatos, se enlistan a continuación:

▪ Listado de eminencias en *reproducción asistida* e investigación en células germinales en Estados Unidos, de 1992 para atrás. Identificar científicos que posiblemente estuviesen experimentando en clonación entre 1993 y 1995.

▪ Conseguir listado del alumnado inscrito en la preparatoria *Altavista*, de Ciudad Juárez en 1993, en particular a aquellos que dejaron por algún motivo, de pertenecer a ella durante ese ciclo escolar.

▪ Realizar una búsqueda de empleadas que dejaron de presentarse a una maquila en el año de 1993, en particular de maquilas del parque industrial *Magna Flex*.

▪ Sí es factible conseguir un listado de estudiantes de nivel preparatoria, encarcelados en Ciudad Juárez, entre el 10 de junio y el 1° de septiembre de 1993 y liberados entre el 25 de abril de 1994 y el 24 de febrero de 1995.

▪ Conseguir listado de alumnos inscritos en la escuela *Hermanos Escobar* y en la *Secundaría Técnica 27*, en el ciclo escolar 1993-1994, así como las bajas ocurridas durante 1993 en esas instituciones.

▪ Listado de personal adscrito durante el ciclo escolar 1993-1994 en la escuela primaría *Gabino Barreda*, en particular, el personal que dejo de laborar allí, durante 1992, 1993 y 1994. Hacer énfasis en el personal de la enfermería y baños.

▪ Verificar tipos de sangre de Elizabeth Castro, y de la mujer hallada tres días después, el 22 de agosto de 1995. Averiguar también, el tipo de sangre de Olga Alicia Carrillo Pérez.

▪ Buscar altos consumos registrados por la *Comisión Federal de Electricidad (CFE)* en la zona, o cerca de la zona marcada como lugar probable de secuestro, y que pudiese deberse al uso de una amplia cámara fría. Esta zona podría estar delimitada por las siguientes calles: boulevard Oscar Flores Sánchez, boulevard Teofilo Borunda, Ejercito Nacional y Avenida Tecnológico.

- Averiguar a que escuela secundaría asistía Cecilia Covarrubias Aguilar.

- Cotejar la letra del diario de Richy, contra la letra hallada en los asesinatos de Brenda y Susana, halladas en *Infonavit Tecnológico*, Ciudad Juárez, en diciembre de 1996, donde supuestamente fueron asesinadas por alguien de nombre Edgar Omar Sánchez. Existe un examen grafológico de dicho diario, realizado por la *Subprocuraduría General de Justicia de la Zona Norte del Estado de Chihuahua*, con el cual sería factible realizar dicho cotejo.

- Sí es factible, averiguar datos de algún automóvil recogido en la zona centro de Ciudad Juárez, en los meses de marzo-abril de 1997, y que abra y encienda con las llaves de la mujer hallada el 16 de abril de 1997. Lo mas importante es conocer, en donde fue levantado el automóvil por la grúa de transito.

- Investigar dueños y actividades del campo de golf cercano a donde se hallaron los cuerpos de los campos de algodón. Realizar una investigación también para hangares privados del aeropuerto internacional de Ciudad Juárez.

- Búsqueda de anuncios de empleo en los principales diarios de Ciudad Juárez (El Diario de Juárez, etc.) en la zona centro y en donde se ofrezca trabajo en establecimientos como los antes mencionados.

- Investigar la recicladota donde trabajaba Eréndira Ivonne Ponce. En particular cambios en el consumo de energía de esta planta.

- Averiguar datos sobre la persona de Hester van Nierop. ¿Que estudios tenía?, ¿Poseía alguna formación o información relacionada con la ciencia y en particular con *reproducción asistida* o *Células Madre*?. ¿Si en realidad fue mutilada?, ¿Que parte del cuerpo fue mutilado?. etc.

- Es factible que en el año 2000 haya habido alguien, quizás un periodista, autoridad, etc., cerca de la pista, por lo que se debe averiguar si esto es verídico.

- Buscar clínicas de infertilidad en Ciudad Juárez de 1993 a la fecha, en particular en el 2001. Averiguar esto también para Chihuahua y el Estado de Texas, en particular en El Paso y en Dallas. Así mismo verificar cuales han abierto y cerrado en los últimos trece años, en dicha investigación debe incluirse la búsqueda de dichas clínicas dentro de hospitales públicos y privados.

- Casos de desapariciones entre febrero y marzo del 2001 en Chihuahua, que pudiesen tener relación con los cuerpos hallados en Ciudad Juárez en los campos de algodón en noviembre de ese mismo año. Los expedientes de las autoridades establecen algún nexo entre ellas y debe vincularse esto con la presente hipótesis, verificar cual es dicho nexo y la veracidad del mismo.

- En el caso de los campos de algodón, y en particular en el caso de Claudia Ivette, se reporta que tenía las calcetas rotas, averiguar si la rotura era por debajo. Los calcetines pueden dar información sobre el tipo de terreno en que están siendo secuestradas, ya que al menos en este caso no creemos hayan caminado por su propio pie, desde vehiculo a donde iba a ser asesinada.

- Entrevistar a Oscar Máynes y determinar evidencias puntuales halladas por el en los cuerpos.

- Compañías cuyo objetivo es la comercialización de óvulos, principalmente por Internet. Por ejemplo *Options* con sede en Los Angeles, CA,

- La posibilidad de rastrear equipos específicos usados en clínicas de infertilidad y para el manejo de embriones, tales como incubadoras de dióxido de carbono, gabinetes para el trabajo con ADN y la técnica de PCR (reacción en cadena de la polimerasa), termocicladores, recipientes de nitrógeno líquido, micromanipuladores y microscopios; vendidos desde esa época a alguna institución de Chihuahua y cuya compra haya probablemente aumentado con el tiempo. Estos equipos debieron por la cercanía con la frontera, haber sido comprados a un broker, o ser comprados directamente en Estados Unidos; es poco probable que se hayan adquirido en México, además si fueron comprados en México se vuelve muy difícil el conseguir dichos registros. Así también y con mayores probabilidades de rastreo, es el hecho de que muchas de las técnicas rutinarias en laboratorios que investiguen *Células Madre*, emplean el uso de kits de extracción, o de reactivos biológicos específicos, que se consumen de forma rutinaria, y que por tanto es más fácil el rastreo de su adquisición. Las incubadoras de embriones que se utilizan son generalmente de tres marcas; *Heraeus, Revco* y *ThermoForma*, las dos primeras son del grupo *Kendro*, la tercera del grupo *Thermo Electron*. En México el principal distribuidor de equipos de laboratorio en la zona norte se llama *CTR (Control y Representaciones Técnicas S.A. de C.V.)*, sin embargo una vez mas reiteramos que es poco factible ni este, ni ningún otro distribuidor de equipos mantenga un registro de los clientes a los que han vendido dichos equipos. En tanto a los registros de los fabricantes de los equipos, Kendro y Thermo, sí mantienen un registro relativo a que distribuidores les han vendido que equipos, así como cuando lo han hecho, por lo que es factible el rastrear el movimiento de estos equipos a sus distribuidores dentro de Estados Unidos, específicamente en las ciudades de El Paso y Dallas. A partir de enero del 2005 se anuncia que el grupo *Kendro*, pasa a formar parte también de *Thermo Electron*. Los otros equipos que se usan en estos laboratorios son de muy diversas marcas, aunque el suministro de nitrógeno líquido, si debe mostrar cierta periodicidad y podría ser rastreable. No sabemos quienes distribuyan nitrógeno líquido en Chihuahua, pero el número de estos distribuidores no debe ser alto, y estos probablemente sí tengan un registro de sus ventas, y de la frecuencia de las mismas a ciertos clientes.

- Si es factible, también debe realizarse una investigación al mayor detalle posible, sobre la investigación científicas, fondos económicos y vínculos en el medio empresarial y político de las siguientes instituciones y personas: *Advanced Cell Technology*, *Geron Corporation*, James A. Thomson de la *Universidad de Wisconsin's*, Antonin Bukovsky y su investigación en *Células Madre* obtenidas de la superficie de ovarios.

VII. EPÍLOGO.

Los asesinatos seriales surgen hace casi ciento cincuenta años como consecuencia de la enajenación y falta de identidad a la que el individuo, principalmente en las grandes ciudades se vio envuelto. La cosificación de la vida humana llevo a un nuevo estadío a los asesinatos multitudinarios, tradicionalmente originados por la búsqueda del poder, en la forma de guerras, política y religión, la nueva forma de asesinar multitudinariamente se agrupa ahora bajo el nombre de la ciencia, -La destrucción del hombre en la búsqueda del bienestar del hombre-. En los inicios del siglo XXI cosificamos en extremo la vida humana, y bautizamos con un nuevo nombre a los asesinatos multitudinarios, ahora les llamamos "asesinatos por progreso".

Además de la falta de disponibilidad de embriones, la otra gran piedra que ha detenido la investigación en *Células Madre* es la referente a la ética, la moral y la religión. Ningún otro campo de la biología ha sido tan controversial como al *Reproducción Humana*. Tanto la anticoncepción, como la *fertilización in vitro*, como el aborto, todos estos temas han generado el más alto nivel de debate y controversia.

Este documento se considera iniciado, al mismo tiempo que en mi persona surgieron las ideas aquí expuestas, y esto fue en junio del 2004. Hoy es diciembre del 2005, ha pasado cerca de un año y medio, tiempo en el que varias mujeres han sido asesinadas o desaparecidas, de las cuales soy en parte responsable por no haber dado mas urgencia a mis palabras.

En este documento rendimos tributo a las mujeres y madres del Estado de Chihuahua, cuyo dolor y sufrimiento, es muy probable que ninguna palabra será jamás capaz, siquiera de permitir entrever.

VIII. ALGUNOS DOCUMENTOS CONSULTADOS.

Abbas, Mohammed. Yahoo News. *Embryo Clone Scientist Urges Women to Donate Eggs*. Mayo 2005. http://www.yahoo.com.

Almargen, *Hallan el cadáver calcinado de una mujer*. México, febrero 2004, http://www.almargen.com.mx/homicidios/022004/calcinada.htm

Almargen, *Hallan el cadáver de otra mujer en el mismo sitio de los últimos hallazgos, cerca del Cristo Negro*. México, marzo 2004.
http://www.almargen.com.mx/homicidios/022004/victima.htm

Almargen. *Asesinan a otra mujer y arrojan su cadáver en un camino de terracería en Ascención*. México, mayo 2004,
http://www.almargen.com.mx/homicidios/2004/ascencion.htm

Almargen. *Encuentran dos osamentas de mujer al exhumar cadáveres de una fosa común en Juárez*. México, mayo 2004.
http://www.almargen.com.mx/homicidios/2004/desentierro.htm

Almargen, *Estrangulan a otra mujer y arrojan su cadáver a un lote baldío en la periferia de Juárez*. México, mayo 2004.
http://www.almargen.com.mx/homicidios/2004/cuarta.htm

Almargen. *Estrangulan a una adolescente en Chihuahua y abandonan su cadáver en un lote baldío*. México, mayo 2004.
http://www.almargen.com.mx/homicidios/2004/unidad.htm

Almargen. *Con Exámenes de ADN Identifican a Joven Asesinada en 2000 en Ciudad Juárez*. México, 14 de junio 2004.
http://www.almargen.com.mx/homicidios.htm

Almargen. *Asesinan y Arrojan el Cadáver de una Mujer a unas Cuadras de la Subprocuraduría en Juárez*. México, 26 de julio 2004.
http://www.almargen.com.mx/homicidios.htm

Almargen. *Identifican a una Mujer Asesinada: Tenía 34 años, casada y era obrera en una maquiladora*. México, 28 de julio 2004.
http://www.almargen.com.mx/homicidios.htm

Almargen. *Arrestan al presunto asesino de Alma Brisa*. México, agosto 2004.
http://www.almargen.com.mx/homicidios/2004/sanders.htm

Almargen. *Dejan el cadáver de una mujer en la misma zona donde han asesinado a por lo menos ocho más.* México, enero 2005.
http://www.almargen.com.mx/homicidios/2005/arroyo.htm

Almargen. *Asesinan de 40 cuchilladas a una mujer en una zona de alto riesgo sin vigilancia policíaca.* México, marzo 2005.

Almargen. *Asesinan de 44 puñaladas a joven obrera y arrojan su cadáver a un canal de aguas negras.* México, marzo 2005.
http://www.almargen.com.mx/homicidios/2005/rocio.htm
http://www.almargen.com.mx/homicidios/2005/montelongo.htm

Almargen. *Hallan otra osamenta de mujer en Juárez.* México, marzo 2005.
http://www.almargen.com.mx/homicidios/2005/arenales.htm

Almargen. *Estrangulan a estudiante de 17 años y arrojan su cadáver en el Lote Bravo, en Ciudad Juárez.* México, marzo 2005.
http://www.almargen.com.mx/homicidios/2005/coral.htm

Almargen, *Asesinan a dos mujeres más en Juárez. México, mayo 2005.*
http://www.almargen.com.mx/homicidios/2005/dosmas.htm

Almargen. *Homicidios de Mujeres en Ciudad Juárez.* México, mayo 2005.
http://www.almargen.com.mx/homicidios.htm

American Fertility Service. Infertility Frequently Asked Questions. *Understanding Female Fertility.* Estados Unidos, 2005.

American Society for Reproductive Medicine. *Patient's Fact Sheet. Fertilización in Vitro (IVF).* México, noviembre 2002. www.asrm.org.

Amnistia Internacional. México. Muertes Intolerables. *Diez Años de Desapariciones y Asesinatos de Mujeres en Ciudad Juárez y Chihuahua.* 11 de agosto 2003.

Amos, Jonathan. BBC News Online. Scientists clone 30 human embryos. 2 de diciembre 2004. http://news.bbc.co.uk/go/pr/fr/-/2/hi/science/nature/3480921.stm
http://newsvote.bbc.co.uk/mpapps/pagetools/print/news.bbc.co.uk/2/hi/science/nature/348...

Alternative Religions. *Clone or Con?. The Raelians.*
http://altreligion.about.com/library/weekly/aa011803a.htm

BabyCenter Medical Advisory Board. *Fertility Treatment: Donor Eggs and Embryos.* 2005

Banco Datos Feminicidios. America Latina, Caribe.
http://www.isis.cl/Feminicidio/index.htm. Consultada entre Junio 2004 y Junio 2005.

Bard, Patrick. *La Frontera*. Editorial Grijalbo. México, 2002.

Bénitez Rohry, Candia Adriana, Cabrera Patricia, de la Mora Guadalupe, Martínez Josefina, Velázquez Isabel y Ortiz Ramona. *El silencio que la voz de todas quiebra. Mujeres y victimas de Ciudad Juárez*. Ediciones del Azar. S Taller de Narrativa, 1ª Ed. Chihuahua, México 1999.

Biblioteca Nacional de Medicina de E.U.A. y los Institutos Nacionales de Salud. MedLine Plus Información de Salud para Usted. Enciclopedia Médica: *Análisis de semen*.
http://www.nlm.nih.gov/medlineplus/spanish/print/ency/article/003627.htm

Bjornson CR, Rietze RL; Reynolds BA; Magli MC; Vescovi AL. Science 283. Vol. 5401, pp 534-537. *Turning brain into blood: a hematopoietic fate adopted by adult neural stem cells in vivo*. 1999.

Blanco, Liliana A. *Síndrome de Hiperestimulación Ovárica*.
http://www.lilianablanco.com. http://www.lilianablanco.com.ar

Blendon, Robert J.; Altman Drew E.; Benson John M.; Brodie Mollyann. The New England Journal of Medicine. *Health Care in 2004 Presidential Election*. 23 de septiembre 2004. http:// www.nejm.org

Blogger. *Las muertas de Juárez, La impunidad*.
http://www.impunidad.blogspot.com. 5 de diciembre 2004.

Blogger. *Las muertas de Juárez, La impunidad*.
http://www.impunidad.blogspot.com. 9 de diciembre 2004.

Blogger. *Las muertas de Juárez, La impunidad*.
http://www.impunidad.blogspot.com. 11 de diciembre 2004.

Blogger. *Las muertas de Juárez, La impunidad*.
http://www.impunidad.blogspot.com. 14 de diciembre 2004.

Blogger. *Las muertas de Juárez, La impunidad*.
http://www.impunidad.blogspot.com. 27 de enero 2005.

Blogger. *Las muertas de Juárez, La impunidad*.
http://www.impunidad.blogspot.com. 19 de febrero 2005.

Blogger. *Las muertas de Juárez, La impunidad*.
http://www.impunidad.blogspot.com. 1º de febrero 2005.

Blogger. *Las muertas de Juárez, La impunidad*.
http://www.impunidad.blogspot.com. 23 de marzo 2005.

Blogger. *Las muertas de Juárez, La impunidad.*
http://www.impunidad.blogspot.com. 27 de marzo 2005.

Blogger. *Las muertas de Juárez, La impunidad.*
http://www.impunidad.blogspot.com. 30 de marzo 2005.

Blogger. *Las muertas de Juárez, La impunidad.*
http://www.impunidad.blogspot.com. 4 de abril 2005.

Blogger. *Las muertas de Juárez, La impunidad.*
http://www.impunidad.blogspot.com. 7 de abril 2005.

Blogger. *Las muertas de Juárez, La impunidad.*
http://www.impunidad.blogspot.com. 4 de mayo 2005.

Blogger. *Las muertas de Juárez, La impunidad.*
http://www.impunidad.blogspot.com. 5 de mayo 2005.

Blogger. *Las muertas de Juárez, La impunidad.*
http://www.impunidad.blogspot.com. 16 de mayo 2005.

Boston Consulting Group. *Brain Science- A Dynamic Reserach Area and an Attractive Market.*

Browne, P; *Shady Grove Center for Preimplantation Genetics.*
http://www.pgdcenter.com/pgd_program.html
http://www.shadygrovefertility.com/

Bukovsky, Antonin; Svetlikova, Marta y Caedle, Michael R. Reproductive Biology and Endocrinology, 3:17. *Oogenesis in Cultures Derived from Adult Human Ovaries.* Mayo 2005. http://rbej.com/content/3/1/17

Cardona, Julián, Almargen. *Morir Despacio. Una Mirada dentro de las Plantas Maquiladoras en la Frontera Estados Unidos/México.* México, diciembre 2004.
http://www.almargen.com.mx/pdi/JulianCardona/morir_despacio.htm

Gearhart, John. Science Magazine. Vol 282, No. 5391, pp1061-1062. *Cell Biology: New Potential for Human Embryonic Stem Cells.* Noviembre 1998.

Centro de Reproducción Asistida de Occidente. Tratamientos. *Inseminación Intrauterina.* http://fertinvitro.com/intrauterina.htm

Centro de Reproducción Asistida de Occidente. Tratamientos. *Inyección del Espermatozoide al Interior del óvulo.* http://fertinvitro.com/icsi.htm

Chi, Hee-Jun; Koo, Jung-Jin; Kim, Moon-Young; Joo, Jin-Young; Chang, Sang-Sik; Chung, Kil-Saeng. Human Reproduction. Vol 17, No. 8, pp2146-2151. *Cryopreservation of Human Embryos Using Ethylene Glycol in Controlled Slow Freezing.* 2002.

Christianity-General. *Trio Proceed with Cloning Projects.*
http://christianity.about.com/library/weekly/aa080901.htm

Cibelli Jose, B; Kiessling, Ann A.; Cunniff, Kerrianne; Richards Charlotte, Lanza, Robert P.; West, Michael D., Advanced Cell Technology. The Journal of Regenerative Medicine, vol. 2, 2001. *Somatic Cell Nuclear Transfer in Humans: Pronuclear and Early Embrionyc Development.* Estados Unidos, 26 de noviembre 2001.

Cibelli Jose, B; Lanza Robert, P; West Michael D; Ezzell Carol, Scientific American Magazine. *The First Cloned Human Embryo.* Estados Unidos, 2001.

Cimacnoticias. *Nueva víctima en Ciudad Juárez.* México, diciembre 2004.
http://www.cimacnoticias.com/noticias/04dic/04120301.html

Cimacnoticias. *Se Duplican Asesinatos de Mujeres en Juárez durante 2004.* México, diciembre 2004. http://www.cimacnoticias.com/noticias/04dic/04122005.html

Cimacnoticias. *Hallan el cadáver de otra mujer asesinada en Ciudad Juárez.* México, mayo 2005. http://www.cimacnoticias.com/noticias/05may/05052312.html

Cimacnoticias. *Disponible Banco de Datos sobre Feminicidio.* México, 5 de agosto 2005. http://www.cimacnoticias.com/noticias/04ago/0408506.html

Clonaid.com. http://www.clonaid.com/content.php?

Coalition for the Advancement of Medical Research (CAMR). *Frequently Asked Questions About SNCT (Therapeutic Cloning).* 2005.
http://www.camradvocacy.org/fastaction/faqs.asp

Comisión Especial para Conocer y dar Seguimiento a las Investigaciones Relacionadas con los Feminicidios en la Republica Mexicana y a la Procuración de Justicia Vinculada. 25 noviembre 2004.

Comisión Especial para Conocer y dar Seguimiento a las Investigaciones Relacionadas con los Feminicidios en la Republica Mexicana y a la Procuración de Justicia Vinculada. *Víctimas del Feminicidio en Ciudad Juárez 1993-2005.* Fuente: Informe de la Comisión Nacional de Derechos Humanos, 2003; Procuraduría General de Justicia del Estado de Chihuahua, 1993-1998; Informe Periodístico de la Comisión Especial de Feminicidios 2004 y 2005.

Comisión Especial para Conocer y dar Seguimiento a las Investigaciones Relacionadas con los Feminicidios en la Republica Mexicana y a la Procuración de Justicia Vinculada. *Víctimas del Feminicidio Identificadas y no Identificadas, 1993-2005.* Fuente: Informe de la Comisión Nacional de Derechos Humanos, 2003; Procuraduría General de Justicia del Estado de Chihuahua, 1993-1998; Informe Periodístico de la Comisión Especial de Feminicidios 2004 y 2005.

Comisión Nacional de los Derechos Humanos. México. *Informe especial de la comisión nacional de los derechos humanos sobre los casos de homicidios y desapariciones de mujeres en el municipio de Juárez, Chihuahua*. 2003.
http://www.cndh.org.mx/Principal/document/informe2003/

Committee on the Biological and Biomedical Applications of Stem Cell Research; Board on Life Sciences. National Research Council; Board on Neuroscienceand Behavioral Health. Institute of Medicine. *Stem Cells and the Future of Regenerative Medicine*. Estados Unidos, 2002, National Academy Press.
http://books.nap.edu/catalog/10195.html.

Committee on Science, Engineering and Public Policy. Policy and Global Affairs Division; Board on Life Sciences, Division on Earth and Life Studies; National Academy of Sciences; National Academy of Engineering; Institute of Medicine; National Research Council. *Scientific and Medical Aspects of Human Reproductive Cloning*. Estados Unidos, 2002, National Academy Press.
http://books.nap.edu/catalog/10285.html.

ConsumerAffairs.com. *Per Capita U.S. Health Care Costs Triple Canada´s*. 21 de agosto, 2003.

Croce, Pietro. Hans Ruesch Foundation. *Fetal Experimentation*. 10 de octubre 2004, sacado del libro Vivisection or Science-a choice to make, 1991.
http://www.animalvoices.org/croce.htm

Damián, Bernal Lucia. Procuraduría General de Justicia del Estado de Chihuahua. Comisión Especial de Feminicidios. Investigación 1993-1998. Actualización 2005. Informe de la Comisión Nacional de Derechos Humanos (2003) y archivos periodísticos de la Comisión Especial de Feminicidios. *Lugar en que se Encontró a las Víctimas del Feminicidio en Ciudad Juárez. 1993-2005*.

Damián, Bernal Lucia. Procuraduría General de Justicia del Estado de Chihuahua. Comisión Especial de Feminicidios. Investigación. *Municipios del Estado de Chihuahua en los que se han Asesinado a Mujeres a partir de Noviembre de 2004 a Abril de 2005. Abril 2005*.

Damián, Bernal Lucia; Neri, Paulyna; Pérez Erika; Vázquez, Ivan. Procuraduría General de Justicia del Estado de Chihuahua. Comision Especial de Feminicidios. Investigación 1993-1998. Unidad de Servicios de Información Estadística y Geográfica de la H. Cámara de Diputados. Actualización diciembre 2004. Informe de la Comisión Nacional de Derechos Humanos (2003) y notas periodísticas. *Víctimas del Feminicidio Identificadas y no Identificadas en Ciudad Juárez. 1993-2004*.

Data Trends Publications, Inc. Segunda edición. *2003 Guide to Stem Cell Companies. Global Directory of Public and Private Companies Pursuing Stem Cell Research and Stem Cell-based Therapeutic Product Development*. Febrero 2003.

del Valle, Sonia. *Caso Ciudad Juárez. Crónica de la Impunidad.* Las muertas de Juárez, La impunidad. http://www.impunidad.blogspot.com. Tomado de Milenio Semanal, 15 de Noviembre del 2004.

Deoxy. Org. Deoxyribonuleic Hyperdimension. http://deoxy.org/gipkarma.htm

Dixie Chemical Company Inc. Product Technical Bulletin. *3-Chloro-1,2-Propanediol. Chloroglycerine (CG).* Estados Unidos,1995

Doerflinger, Richard M. *"Stem Cell" Experiments:Renewing the Attack on Human Embryos.* 1998. http://www.nrlc.org/news/1998/NRL12.98/Doer.html

Doerflinger, Richard M. *Human Embryo Research:Where We´ve Been, Where We Should Go.* 2004. http://www.cogforlife.org/stemdoerfeb.htm

Douglas, John E.; Burgués, Ann W,; Burguéss, Allen G; Ressler, Robert K. *Crime Classification Manual. A Estándar System for Investigating and Classifying Violent Crimes.* Edit. Jossey-Bass. Estados Unidos, 1992.

Elige, Red de Jóvenes por los Derechos Sexuales y Reproductivos, AC. *Informe Estadístico sobre Casos de Mujeres Asesinadas en Ciudad Juárez Chihuahua de 1993 a Junio de 2002.* México, junio 2002.

Enclavefeminista.org. *Las Empresas Maquiladoras.* México, 1998. http://www.enclavefeminista.org/mexico/maquila.htm

Escuelas y Universidades en Ciudad Juárez-Chihuahua-Portal Ciudad Juárez-Discovery Internet. http://www.portal-juarez.com/regional/juarez/escuelasyuniversidades.html

Esmas. *Bancos de Células Madre.* 2004. http://www.esmas.com/salud/home/avances/360503.html

ESI. Press Release. *ES Cell International Opens Global R&D Stem Cell Facility at the Biopolis in Singapore.* Singapure, 16 de septiembre 2004.

Fertility Institutes. Hospital San Javier, Guadalajara; Clínica de Infertilidad. *Egg Donors and Procedures.* 2004. http://www.fertility-docs.com/spanish.phtml

Fertility Institutes. Hospital San Javier, Guadalajara; Clínica de Infertilidad. *Infertilidad.* 2004. http://www.fertility-docs.com/spanish.phtml

FuturePundit. Randall Parker. Biotech Reproduction. Future Technological Trends and their Likely Effects on Human Society, Politics and Evolution. *The Growing Market for Donor Eggs.* 8 de enero 2003.

FuturePundit. Randall Parker. Biotech Reproduction. Future Technological Trends and their Likely Effects on Human Society, Politics and Evolution. *IVF Embryo Genetic Defect Rate for Young Women has Ethical Implications.* 23 de octubre 2005.

Gambro 2003 Annual Report. *Capital Market and Media Event. Focus on Gambro BCT and the blood market.* Suecia, noviembre 30, 2004.

Gawande, Atul. New York Times: Premium Archives.Book Review Desk: Merchants of Inmortality, Chasing the Dream of Human Life Extension, by Hall, S. Sthepen. *Call my Cell.* Julio 13, 2003.
http://query.nytimes.com/gst/fullpage.html?res=9E02E2DE113AF930A25754C OA9659C8B63

Goncebat, Ricardo. T1msn México. Educación. *El Debate, También Clonado.2004.*
http://www.t1msn.com.mx/educacion/conocimiento/especiales/clonación/

Goncebat, Ricardo. T1msn México. Educación. *Otros Experimentos y Otras Fuentes.2004.*
http://www.t1msn.com.mx/educacion/conocimiento/especiales/experimentos

Grupo Ocho de Marzo de Cd. Juárez A.C. *Lista de Mujeres Asesinadas. Año 2002. Recabada de los periódicos locales.*
http://www.geocities.com/pornuestrashijas/crimenes.html

Harvard Health Policy Review. *Implications of Policy Decisions on Human Embryonic Stem Cell Research in the United States.* Vol. 2, No. 1. Primavera 2001.

Hansel et al. United States Patent. *Nitric Oxide-Scavenging System for Culturing Oocytes, Embryos, or other Cells.* Patent. No. US 6,864,086 B2. Marzo 2005.

Health.com

Heinrich Böll Foundation. *Human Cloning and Stem Cell Research in the USA.* A Report of the Heinrich Böll Foundation, Washington Office. Octubre 2001.
http://www.bioskop-forum.de/themen/stammzellforschung/human_cloning_stem_cell_research-usa.htm

Hernández López José de Jesús. Estudio criminológico de los asesinatos de mujeres en Ciudad Juárez. Chihuahua, México, diciembre 2000.
http://www.analitica.com/va/hispanica/3836774.asp

Hospital San Javier. *Nivel de Éxito de FIV ("IVF") por Ciclo en Nuestro Programa en Guadalajara: 45%. Guía del Paciente Hacia la Tecnología de Reproducción Asistida.* México, abril 1999.

HSE Consulting and Sampling, Inc. for Entertainment Services & Technology Association. *Literature Review for Glycerol and Glycols.*
www.esta.org/tsp/working_groups/FS/docs/HSE.pdf

Huerta, Ibarra Salomón. Chihuahua. *Planos de las Cds. De Chihuahua, Cd. Juárez, Delicias, Hidalgo del Parral y Mapa General del Estado*. Dist. de Ediciones Independencia.

Humanitas.org. *Adult vs. Embrionyc Stem Cell Research*. Estados Unidos, 2003. http://www.humanitas.org

Human Biotechnology Governance Forum.
http://www.biotechgov.org/snake.php. Consultada entre Enero-Junio, 2005.

Humber, James M.; Almeder, Robert F. Edit. Humana Press. *Biomedical Ethics Reviews. Stem Cell Research*. Estados Unidos, 2004.

Ibarz, Joaquim. La Vanguardia. Hemerosectas - Artículos de prensa sobre las sectas 1980-2000. *Ciudad Juárez: Diez años de crímenes e impunidad*. 20 de julio, 2003. www31.brinkster.com/hsectas/resultados_ficha.asp?articulo=1924

IDRC.CA. Changes in Molecular Bioscience: What Impact on Science and Biodiversity?. 26 de agosto, 2004. http://network.idrc.ca/en/ev-41414-201-1-DO_TOPIC.html

Institute of Reproductive Health. In Vitro Fertilization.

Instituto Vida. Instituto de Ciencias en Reproducción Humana. *Técnicas y Procedimientos*. http://www.institutovida.com/terapias.asp

Invest in Sweden Agency. *Stem Cells*. Mayo, 2002.
http://www.isa.se/lifesciences.htm

Johnson, Judith A., Library of Congress, Congressional Research Service. CRS Report for Congress. *Human Cloning*. Estados Unidos, 19 de diciembre, 2001.

Jones Phillip B. C. *Funding of human stem cell research by the United States*. EJB Electronic Journal of Biotechnology. 15 abril, 2000.
http://www.ejb.org/content/vol3/issue1/full/3/

Kaisernetwork.org, Kaiser Family Foundation. *NCSL: Ethics, Eggs and Embryos:Regulating Assisted Reproductive Technologies*.

Kellman, Laurie. Associated Press. *Harkin: Lift Stem Cell Restrictions*. 2004. http://www.yahoo.com, http://senate.gov.

Kellman, Laurie. Associated Press. Yahoo News. *House Defies Bush, Approves Stem Cell Bill*. 2005. http://www.yahoo.com.

Khan, Irene. Amnesty International. *Developments as of September 2003 and Intolerable Killings: 10 Years of Abductions and Murder of Women in Ciudad Juarez and Chihuahua*. AMR 41/026/2003. México, septiembre 2003.

Kinsey, III, E. Wayne; Sharif, Sharif; Harry, David N. Delphion Integrated View. *Method and Composition for Delaying the Cross-Linking of Water Soluble Polymer Solutions.* Patent Number US 5565513. Estados Unidos, octubre 1996.

Marchione Marilynn. JSOnline, Milwaukee, Journal Sentinel. *Nearly 400,000 human embryos frozen in clinics.* 7 de mayo, 2003.

MapQuest.com. Inc. *Ciudad Juárez.* 2005.

Maya, Rafael. Cimacnoticias. *Violencia y repudio social en ascenso. Se duplican asesinatos de mujeres en Juárez durante 2004.* Diciembre 2004. http://www.cimacnoticias.com/noticias/04dic/04122005.html

Mead, Rebecca. The New Yorker. Annals of Reproduction. *Eggs for Sale.* 9 de agosto, 1999.

Medline Plus. Biblioteca Nacional de Salud de EUA y los Institutos Nacionales de Salud. *Enciclopedia Médica: Análisis de Sémen.* Estados Unidos. http://www.nlm.nih.gov/medlineplus/spanish/ency/article/003627.htm

Muscati Sina A., University of Ottawa-Carlton University, *Defining a new ethical standard for human in vitro embryos in the context of stem cell research.* 2001.

Naciones Unidas, Comité para la Eliminación de la Discriminación contra la Mujer.Convención para la Eliminación de Todas las Formas de Discriminación contra la Mujer. CEDAW/C/2005/OP.8/MEXICO. Enero 2005. *http://www.almargen.com.mx/archivo/mujeres/cedaw.pdf*

NCPA.org. *The Medicare Monster.* 9 de mayo, 2005. http://www.ncpa.org/iss/hea/

Neergaard, Lauran. ABC 7 News. *Scientists Speed Creation of Stem Cells.* Estados Unidos, 19 de mayo, 2005. http://www.sciencemag.org. http://www.wjla.com/news/stories/0505/229610.html

Nelson J, English S, Tran C, Tan T, Batzofin J, Olive D, Serafini P. *Prospective embryonic and endometrial predictors of pregnancy.* Accepted for 50th Annual Meeting of the American Fertility Society. Estados Unidos, Noviembre, 1994.

Norwich Evening News. *IVF Success Rates Revealed in Guide.* Mayo 2005.

Nussbaum, Arista. *Cryobiology: Low temperatura Studies of Biological Systems.*

Parson, Ann B. National Academy of Sciences. *Proteus Effect. Stem Cells and their Promise for Medicine.* Estados Unidos, 2004, Joseph Henry Press. http://books.nap.edu/catalog/11003.html.

Pérez-Espino, José. Diario de Juárez-Almargen. *Ciudad Juárez: el tiempo perdido. ¿Sorprendentes Semejanzas?*. México, 2 de mayo, 1996.
http://www.almargen.com.mx/archivo/jpe/homicidios.htm

Pérez-Espino, José. *Homicidios de Mujeres en Ciudad Juárez - Saldo de nueve años de impunidad*. Almargen, 2002.
www.almargen.com.mx/pdi/E1%20silencio/impunidad.html.

Pickering, Susan; Braude, Peter. Clinical Review. *ABC of Subfertility. Further Advances and Uses of Assisted Conception Technology*. BMJ, vol 327. Noviembre, 2003. http://www.bmj.com

Pineda Jaimes, Servando. *Los mitos de las muertas de Juárez*. Norte, Periódico Norte de Ciudad Juárez.
www.nortedeciudadjuarez.com/paginas/espanalisis/analisis.html. Julio 2004.

Population Council. Momentum. *The Culture of Cells: Molecular Biologists Benedit from Unique Facility*. Diciembre 1999.
http://www.popcouncil.org/publications/momentum/momentum1299_7.html

Portal-Ciudad Juárez.com. Escuelas y Universidades en Ciudad Juárez, Chihuahua. http://www.portal-juarez.com/regional/juarez/escuelasyuniversidades.html

Primer Informe de la Fiscalía Especial Para la Atención de Delitos Relacionados con los Homicidios de Mujeres en el Municipio de Juárez, Chihuahua, junio 2004.
http://www.almargen.com.mx/archivo/fefuno.pdf

Prevot, Rebecca. Campus Press. *Putting a Price on Human Life. Today's Scientific Advancements have Created a Whole new Market: Human Eggs are Bought and Sold*. 18 de marzo, 2000.
http://bcn.boulder.co.us/campuspress/2000/03/16/eggdonor20000316.html.

Procuraduría General de Justicia del Estado de Chihuahua, Oficina de Averiguaciones Previas y de Conciliación y Servicio Social, Ministerio Público. *García Leal, Rosario Averiguación Previa 23458/95 y su Acumulada 6698/96[1]. Causa Penal 174/022 (Séptimo Penal Morelos). Antes Causa Penal 141/96 (Quinto Penal Bravos)*.

Procuraduría General de Justicia del Estado de Chihuahua, Oficina de Averiguaciones Previas y de Conciliación y Servicio Social, Ministerio Público. *Castro Pando, Guadalupe Verónica. Averiguación Previa 5462/96 y su Acumulada 6086/96. Causa Penal 174/02 (Séptimo Penal Morelos). Antes Causa Penal 141/96 (Quinto Penal Bravos)*.

Procuraduría General de Justicia del Estado de Chihuahua, Oficina de Averiguaciones Previas y de Conciliación y Servicio Social, Ministerio Público. *Desconocida 42/96 Averiguación Previa 6086/96, Acumulada a la 5462/96. Causa Penal 174/022 (Séptimo Penal Morelos). Antes Causa Penal 141/96 (Quinto Penal Bravos)*.

Procuraduría General de Justicia del Estado de Chihuahua, Oficina de Averiguaciones Previas y de Conciliación y Servicio Social, Ministerio Público. *Osamenta 44/96 Averiguación Previa 6120/96.*

Procuraduría General de Justicia del Estado de Chihuahua, Oficina de Averiguaciones Previas y de Conciliación y Servicio Social, Ministerio Público. *Sáenz Díaz, Perla Patricia Averiguación Previa 3563/98.Causa Penal 123/98 (Primer Penal Bravos).*

Procuraduría General de Justicia del Estado de Chihuahua, Oficina de Averiguaciones Previas y de Conciliación y Servicio Social, Ministerio Público. *Herrera Monreal, Esmeralda y/o Desconocida. Averiguación Previa 27913/01. Causa Penal 48/02 (Séptimo Penal Morelos).*

Procuraduría General de Justicia del Estado de Chihuahua, Oficina de Averiguaciones Previas y de Conciliación y Servicio Social, Ministerio Público. *González, Claudia Ivette. Mujer Desconocida 189/01. Averiguación Previa 27913/01. Causa Penal 426/01 (Tercer Penal Bravos).*

Procuraduría General de Justicia del Estado de Chihuahua, Oficina de Averiguaciones Previas y de Conciliación y Servicio Social, Ministerio Público. *Ramos Monarrez, Laura Berenice y/o Mujer Desconocida 190/01. Averiguación Previa 27913/01. Caúsa Penal 426/01 (Tercer Penal Bravos).*

Rader, William C, Medra Inc. *Fetal Stem Cell Therapy Factsheet*. Estados Unidos, 2004.
http://www.medrainc.com

RAND Institute of Civil Justice and RAND Health. *How Many Frozen Human Embryos are Available for Research?*. Estados Unidos, mayo 2003.

Ressler, Robert K.; Shachtman, Tom. *I Have Lived in the Monster. A Report from the Abyss*. Edit. St. Martin´s Press. Estados Unidos, 1997.

Ressler, Robert K.; Shachtman, Tom. *Whoever Fights Monsters*. Edit. St. Martin´s Press. Estados Unidos, 1992.

Robertson, John A. Nature Review Genetics. *Human embryonic stem cell research: ethical and legal issues*. Volumen 2. Enero 2001.
http://www.nature.com/reviews/genetics

Ronquillo, Víctor. Las Muertas de Juárez. Crónica de una Larga Pesadilla. Editorial Planeta. México, 1999.

Rubleski, Jeff. Wellness Councils of America. *Beating Healthcare Costs Is It Really Possible?*. 15 de septiembre, 2003. http://www.welcoa.org,

Saranow, Jennifer. The Wall Street Journal. *What is your Body Worth?, Putting Prices on the Pieces*. Estados Unidos, 6 de mayo, 2003.
http://online.wsj.com/article/0,,SB105217044930202200,00.html.

Saucedo, Alcala Javier. El Diario. *Niega el FBI Analizar Material del Caso Airis*. México, 7 de junio, 2005.

Saul, Rebekah. The Guttmacher Report on Public Policy. *Federally Funded "Stem Cell" Research: New Hope, Renewed Controversy*. Abril 1999.

Segato, Laura Rita. *Territorio, soberanía y crímenes de segundo Estado: la escritura en el cuerpo de las mujeres asesinadas en Ciudad Juárez*. Serie Antropología. www.mujeresdejuarez.org/serie362.htm. Brasilia, Brasil 2004.

Serafini P, Tran C, Tan T, Nelson J, Batzofin J. *Results from IVF surrogacy and oocyte donation suggest that oocyte rather than uterine failure is responsible for age related decline in fertility*. VIII World Congress on In Vitro Fertilization and Alternate assisted Reproduction, Abstract OC 158. Japan, Septiembre 1993

Shamblott, Michael J. , Axelman, Joyce, Wang, Shunping, Bugg, Elizabeth M., Littlefield, John W., Donovan, Peter J., Blumenthal, Paul D., Huggins, George R., and Gearhart, John D. Proc. Natl. Acad. Sci. Developmental Biology. Vol. 95, No. 23, pp. 13726-13731. *Derivation of pluripotent stem cells from cultured human primordial germ cells*. 10 Noviembre de 1998

Silber, J. Sherman. The Infertility Center of Saint Louis. *Ovarian Tissue Freezing. Preservation of Future Fertility Through Ovarian Tissue Freezing*. 1997-2005. http://www.infertile.com/treatmnt/tretas/freeze2.htm

Simon, Harvey. Harvard Medical School. *Infertility in Women*. Estados Unidos, septiembre 2002.

Simon, Harvey. Harvard Medical School. *Ovarian Cancer*. Estados Unidos, marzo 2003.

Stagg Elliot, Victoria. American Medical News. *Fertility: Facts vs. Fiction. Women Need to Know the Effects of Holding off Conception* . Estados Unidos, 25 de diciembre 2002.

Steghaus-Kovac. Science, 286:31. *Ethical Loophole Closing up for Stem Cell Researchers*. 1999.

Stemcellresearch.org. *On Human Embryos and Stem Cell Research*. 1° de julio, 1999. http://www.stemcellresearch.org/statement/statement.htm.

Stem Cell Information. Stem Cell Basics. http://stemcells.nih.gov/info/basics/. Consultada entre Enero-Junio, 2005.

Stem Cell Research Foundation. http://www.stemcellresearchfoundation.org/. Consultada entre Enero-Junio, 2005.

Stem Cell Research News. http://www.stemcellresearchnews.com/. Consultada entre Enero-Junio, 2005.

T1msn México. Educación. *Autorizan a Creador de la Oveja Dolly a Clonar Embriones Humanos.* http://www.t1msn.com.mx/educacion/conocimiento/espacio/

T1msn México. Educación. *Células que son Madres de Tejidos.* 2004. http://www.t1msn.com.mx/educacion/conocimiento/especiales/celulas/

T1msn México. Educación. *Clonar para Curar.* 2004. http://www.t1msn.com.mx/educacion/conocimiento/especiales/paracurar/

T1msn México. Educación. *ONU Adopta Declaración en Contra de Clonación Humana.* http://www.t1msn.com.mx/educacion/conocimiento/espacio/

The New England Journal of Medicine. vol 344, no. 24. Noticias Científicas. Banco de Cordón Umbilical. : *Transplante de Células Madre Hematopoyéticas Utilizando Sangre de Cordón Umbilical.* Junio, 2001. http://www.bancodecordon.com/links/actualidad%20cientifica.htm

Thompson, Bert; Harrub Brad. Apologetics Press. *Human Cloning and Stem-Cell Research-Science's "Slippery Slope" (Part I).* Agosto, 2001. http://www.apologeticspress.org/articles/2512.

Thomson, James A, Itskovitz-Eldor, Joseph, Shapiro, Sander S., Waknitz, Michelle A., Swiergiel, Jennifer J., Marshall, Vivienne S and Jones, Jeffrey M. Science. Vol. 282. no. 5391, pp. 1145 – 1147. *Embryonic Stem Cell Lines Derived from Human Blastocysts.* 6 de Noviembre, 1998.

Tucker, Michael J. Georgia Reproductive Specialists. *Human Oocyte and Embryo Cryopreservation.* 2003. http://www. ivf.com.

Union Calendar No. 101, H.R. 2505, United State Code. *Enmienda 18 que prohíbe la clonación humana.* 107 congreso, 1ª sesión, Estados Unidos, 16 de julio del 2001

Union Calendar No. 140, H.R. 2505, United State Code. *Enmienda 18 que prohíbe la clonación humana.* 107 congreso, 1ª sesión, Estados Unidos, 1 de agosto, 2001.

United Kingdom Parliament. Royal Victoria Infirmary, Newcastle. 2 de abril, 1996.

United States Patent. Kinsey III, E. Wayne; Sharif, Sharif; Harry, David N. Benchamark Research and Technology, Inc.*Method and Composition for Delaying the Cross-linking of Water Soluble Polymer Solutions.* Patent No. US5565513. Estados Unidos, 27 de junio, 1995.

United States Patent. Hansel, William, Board of Supervisors of Louisiana State University and Agricultural and Mechanical College. *Nitric Oxide-Scavenging System for Culturing Oocytes, Embryos, or other Cells.* Patent No. US 6,864,086 B2. Estados Unidos, 8 de marzo, 2005.

United States Patent. Thomson, James A., Wisconsin Alumni Research Foundation. *Primate Embrionic Stem Cells.* Patent No. US 5,843,780. Estados Unidos, 1 de diciembre, 1998. Application No. 08/591,246. Enero 18, 1996.

U.S. Department of Health & Human Services. Health Resources and Services Administration. *HRSA FY 2004 Budget.*

U.S. Health Care System.*Twice the Cost, Lower Medical Standards, 15% of the Population Uninsured.*

U.S. News & World Report. USNews.com. *The High Cost of Eggs. Donor at Risk.*

Victoria Research Center. InfoSheet: Intra-Cytoplasmic Sperm Injection (ICSI). www.victoriafertility.com

Villalobos, Mendoza Dora. *Matan en 15 meses a 21 mujeres en Juárez.* El Heraldo de Chihuahua. *19 de noviembre,* 2004.
http://www.online.com.mx/el_heraldo/locales/19noviembre2004/6.html

Villalpando Moreno, Rubén. Triple Jornada. Enclavefeminista.org. *Desde 1993...320 Mujeres Asesinadas, 500 Mujeres Asesinadas.* México, 2003
http://www.geocities.com/pornuestrashijas2/triplejornada1.html
http://www.enclavefeminista.org/mexico/datos.htm

Washington Valdez Diana. *Cosecha de Mujeres. Safari en el Desierto Mexicano.* Editorial Océano. México, 2005.

Weatherbase. http://www.weatherbase.com/?refer=. Consultada en junio 2005.

Webb Nicholas J. *The Cost of Being Sick.*

Weelch M. William. KeepMedia/USA Today. *Senate´s deadlock over cloning may be tough to break.* 13 de febrero, 2004.
http://www.keepmedia.com/jsp/article_detail_print.jsp

Weiss, Rick. Washingtonpost.com. *400,000 Human Embryos Frozen in U.S.* 8 de mayo, 2003.

Wikipedia, the free encyclopedia. *Talk:Stem Cell/Archive 2.* Estados Unidos, noviembre 2004. http://en.wikipedia.org/wiki/Talk:Stem_cell/Archive_2

Willson Margaret. *Freezing human eggs-will this soon be a practical option?.* 27 de febrero, 2001.

Wilt, Kristal. Texas A&M University-Corpus Christi. *CCE Draft 2 Stem Cell Research.* 12 enero, 2005.

Woolhandler, Steffie; Himmelstein, David U. The New England Journal of Medicine. *The Deteriorating Administrative Efficiency of the U.S. Health Care System.* 2 de mayo de 1991.

Woolhandler, Steffie. The New England Journal of Medicine. *Costs of Health Care Administration in the United States and Canada.* 21 de agosto, 2003.
http://www.nejm.org

Yahoo! Entretenimiento México. *España Autoriza Cuatro Proyectos con Células Troncales.* México, 24 de febrero, 2005.
Http://mx.entertainment.yahoo.com/050224/8/1dc0g.html

Yahoo! Noticias México. *Encuentran Cadáver de Niña Secuestrada cerca de la Frontera Mexicana.* México, 16 de mayo, 2005.

Yahoo! Noticias México. *Hallan otro Cadáver de Niña en Ciudad Juárez.* México, 17 de mayo, 2005.

Yahoo! Noticias México. *Grupo de Hombres Viola a Adolescente en Ciudad Juárez.* México, 7 de julio, 2005.

Yahoo! Noticias México. *Liberan a Hombre Condenado por Matar 8 Mujeres en Ciudad Juárez.* México, 14 de julio, 2005.

Yahoo! Noticias México. *Policía halla el cadáver de otra mujer en Chihuahua.* México, 4 de agosto, 2005.

ÍNDICE.

I.	Reproducción Asistida
I.I.	Reproducción Femenina
II.	Células Madre
II.I	Reino Unido y Australia
II.II	Estados Unidos
III.	México
III.I	Asesinatos Realizados
III.II	Investigación Realizada
III.III	Hipótesis
IV	Conclusiones
V	Prólogo
VI	Líneas de Investigación
VII	Epílogo
VIII	Algunos Documentos Consultados